어떻게
뇌를
고칠 것인가

어떻게 뇌를 고칠 것인가
알츠하이머 병 신약개발을 중심으로

2019년 6월 15일 초판 1쇄 찍음
2019년 8월 20일 초판 2쇄 펴냄

지은이 김성민
일러스트 김성민
책임편집 다돌책방
편집 봉나은, 이승환
디자인 프라이빗엘리펀트
본문조판 아바 프레이즈
마케팅 서일
펴낸이 이기형
펴낸곳 바이오스펙테이터
등록번호 제25100-2016-000062호
전화 02-2088-3456
팩스 02-2088-8756
주소 서울 영등포구 여의대방로69길 23, 한국금융아이티빌딩 6층
이메일 il.seo@bios.co.kr

ISBN 979-11-960793-2-1 93470
ⓒ 김성민

책값은 뒷표지에 있습니다.
사전 동의 없는 무단 전재 및 복제를 금합니다.
이 책에 사용된 일러스트의 저작권은 바이오스펙테이터에 있습니다.

어떻게 뇌를 고칠 것인가

알츠하이머 병
신약 개발을 중심으로

김성민 지음

How to
Treat
Alzheimer's
Disease

머리말

기자의 좋은 점은, 물어보고 싶은 것을 물어보고 싶은 만큼 물어볼 수 있다는 점이다. 궁금한 것이 생기면 잠을 못 자는 나의 성격 탓에, 기자를 하지 않았다면 불면증으로 건강을 크게 해쳤을 것이다. 물론 궁금한 것을 물어보거나 찾아보는 시간이 길어져 잠을 자는 시간이 크게 늘어나지는 않았지만 말이다.

이 책은 내가 기자가 되고 나서 3년 동안 퇴행성 뇌질환, 특히 알츠하이머 병에 대해 궁금했던 것들의 질문 목록을 정리해 놓은 것이다. 안타깝지만 그 질문 목록 아래에 답까지 달린 것은 거의 없다. 그래서 나는 아직도 궁금한 것이 많은데, 이 궁금증은 알츠하이머 신약이 나오면 어느 정도 해결될 것이다. 그러니 나는 나의 궁금증으로 알츠하이머 신약개발에 힘을 보탤 수 있을 것이라고 생각한다. 이렇게 궁금증을 정리해나간다면, 그 정리된 무엇을 본 누군가가 아이디어를 얻을지 모르고, 적어도 남들이 했던 실수를 반복하지는 않을 것이다. 내가 이 책을 쓰려고 했던 이유다.

알츠하이머 병 신약개발에 대한 소식과 논문을 읽고, 답을 해줄 수 있을 것 같은 사람들을 만나서 밑도 끝도 없이 질문을 퍼붓고, 그렇게 모은 자료와 정보를 정리했는데, 막상 초고를 마치고 나니 혼란스러운 모습은 더욱 심해졌다. 비겁한 이유를 대자면, 그 어떤 것도 완성되지 않았기 때문이다. 뇌와 알츠하이머 병과 이를 둘러싸고 있는 모든 것들에 대해, 우리는 아직 제대로 알지 못한다. 지금은 하나하나를 조금씩 알아가고 있는 단계다. 단 하나의 신약이라도 나왔다면 시작과 좌절, 혁신의 포인트에서 비롯된 재도전, 마침내 완성된 결과물의 이야기를 깔끔하게 정리할 수 있었을 것이다. 그러나 우리는 안타깝게도 전체를 조망할 수 없는, 시간의 단면(斷面)에 서 있다. 모든 것이 불확실하고, 어제까지 주목받던 물질이 오늘 실패했다며 발표하는 일이 수두룩하니, 책을 인쇄소에 넘기는 마지막 날까지 수정을 해야 했다. 큰 그림을 그려보겠다는 처음의 야망은 접은 지 오래되었지만, 이렇게라도 정리해두면 어떻게든 도움이 되지 않겠느냐는 마음으로 마감을 내었다. 이렇게 긴 이유를 대는 것은, 이 책의 구성은 그리 체계적이지 않기 때문이다. 앞에서 나왔던 내용이 뒤에서 다시 나오며, 자료와 논문이 겹치기 출연하는 것은 너무 많아 세기 어렵다. 대신 각각의 장은 해당되는 주제가 하나의 덩어리가 될 수 있도록 노력했다. 독자들은 관심이 가는 커다란 덩어리들을 골라서 먼저 읽어주고, 나중에 통독을 한 번 해주면 고맙겠다.

이 책은 나 혼자 쓰지 않았다. 기자로서 나는 매우 불성실한 편이다. 궁금한 것을 다 찾아보지 않고서는 시작도 마감도 하지 않는 탓에 늘 띄엄띄엄 기사를 쓴다. 기사도 그럴진대 책을 쓴다고 하니 그 정도는 더욱 심해졌다. 내가 일하는 『바이오스펙테이터』의 대표이자 편집장, 즉 나의 보스인 이기형은 이 모든 것을 기다려주었다. 책을 기다리다가 속이 새카맣게 타버렸다는 말을 입에

달고 사는 나의 보스는, 그래서인지 이제 얼굴도 검붉어지고 있다. 이 책의 절반은 그가 썼다.

닥치는 대로 자료를 모으고 쌓아두는 나의 버릇은, 초고 작업을 매우 어렵게 했다. 초고라고 쓴 것을 프린트해서 놓고 보니 한글과 영어 사이의 그 어디쯤, 글과 자료 사이 그 어디쯤에 있는 희안한 물건이었다.『바이오스펙테이터』봉나은 기자는 이 희안한 물건을 함께 읽고 정리해주었다. 그의 도움이 없었다면 나는 아직 노트북 하드디스크와 책상 구석, 스마트폰 자료 폴더를 헤매고 있었을 것이다.『바이오스펙테이터』의 장종원 수석기자와 조정민 기자는, 내가 책을 쓰겠다고 돌아다니는 동안 내가 써야 할 기사까지 흔쾌히 써주었다. 감사하다는 말로 넘어갈 수 없는 고마움이다. 앞으로 두 기자가 책을 낸다면, 그래서 두 기자가 시간을 써야 한다면, 그때는 내가 지금 받은 도움에 이자를 넉넉하게 더해서 갚도록 하겠다.『바이오스펙테이터』의 이승환 연구원은 회사에 들어온 지 얼마 안 되었음에도 책 작업에 합류해 도움을 주었다. 책에 들어간 표와 찾아보기는 그의 꼼꼼함 덕분에 안심할 수 있었다.『바이오스펙테이터』의 서일 차장 덕분에 나는 안정적으로 책 작업을 할 수 있었다. 추울 때는 따뜻하게, 더울 때는 시원하게 작업 공간을 살펴주었다. 그의 안정적인 관리가 없었다면 늦은 시간 폭식으로 인한 고지혈증에 걸려 있거나, 불규칙한 저녁 식사로 영양실조에 걸렸을지도 모른다. 보이지 않는 곳에서 받은 소중한 도움이었다. 그리고 이 자리에 모두 소개할 수 없지만 함께 해준 동료들의 도움으로, 나의 궁금증에 답을 해준 모든 사람들의 도움으로 책을 낼 수 있었다. 책에 실린 것 가운데 잘못

된 것은 모두 나의 탓이고, 잘 된 것은 모두 이들의 덕분이다.

마지막으로 아버지 김형배, 어머니 김영선, 그리고 가장 나를 아껴주는 언니 김정민에게 사랑한다는 말을 전한다.

2019.6.15.
알츠하이머 병 신약이
세상에 나오기를 바라면서
김성민

차례

머리말 005

아밀로이드 가설 017
아두카누맙 039
조기진단 055
바이오마커 083
양전자 방출 단층 촬영 115
타우 143
이중항체 199
신경면역 233
트렘2 271
전략 293
취재 메모 331

맺음말 369

찾아보기 378
부록 407

표 차례

[표 3.1] NIA-AA의 바이오마커 기반 알츠하이머 병 진단 기준(2018.04. 기준) 062
[표 3.2] 알츠하이머 병 신약 임상2상, 3상에 쓰인 바이오마커 종류와 비율(2018.01. 기준) 062
[표 4.1] 폐암의 병기 단계별 PET, CT 촬영 결과 099
[표 4.2] 퇴행성 뇌질환과 관계된 응집 형태의 병리 단백질 103
[표 5.1] 아밀로이드 PET 추적자 특성 비교(2016.06. 기준) 120
[표 5.2] 1세대와 2세대 타우 PET 추적자 개발 현황(2019.01. 기준) 132
[표 6.1] 타우 병증 분류 147
[표 6.2] LMTM 임상3상(타우알엑스)의 뇌척수액 바이오마커 분석 결과 175
[표 6.3] 1세대와 2세대 타우 항체 개발 현황(2019.06. 기준) 194
[표 7.1] 치료제를 개발할 때 확인해야 할 단일클론항체와 저분자 화합물의 특징 비교 207
[표 7.2] 혈뇌장벽 투과 이중항체 플랫폼 연구 현황(2019.06. 기준) 228
[표 10.1] 아밀로이드 베타 단백질 타깃 항체 개발 현황(2018 CTAD 바이오젠 발표 재구성) 312
[표 11.1] 증상이 나타나기 전 알츠하이머 병의 진행과 1차, 2차 예방임상 컨셉 346
[표 11.2] 알츠하이머 병 예방임상(2018.01. 기준) 349

그림 차례

[그림 1.1] 바이오마커에 따른 알츠하이머 병 확진 시기 020
[그림 1.2] 아밀로이드 베타 단백질 생성 과정 022
[그림 1.3] 아밀로이드 베타 단백질 응집 과정 024
[그림 1.4] 아밀로이드 베타 단백질 양성과 음성, *APOE4* 유전자 보유에 따른 인지손상 변화 026
[그림 1.5] 트라미프로세이트 임상3상 결과(*APOE4* 유전자 보유) 036
[그림 1.6] 트라미프로세이트 임상3상 결과(*APOE4/4* 유전자 보유) 037
[그림 2.1] 바이오젠 발표 아두카누맙 임상1b상 결과(복합 SUVR, CDR-SB, MMSE) 044
[그림 2.2] 아밀로이드 베타 단백질 타깃 항체의 결합 서열 046
[그림 2.3] 아두카누맙 투여 후, ARIA-E 발생 050
[그림 3.1] 알츠하이머 병 환자의 아밀로이드 베타 단백질 서열 APP669-711 펩타이드 072
[그림 3.2] 아밀로이드 바이오마커에 따른 측정법 073
[그림 4.1] 비트락비® 투여 바스켓 임상시험 결과 종양 크기 변화 090
[그림 4.2] 대리 임상충족점에 따른 FDA의 가속 승인 094
[그림 4.3] 3T MRI 이미지와 7T MRI 이미지 비교 097
[그림 4.4] DNL201 투여 후, 혈중 LRRK2^{pS935} 변화율(임상1상) 108
[그림 5.1] 뇌 부위별 아밀로이드 베타 단백질 양성/음성 SUVR 기준(뉴라첵^{TM} 사용) 121
[그림 6.1] 여섯 가지 타우 동형 단백질 타입 148
[그림 6.2] 스캐폴드 단백질의 네 가지 기능 150
[그림 6.3] 미세소관과 타우 154
[그림 6.4] 뉴런 축삭에서 아넥신과 타우의 상호작용 155
[그림 6.5] 병기 진행과 뉴런 내 타우 단백질의 분포 156
[그림 6.6] 타우 단백질에서 PTM 메커니즘과 자리(site)의 다양성 164
[그림 6.7] 타우가 시냅스 틈으로 퍼져나가는 메커니즘 166
[그림 6.8] 3차원 구조 에피토프와 선형 에피토프 184
[그림 6.9] 타우 시딩과 응집 유도 과정 190
[그림 6.10] 셀진의 네 가지 단백질 분해 시스템 192
[그림 6.11] 타우 항체 후보물질이 타우 단백질에 결합하는 위치 196
[그림 7.1] 혈뇌장벽의 구조 204
[그림 7.2] 혈뇌장벽 통과 메커니즘과 RMT 타깃 컨셉(이중항체) 208
[그림 7.3] Fab 개수에 따른 혈뇌장벽 통과에서 차이점 212

[그림 7.4]　ATV:BACE1 항체 후보물질 전임상 결과(디날리테라퓨틱스) 216
[그림 7.5]　라마와 사람 항체의 비교 220
[그림 7.6]　아이오딘125 동위원소 RMT(TfR, Lrp1, InsR)를 적용한
　　　　　　항체 추적 결과 222
[그림 8.1]　미세아교세포의 생성과 이동 246
[그림 8.2]　미세아교세포의 활성화되고 노화된 형태 251
[그림 8.3]　RIPK 신호전달 시스템을 저해하는 치료제 아이디어 254
[그림 9.1]　미세아교세포에서 TREM2/DAP12 신호전달 과정 274
[그림 9.2]　퇴행성 뇌질환과 연관성이 밝혀진 유전자 278
[그림 10.1]　알츠하이머 병 임상시험 내용 발표 이후 시가총액 변동 299
[그림 10.2]　아두카누맙 48개월 연장 투여 후, 아밀로이드 베타 단백질 플라크 변화 306
[그림 10.3]　아두카누맙 48개월 연장 투여 시, CDR-SB 308
[그림 10.4]　아두카누맙 48개월 연장 투여 시, MMSE 309
[그림 10.5]　프로탁 작용 메커니즘 324
[그림 11.1]　ADNI 프로젝트마다 확인한 바이오마커와 검사법 333
[그림 11.2]　알츠하이머 병의 병리 단계 변화와, 이에 따른 MMSE 336
[그림 11.3]　뉴런의 기본 구조 340
[그림 11.4]　요추천자와 초음파를 이용한 혈뇌장벽 약물 투과 메커니즘 351
[그림 11.5]　사이토카인과 케모카인 356
[그림 11.6]　고형암 환자에게 면역관문억제제 투여했을 때 나타나는
　　　　　　 가짜 진행 반응 360
[그림 11.7]　앨런 로즈가 설계한 고위험군 선별 알고리즘 365

일러두기

이 책은 퇴행성 뇌질환, 특히 알츠하이머 병 신약개발과 관련된 학계와 업계의 소식을 전하고 있다. 동시다발적으로 일어나는 현재 진행형의 연구를 체계적인 구조로 서술하는 데는 한계가 있었다. 대신 각 장은 그 자체로 완결된 구조를 가지려고 노력했다. 관심이 있는 주제의 장을 먼저 골라서 읽는 것도 추천한다.

출간일을 기준으로 가장 최근의 연구를 소개하다보니 비전문 독자를 위한 풀어쓰기에 충실하지 못했다. 비전문 독자는 10장 전략에서 전반적인 신약개발의 흐름을 이해하고, 11장 취재 메모에 나오는 개념들을 익힌 다음, 각 장 끝에 있는 '스펙테이터'부터 읽는 것도 추천한다. 스펙테이터는 각 장의 이슈에 대한 저자의 관점을 담고 있으므로, 이 부분부터 읽는다면 전체 그림을 그리는 데 도움이 될 것이다.

1. 생명과학 학계와 신약개발 업계에서 쓰는 개념어는, 한국어로 번역되지 않았거나 번역되었더라도 여러 가지로 적는 경우가 많다. 편의상 원어나 약어를 쓰지만 되도록 한국어 표기에 원어를 병기했다.

2. 본문에 인용된 연구 논문은 DOI 번호로 출처를 밝혔다.

3. 해당 논문에서 직접 인용하는 그래프와 표는 구체적인 페이지 수를 일반 참고문헌 표기 방식으로 밝혔다. supplement와 published online은 별도로 표기했다.

4. 학명(學名, scientific name)과 유전자명은 이탤릭체를 사용했다.

5. 아밀로이드 베타 단백질을 종류별로 나누어 설명할 때는 편의상 Aβ로 적었다.

6. 알츠하이머 병의 진행단계는 복잡하고 다양하게 표기된다. 인용한 연구 논문이나 참고한 임상시험 자료가 사용한 단계 구분을 따라서 서술했으나, 독자들의 편의를 위해 관련된 내용을 표로 정리했다.

	초기		중기		후기
	7~10년		2~3년	2~3년	2~3년
	전임상 (preclinical)	전구 (prodromal) 혹은 경도인지장애 (mild cognitive impairment, MCI)	경증(mid)	중등도 (moderate)	심각 (severe)
2018 FDA 가이드라인 초안	1단계	2단계	3단계	4단계	5단계	6단계
뇌 구조 변화			내측두엽 해마	외측두엽, 두정엽	전두엽	전반적인 뇌 수축
바이오마커	병리 바이오마커 (아밀로이드 베타 단백질)의 변화	신경심리학적 변화	아밀로이드 베타 단백질의 플래토(plateau) 현상 + 병리 타우 단백질 + 뇌 구조 변화			
증상	증상 없음		인지손상이 나타나기 시작	일상생활에 어려움, 행동 장애, 판단력 저하	언어 능력, 운동 능력, 감정 등 상실
					보호가 필요	24시간 보호 필요
				보통 대학병원으로 진단을 받으러 옴	확실하게 알츠하이머 병으로 진단	
현재 처방 중인 증상 완화제					메만틴 처방 가능	
				도네피질(아세틸콜린 분해 효소 저해제) 처방 가능		

조기 발병 알츠하이머 병 (early-onset alzheimer's disease, EOAD) = 가족성(familial) 알츠하이머 병
후기 발병 알츠하이머 병 (late-onset alzheimer's disease, LOAD) = 산발성(sporadic) 알츠하이머 병

아밀로이드 가설

Amyloid Cascade Hypothesis

학자들이 아밀로이드 가설 자체를
검증하는 데 집중해야 한다면,
신약개발 연구자들은 아밀로이드 베타 단백질 타깃 임상시험
실패 분석에 집중해야 한다.

아밀로이드 가설

2018년 1월 기준, 미국 임상정보사이트(clinicaltrials.gov)에 알츠하이머 병 환자를 대상으로 임상시험을 진행하고 있는 아밀로이드 베타 단백질 관련 약물은 모두 112개다. 이 가운데 임상3상은 35건이다. 대부분 바이오젠(Biogen), 로슈(Roche), 일라이릴리(Eli Lilly) 등 전 세계적 규모의 대형 제약기업들이 주도한다. 활발한 연구는 치료제 개발에 대한 기대를 품게 하지만 현실은 당황스럽다. 2019년 현재까지 아밀로이드 베타 단백질과 관련된 신약 개발은 한 건도 성공하지 못했다.

1992년 존 하디(John A. Hardy)와 제럴드 히긴스(Gerald A. Higgins)는 『사이언스(Science)』에 처음으로 '아밀로이드 가설(amyloid cascade hypothesis)'을 제시했다. 아밀로이드 베타 단백질 자체에 신경독성이 있으며, 아밀로이드 베타 단백질이 뭉친 플라크가 알츠하이머 병에 걸린 환자에게 보이는 병리 증상의 원인이라고 보았다. 독성 아밀로이드 베타 단백질이 신경섬유를 뭉치게 만들면 신경세포가 죽고, 뇌 혈관도 손상된다는 것이다(doi: 10.1126/science.1566067).

아밀로이드 가설은 지난 20년 동안 아밀로이드 베타 단백질을 잡으려는 신약개발 연구의 원동력이었다. 연구자들은 독성 아밀로이드 베타 단백질을 없애거나, 이미 쌓인 아밀로이드 베타 단백질 플라크를 없애면 알츠하이머 병을 치료할 수 있을 것이라 보았다. 연구자들의 노력으로 뇌 안에 있는 독성 아밀로이드 베타 단백질의 양을 줄이는 데는 성공했지만, 환자의 무너진 인지 기능을 되돌리지는 못했다. 이미 만들어진 아밀로이드 베타

가이드라인의 변화

지금까지 환자에게 나타나는 인지 기능 등의 '증상'으로 알츠하이머 병을 진단했다면, 2018년부터 NIA-AA(National Institute on Aging and Alzheimer's Association)는 뇌 속 병리 단백질을 바이오마커로 알츠하이머 병을 진단하는 것으로 기준을 바꾸었다. 타우 단백질도 알츠하이머 병 환자의 뇌에서 발견되기는 하지만 '특징적'인 것은 아니다.

아밀로이드 베타 단백질만 발견되면 알츠하이머 병으로 가고 있는 단계라고 진단받으며, 아밀로이드 베타 단백질과 타우 단백질이 함께 발견되면 알츠하이머 병으로 진단을 받게 된다. 아밀로이드 베타 단백질 없이 타우 단백질만 있는 경우에는 알츠하이머 병은 아니다. 대신 퇴행성 뇌질환에서 타우 단백질만 보이는 경우도 있다. 근육 경직, 안구 이동 마비, 목 근육 약화 등 파킨슨 병과 비슷한 증상을 보이는 진행성 핵상 마비(progressive supranuclear palsy, PSP)나, 반사회적인 행동을 보이면서 감정을 통제하지 못하고 언어 능력을 잃어버리기도 하는 등 복잡한 증상을 보이는 전두측두엽 치매(frontotemporal dementia, FTD)를 앓고 있는 환자의 뇌에서도 타우 단백질은 발견된다.

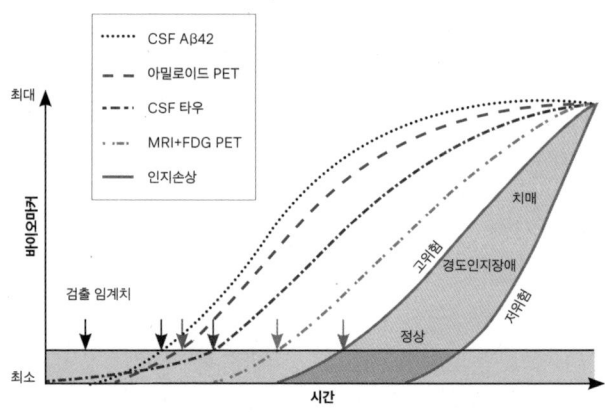

[그림 1.1] 바이오마커에 따른 알츠하이머 병 확진 시기.
출처: https://www.imagilys.com/neuroimaging-biomarkers-alzheimer-disease

단백질을 타깃하지 않고, 처음부터 독성 아밀로이드 베타 단백질을 만드는 BACE(β-secretase)의 효소 활성을 막아보자는 컨셉의 BACE 저해제 임상시험도 실패했다. 혈뇌장벽에서 RAGE(receptor for advanced glycation end products) 수용체가 아밀로이드 베타 단백질을 뇌 안으로 옮기는 것을 막고, 신경염증 또한 낮추어 보겠다는 컨셉의 RAGE 저해제 임상시험에서도 환자의 인지 기능은 계속 망가졌다. 아밀로이드 베타 단백질을 타깃하는 항체도 나왔다. 일라이릴리(Eli Lilly)의 솔라네주맙(solanezumab), 바이오젠(Biogen)의 아두카누맙(aducanumab)을 가지고 하는 도전이었다. 항체는 아밀로이드 베타 단백질을 없애기는 했지만, 알츠하이머 병이 치료되지는 않았다.

알츠하이머 병 환자의 뇌에서 아밀로이드 베타 단백질과 타우 단백질은 가장 두드러지는 병리 단백질이다. 알츠하이머 병이 진행됨에 따라 아밀로이드 베타 단백질과 타우 단백질은 뇌에서 넓게 퍼진다. 그러나 아밀로이드 베타 단백질과 타우 단백질 사이의 관계는 아직 정확하게 모른다. 아밀로이드 베타 단백질이 타우의 인산화 정도를 높여 병리 증상을 촉진한다는 것이 받아들여지는 정도다. 또한 아밀로이드 베타 단백질 양성인 환자들에게만 타우 단백질이 쌓이고 음성인 환자들은 타우 단백질이 쌓이지 않았다는 연구 결과도 있다(doi: 10.1093/brain/awz090).

아밀로이드 베타 단백질이 알츠하이머 병을 시작하는 방아쇠(trigger), 타우 단백질이 총알(bullet)에 비유되는 경우도 있다. 독성 아밀로이드 베타 단백질이 먼저 쌓이면서 알츠하이머 병의 여러 증상을 불러오지만, 초기 단계가 지나면 뇌 안의 아밀로이드 베

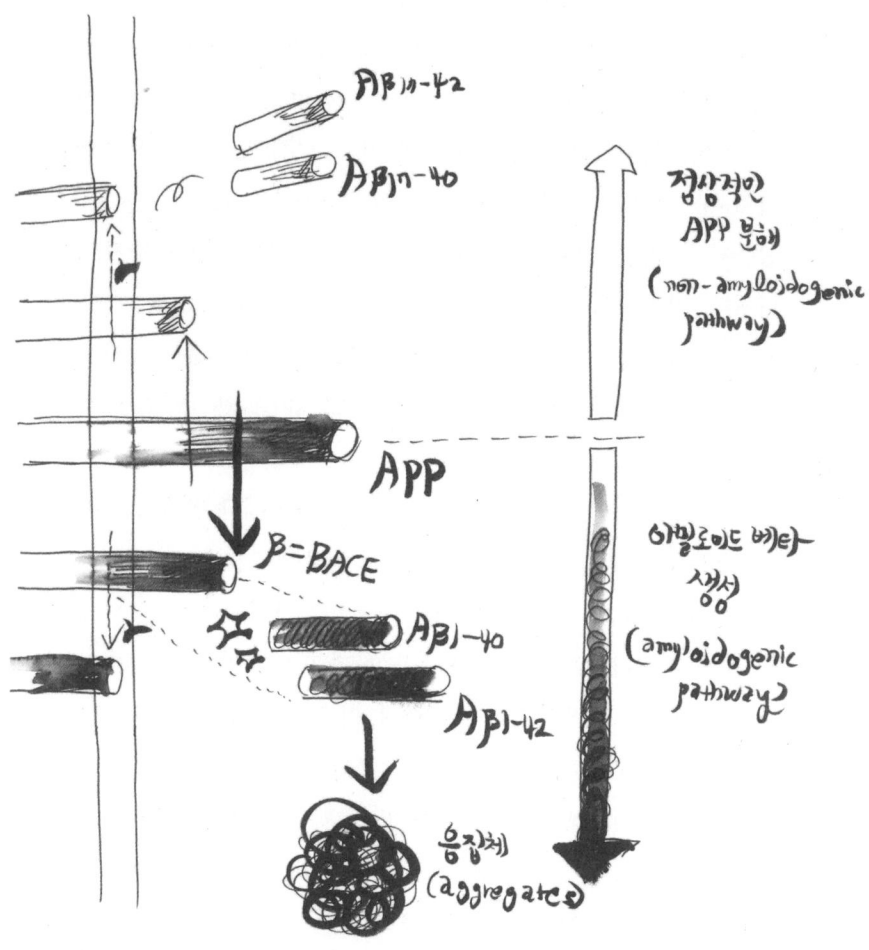

[그림 1.2] 아밀로이드 베타 단백질 생성 과정. BACE가 APP를 잘라 아밀로이드 베타 단백질이 만들어진다.

타 단백질보다 타우가 중요해진다. 타우가 뇌의 어느 부위에 얼마나 쌓이는지에 따라 병리 증상의 종류와 정도가 달라진다. 알츠하이머 병 치료제 개발에서 아밀로이드 베타 단백질과 타우 단백질의 서로 다른 특징은 중요하다. 예를 들어 초기 알츠하이머 병 치료제라면 아밀로이드 베타 단백질에 집중해야 한다. 인지손상 등의 눈에 보이는 증상이 나타나기 약 20여 년 전부터 아밀로이드 베타 단백질은 환자의 뇌에 쌓이기 시작하기 때문이다.

생성

아밀로이드 전구 단백질(amyloid precursor protein, APP)은 세포막에 발현한다. 주로 중추신경계(central nervous system, CNS) 조직에 있으며, 뉴런 사이의 신호전달 틈인 시냅스에 특히 많다. 뉴런은 나뭇가지가 풍성한 나무와 모양이 비슷하다. 나뭇가지 모양의 구조물이 외부 환경을 감지하고 인지하는 인풋(in-put) 센서인데, 이런 나뭇가지들로 들어온 신호는 나무 안에서 통합된다. 통합된 신호는 줄기(축삭, axon)를 따라 뿌리로 이동하고, 뿌리에서 다음 나무의 나뭇가지로 신호를 전달한다. 신호는 나뭇가지 → 줄기 → 뿌리의 방향으로만 전달된다.

APP가 주로 어떤 일을 하는지 아직 밝혀지지 않았다. 다만 시냅스 구조를 조절하고, 뉴런 안에서 물질 수송에 관여한다는 정도가 알려져 있다. 어쨌건 APP는 원래의 기능을 수행하면 알파 세크라타아제(α-secretase)라는 효소에 잘려 분해된다. 그런데 뇌 환경이 스트레스 상황에 놓이면 BACE1 단백질 발현과 활성이 높아진다(doi: 10.2174/138920207783769512). (따라서 BACE1은 조기

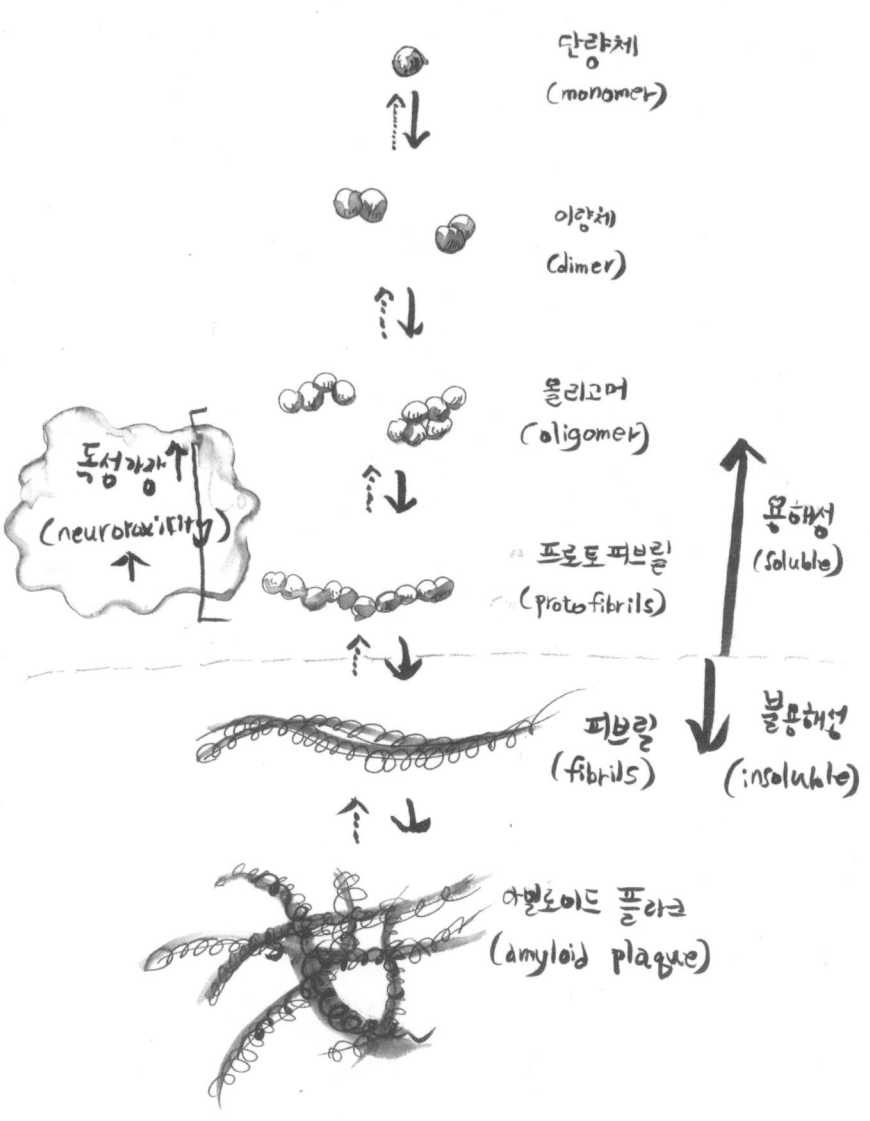

[그림 1.3] 아밀로이드 베타 단백질 응집 과정. 아밀로이드 베타 모노머(monomer) → 다이머(dimer) → 올리고머(oligomer) → 프로토피브릴(protofibrils) → 피브릴(fibrils) → 플라크(plaque)

진단 바이오마커로 가능성이 있다.) 이때 APP가 BACE1에 의해 잘 린다. 그리고 Aβ40, Aβ42 등 모노머(monomer)가 서로 응집해, 독성을 띄는 올리고머(oligomer), 피브릴(fibrils), 플라크를 형성하면서 문제가 시작된다. 아밀로이드 베타 단백질이 엉킨 플라크는 뉴런 사이에 끼어 신호전달을 방해하기 때문이다. 뉴런 사이의 신호전달이 원활하지 않으면 기억, 감정조절, 운동 같은 뇌 기능에 문제가 생긴다. 알츠하이머 병 환자에게 나타나는 일들이다.

아밀로이드 베타 단백질이 일으키는 염증반응도 문제다. 아밀로이드 베타 단백질이 올리고머 단계에 들어가면 독성이 가장 높아지며 염증이 생기는데, 과다한 염증은 뉴런을 죽일 수도 있다. 뇌 안에도 면역을 담당하는 세포가 있다. 외부 감염원을 없애고, 잘못 엉킨 단백질을 없애는 등의 일을 하는 미세아교세포(microglia)다. 퇴행성 뇌질환에 걸린 뇌에서 미세아교세포가 일으키는 염증반응이 만성적인 경우, 뇌 조직이 망가진다고 알려져 있었다.

2017년 병리 상태에서만 나타나 독성 물질을 먹어치우는 하위 타입 미세아교세포가 있다는 것이 밝혀졌다. 미세아교세포 표면에는 TREM2(triggering receptor expressed on myeloid cells 2)라는 수용체가 있는데, TREM2 활성화는 독성 물질을 없애는 미세아교세포(microglia) 활성화에 핵심적인 역할을 한다. 2018년 샌포드-번햄 의학 연구소(Sanford-Burnham Medical Research Institute) 신경과학 부문 화시 쉬(Huaxi Xu) 연구팀이 발표한 연구 결과에 따르면, 독성이 큰 올리고머는 TREM2 수용체에 직접 결합한다(doi: 10.1016/j.neuron.2018.01.031). 용해성 올리고머 상태

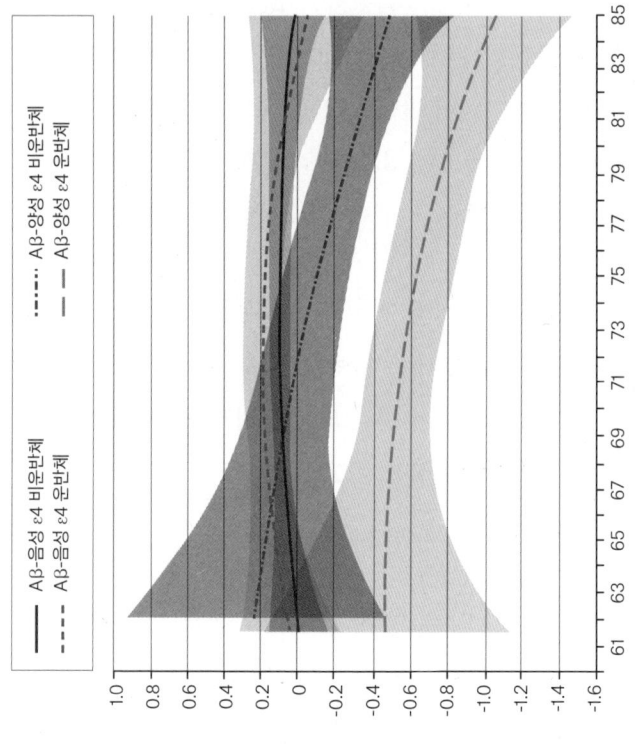

[그림 1.4] 아밀로이드 베타 단백질 양성과 음성, *APOE4* 유전자 보유 여부에 따른 네 가지 경우의 수 그룹에서 인지손상 변화 추적 자료. 아밀로이드 베타 단백질 양성의 경우 그래프의 기울기가 급하게 내려가는 경향을 보여준다.
출처: Yen Ying Lim, *et al*, Association of β-Amyloid and Apolipoprotein E ε4 With Memory Decline in Preclinical Alzheimer Disease, *JAMA Neurology* (published online), p.4, 2018.04.

의 아밀로이드 베타는 큰 독성을 나타낸다.

아밀로이드 베타 올리고머 수용체인 CD36, RAGE와 TREM2에 대한 결합력을 비교했을 때, TREM2에 대한 각 리간드의 결합력을 측정하자 올리고머 아밀로이드가 TREM2에 결합하는 Kd값(리간드가 수용체의 50%를 차지할 때 필요한 농도)은 12.7nM로 기존 수용체인 CD36, RAGE와 비슷한 세기로 결합했다. 독성이 없다고 알려진 아밀로이드 모노머는 TREM2에 거의 결합하지 않았다. 독성이 큰 올리고머 아밀로이드 베타 단백질이 염증반응을 가속화하고 있었다.

유전자

APOE4 유전자 변이는 아밀로이드 베타 단백질이 병리화되어 가는 과정을 빠르게 하며, 알츠하이머 병에 걸릴 위험을 높인다. 가족성 알츠하이머 병 유전자 변이인 *PSEN1, PSEN2*가 있어도 알츠하이머 병에 걸리는 시점을 앞당겨진다. 2019년 3월『네이처 제네틱스(*Nature Genetics*)』에 대규모 피험자를 대상으로 유전자를 분석해 후기 발병 알츠하이머 병(late-onset Alzheimer's disease, LOAD)과 관계된 유전자를 밝혀보려는 연구 결과가 실렸다(doi: 10.1038/s41588-019-0358-2). 309개 기관에서 474명의 연구자가 참여해 알츠하이머 병 환자 3만 5,274명과 정상인 5만 9,163명을 대상으로 전장 유전체 연관분석(genome-wide association studies GWAS)이 진행되었다. 연구 결과 알츠하이머 병 발병 위험이 있다고 알려져 있던 20개 유전자에, 알츠하이머 병 고위험군 유전자 5개(*IQCK, ACE, ADAM10, ADAMTS1, WWOX*)를 더

할 수 있었다. 면역, 지질대사, 타우 결합 단백질, 그리고 APP에서 아밀로이드 베타를 만드는 과정에 관여하는 다양한 인자도 후기 발병 알츠하이머 병의 시작과 관계 있다는 것을 밝혔다.

2018년 4월 『미국 의학협회 신경학회지(*JAMA Neurology*)』에는 오스트레일리아에서 진행하는 대규모 코호트(cohort) 연구인 AIBL(Australian Imaging, Biomarkers and Lifestyle Flagship Study of Ageing) 결과가 발표되었다(doi: 10.1001/jamaneurol.2017.4325). 모두 447명의 피험자를 대상으로 *APOE4* 보유 여부, 아밀로이드 베타 단백질 플라크가 뇌에 쌓인 여부(음성/양성)에 따라 환자를 네 그룹으로 나눠 6년간 인지 기능의 변화를 관찰했다. 뇌에 아밀로이드 베타 단백질 플라크가 없으면 *APOE4* 보유 여부와 상관없이 인지 기능 저하가 없었다. 뇌에 아밀로이드 베타 단백질 플라크가 쌓여 있는 상태에서 *APOE4* 변이가 있다면, 알츠하이머 병 발병 시점이 10년까지 빨라졌다.

검증

지금까지 알츠하이머 병 치료의 궁극적인 목표는 환자의 인지 기능 개선이었다. 치료제의 효과는 눈에 보이는 환자의 인지 기능 개선이 평가 척도였다. 그런데 환자에게 인지손상이 나타나는 전구(prodromal) 단계가 되면, 이미 아밀로이드 베타 단백질이 뇌 안을 가득 채우고 있다. 독성을 띤 타우 단백질도 뇌 이곳저곳으로 퍼져 있고, 다른 병리 인자들도 저마다 뇌 신경 망가뜨리기에 한창인 때다. 주로 전구 단계 환자부터 경증(mild) 환자까지가 이 단계에 포함되며, 역시 대부분의 임상시험이 이 시기의 아밀로이드 베타 단백질을 타깃으로 삼았다. 그러나 이 단계에서는 이미 신경세포를 너무 많이 망가뜨려 놓았기 때문에, 아밀로이드 베타 단백질을 없애도 환자의 인지 기능 개선에 효과를 기대하기 어렵다. 아밀로이드 베타 단백질을 타깃으로 삼는 치료제로 알츠하이머 병을 고치려면, 아직 인지손상이 오지 않았지만 독성 아밀로이드가 뇌에 쌓이고 있는 전임상(preclinical) 단계로 올라가야 한다.

2017년, 2018년 머크는 두 건의 BACE 저해제 후보물질인 베루베세스타트의 임상2/3상 실패를 발표했다. 베루베세스타트는 2017년 경증이나 중등도 치매 환자를 대상으로 하는 임상시험인 EPOCH 임상2/3상에서 실패했다(NCT01739348). APECS 임상2/3상은 EPOCH 임상2/3상 대상보다 초기 단계에 있는 전구 알츠하이머 병 환자를 대상으로 했지만, 임상은 다시 실패했다(NCT01953601). 계속 앞 단계로 가면서 베루베세스타트를 투여해 아밀로이드 베타 단백질 생성을 막았지만, 인지손상을 늦추기는커녕 악화되는 결과가 나왔다.

일라이릴리의 솔라네주맙도 베루베세스타트와 비슷했다. 솔라네주맙은 뇌에서 아밀로이드 베타 모노머를 없애는 항체다. 시냅스에 독성 아밀로이드 피브릴이 쌓이는 것을 막는 것이 목표다. 일라이릴리는 2009년 EXPEDITION-1, 2 임상3상을 시작할 때 경증과 중등도의 환자 2,052명을 대상으로 했다. 이는 일라이릴리가 제시한 간이정신상태검사(mini-mental state examination, MMSE) 기준으로 16~26점의 환자가 대상이었다. 경증은 20~26점, 중등도는 16~19점이었다. 일라이릴리는 경증과 중등도 알츠하이머 병 환자에게 400mg의 솔라네주맙을 80주 동안 투여했으나 인지손상을 늦추지 못했다. 솔라네주맙은 임상3상에서 실패했지만 통계적 분석에서, 상대적으로 인지손상이 가벼운 경증 환자 659명만 묶어서 대조군 663명과 비교하자 알츠하이머병을 치료할 수 있을 것이라는 가능성이 보였다(doi: 10.1016/j.jalz.2015.06.1893; 참고임상: EXPEDITION-1[NCT00905372], EXPEDITION-2[NCT00904683]). 솔라네주맙을 투여하자 인지손상(ADAS-Cog14, MMSE 지표 이용)이 약 34% 늦춰졌으며, 일상생활과 사회활동을 하는 기능(ADCS-iADL 지표 이용) 저하가 약 18% 느려졌다. 일라이릴리는 경증 단계 환자만 대상으로 EXPEDITION-3 임상3상을 다시 진행했지만, 임상적 유의성에 도달하지 못해 2016년 중단됐다(EXPEDITION-3[NCT01900665]).

일라이릴리는 계속 도전하고 있다. 단 아밀로이드 베타 단백질이 치료 타깃이라는 것을 증명하기 위해 점점 더 초기 단계 환자로 임상시험 대상을 바꿔가고 있다. 아밀로이드 베타 단백질로 뇌가 가득 채워진 환자가 아니라, 아밀로이드가 쌓여가고 있는 잠정적인 알츠하이머 병 환자에게 솔라네주맙을 투여하면 치료 효과를 기대할 수 있을 것이라는 가정이다. 일라이릴리는 뇌에 아밀로이드 베타 단백질이 있지만 아직 알츠하이머 병 증상이 없는 노인 1,150명을 대상으로 솔라네주맙이 발병 시점을 늦추는지 확인하는 A4 임상3상을 진행하고 있다. 약물 용량과 투여 기간도 늘려, 최대 1,600mg의 솔라네주맙을 240주 동안 투여한다. 임상 결과는 2022년에 나올 예정이다(A4 스터디[NCT02008357]).

아밀로이드 베타 단백질을 타깃하는 베루베세스타트와 솔라네주맙 임상시험은 중요하다(doi: 10.1056/NEJMoa1705971). 약물이 독성 아밀로이드 베타 단백질을 없애는 것을 증명한 BACE 저해제, 아밀로이드 항체이기 때문이다. 둘 다 환자의 뇌척수액(cerebrospinal fluid, CSF)과 양전자 방출 단층 촬영(positron emission tomography, PET) 이미지 등의 바이오마커로 결과를 확인했다. 모두 약물이 원하는 치료 타깃에 가서 작용(target engagement)했다. 많은 사람들이 베루베세스타트와 솔라네주맙 임상시험 결과에 기대를 걸었고, 또 임상시험 실패로 실망했던 이유다. 베루베세스타트와 솔라네주맙은 임상시험을 거치면서 항체의 효과를 확인하기 위해 앞 단계 환자를 대상자로 설정해갔다. 이는 바이오마커를 근거로 한 것이었고, 전체적인 알츠하이머 병 신약 개발 경향에 영향을 주기도 했다. 전반적으로 바이오마커가 임상시험 대상자를 고르거나, 치료 효과를 가늠하는 용도로 이용하게 된 것이 2010년 즈음인데, 베루베세스타트와 솔라네주맙 임상시험이 대표적인 사례였다. 이를 뒤집어보면 아밀로이드 가설은 이제야 제대로 검증을 받을 수 있는 단계에 들어갔다고도 볼 수 있다. 즉 아밀로이드 가설은 끝난 것이 아니라, 이제 시작하는 것일지도 모른다.

도전

바이오테크들은 새로운 방법으로 아밀로이드 베타 단백질을 제거하는 후보물질들을 발굴하기도 한다. 디날리테라퓨틱스, 일라이릴리, 알제론(Alzheon), 워싱턴 대학 의과대학 데이비드 홀츠만(David M. Holtzman) 연구팀이 대표적이다.

2018년까지 디날리테라퓨틱스는 혈뇌장벽을 통과하는 ATV

플랫폼을 적용해 아밀로이드 베타 단백질과 타우 단백질을 동시에 타깃하는(multi targeting) 항체에 집중했다. 항체는 아밀로이드 베타 단백질을 생성하는 BACE1에 결합하면서, 동시에 타우 전달(propagation)을 막는다. 아밀로이드 베타 단백질이나 타우 단백질 하나만 타깃하는 것보다 두 개를 동시에 타깃하는 것이 효과를 높일 수 있을 것이라는 판단이었다. 다른 종류의 병리 단백질을 동시에 타깃하는 아이디어였으나, 2019년 항체의 두 팔 모두 타우 단백질을 잡는 것으로 전략을 수정했다.

하나의 병리 단백질에 관련된 신호전달을 두 가지 약물로 저해하자는 아이디어도 있다. 일라이릴리는 초기 알츠하이머 병 환자를 대상으로 아밀로이드 베타 단백질을 생성하는 효소 BACE1을 저해하는 LY3202626과 아밀로이드 베타 단백질 응집에 중요한 피로글루타메이트 아밀로이드(pyroglutamate, Aβ[p3-42])에 결합하는 항체인 N3pG(LY3002813)를 병용투여하는 임상2상을 진행하고 있다(NCT03367403).

알제론의 ALZ-801은 뉴로켐(Neurochem)이 임상3상에서 실패했던 트라미프로세이트(tramiprosate)라는 약물을 변형한 것으로, 2019년 임상3상을 시작할 예정이다. 트라미프로세이트는 아밀로이드 베타 모노머와 상호작용하는데, 신경독성을 띠는 형태로 응집되는 것을 막는다. 알제론은 트라미프로세이트 임상3상에서 경증~중등도 알츠하이머 병 환자와 대조군을 비교했으나, 인지기능(CDR-SOB, ADAS-Cog) 지표에서 유의미한 차이를 확인하지 못해 실패했다. 그러나 알제론은 *APOE4*를 두 개 보유한 하위 그룹에서 대조군과 비교해 인지 기능(CDR-SOB, ADAS-

Cog) 지표에서 유의미한 차이가 나온 결과에 주목했다. 알제론은 임상시험 성공률을 높이기 위해 Aβ42 모노머가 독성을 띄는 형태로 응집되는 메커니즘은 같지만, 트라미프로세이트보다 약물 흡수력, 내약성, 약동학적(pharmacokinetics, PK) 특성을 개선한 물질(ALZ-801)로 새 임상시험에 도전한다.

알제론은 다시 도전하는 임상3상에서, 가능성을 확인했던 하위 그룹인 *APOE4* 유전자를 두 개(카피) 보유하고 있는 경증 알츠하이머 병 환자를 대상으로 하기로 했다. 이 환자군에서 효능을 입증한 후, *APOE4* 유전자 한 개(카피)를 가지고 있거나 아밀로이드 베타 단백질 병리 증상을 가진 인지손상 환자(전구~경증)를 대상으로 임상시험을 진행할 계획이다. 북미나 유럽에서 *APOE4* 유전자를 두 개 가진 환자 비율은 10~15%지만, *APOE4* 유전자 한 개를 가진 경우는 50~65%로 늘어난다. 알제론은 FDA로부터 2017년 10월, ALZ-801의 패스트트랙 지정(Fast Track Designation)을 받았다.

알츠하이머 병 발병률을 높이는 위험인자인 ApoE(Apolipoprotein E) 단백질 자체를 치료 타깃으로 삼는 아이디어도 있다. ApoE 단백질이 아밀로이드 베타 단백질 플라크 응집을 가속화하고, 성상교세포와 미세아교세포의 항성성을 깨뜨려 신경퇴행을 촉진하는 등, 알츠하이머 병을 '악화'하는 병리 증상에 관여할 수 있다는 것이 밝혀지고 있다. 데이비드 홀츠만 연구팀과 디날리테라퓨틱스는 ApoE를 타깃하는 항체 HAE-4를 찾았다. 홀츠만 연구팀의 항체는 쥐 모델에서 아밀로이드 베타 단백질을 없앴다. 홀츠만 연구팀은 끈적끈적한 성질을 가진 아밀로이드 베타 단백질 플라크 안에 지질인 ApoE가 약간 포함되어 있다는 점에 아이디어를 얻었다. ApoE를 인식하는 항체를 만들면 아밀로이드 베타 단백질 플라크에 결합해 없앨 수 있을 것이라는 생각이었다. 항체가 ApoE에 결합하자, HAE-4의 Fcγ를 인지한 면역세포는 ApoE로 모여 대식작용으로 아밀로이드 베타 단백질을 없앴다. ARIA(amyloid related imaging abnormalities) 부작용 문제는 ApoE 항체가 아밀로이드 베타 단백질 플라크의 작은 부분만을 타깃하므로, 상대적으로 염증 부작용이 적을 것으로 보고 있다.

글래드스톤 연구소(Gladstone Institutes) 야동 황(Yadong Huang) 연구팀은 알츠하이머 병을 발병하는 ApoE4(Apolipoprotein E4) 구조를 변형시켜, 병리 작용이 일어나지 않게 하는 ApoE3-유사구조를 만드는 저분자 화합물인 PH002를 발굴했다(doi: 10.1038/s41591-018-0004-z). 연구팀은 이 약물로 ApoE4를 ApoE3-유사구조로 바꾸는 데 성공했다. 신경세포에서 ApoE4로 나타났던 독성이 줄어들었고, 알츠하이머 병의 병리 증상이 회복되는 것도 확인했다.

스펙테이터

알츠하이머 병 환자의 뇌에서 독성 아밀로이드 베타 단백질이 많이 만들어지고, 여러 병리 증상을 일으키고, 아밀로이드 베타 단백질 플라크가 쌓이는 것은 분명하다. 그런데 지난 20년간 아밀로이드 베타 단백질 타깃 항체 신약의 대규모 임상시험은 모두 실패했다. 이런 상황으로 두고 아밀로이드 가설이 맞는지 틀린 것인지에 대한 논쟁이 붙기도 한다.

아밀로이드 가설이 맞는지 틀린지는 학계가 풀어야 할 숙제다. 제약기업과 바이오테크는, 아밀로이드 베타 단백질과 알츠하이머 병에 대해 모르는 것이 많은 채 임상시험을 진행하다 실패했지만, 그럼에도 알츠하이머 병 환자의 뇌에서 아밀로이드 플라크가 쌓이는 것은 막을 수 있는 방법을 찾아야 한다. 더 정확하게 이야기하자면 업계는 아밀로이드 가설의 검증보다는 왜 아밀로이드 베타 단백질을 타깃하는 임상시험이 실패했는지에 집중해야 한다. 임상시험에 참여한 환자가 너무 후기 환자거나 너무 초기 환자였을까? 약물 하나로 충분하지 못했을까? 좀더 강력한 약물이 필요했을까? 부작용을 조절하는 것에 실패했을까?

학계가 아밀로이드 가설 검증에 집중해야 한다면, 업계는 아밀로이드 베타 단백질을 환자 뇌에서 없애는 임상시험 실패 원인을 검증하고 성공시킬 수 있는 방법에 집중해야 한다. 솔라네주맙, 베루베세스타트 등 몇 가지를 빼고, 지금까지 치료 타깃에 가서 작용하는지(target engagement) 효과를 제대로 평가하고, 자료를 공개하면서 임상시험을 진행했던 약물이 몇 개나 있을까? 2019년 임상시험 실패를 알렸던 제넨텍-로슈의 크레네주맙(crenezumab)은 임상2상에서 PET 바이오마커 데이터를 공개하지 않았다. 제넨텍-로슈는 규제 당국과 협의해 임상3상에서 용량을 4배까지 늘렸지만, 바이오마커 수준에서 뚜렷한 차이를 보이지 못했던 약물로 증상을 고칠 수 없었다.

아밀로이드 베타 단백질을 타깃하는 신약개발은 사실상 이제 시작이다. 임상시험에서 알츠하이머 병 환자에게 인지 저하가 나타나기 전에 약을 투여하는 컨셉을 배치하고, 증상이 없더라도

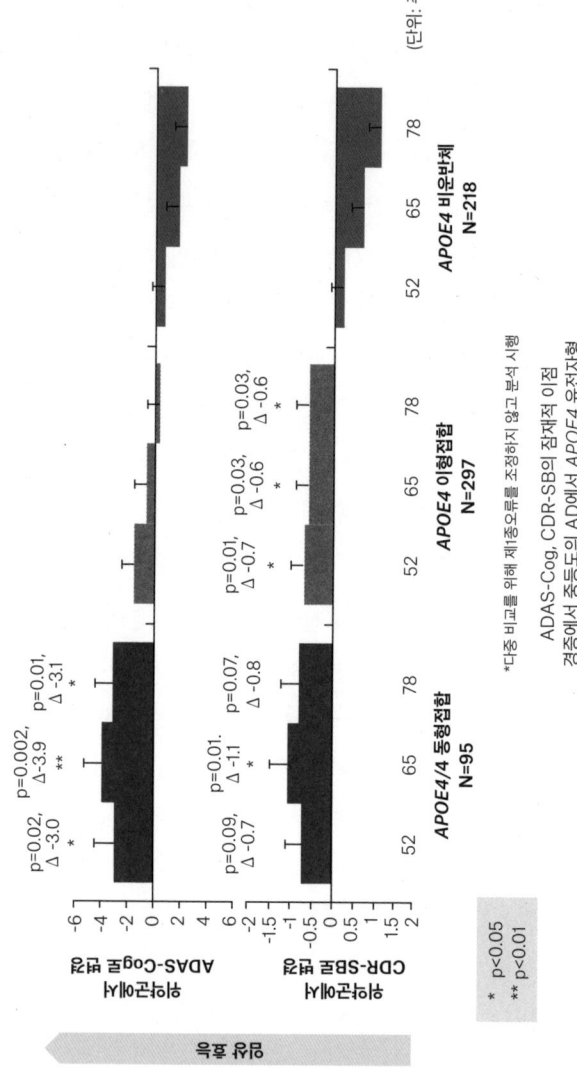

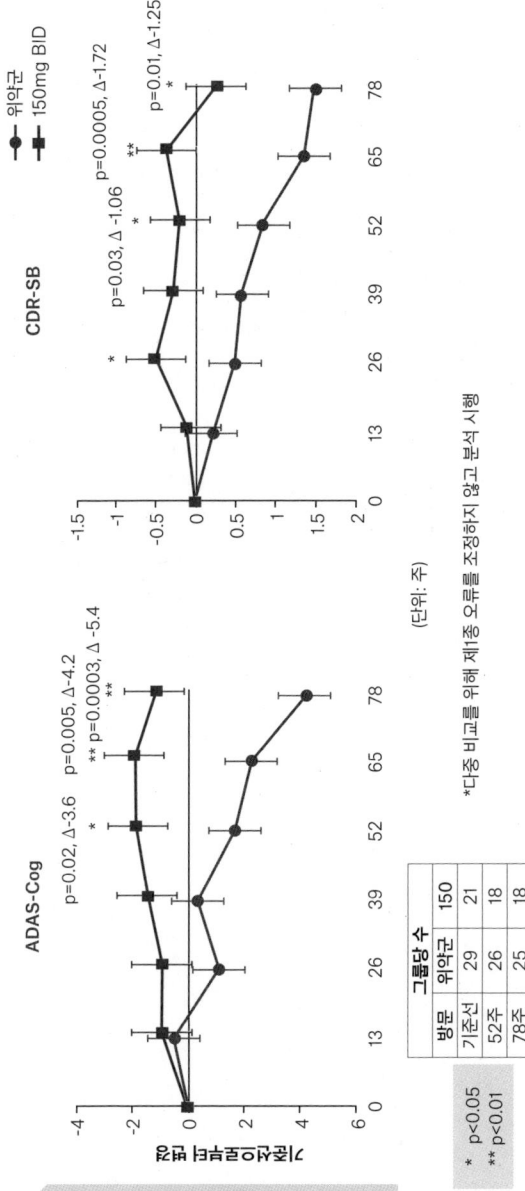

[그림 1.5, 1.6] 얀센과 트라미프로세이트의 임상3상 그래프. 그림 2.5(위)는 APOE4 유전자가 있을 때의 인지 기능 회복 가능성을 보여주었다면, 그림 2.6(아래)의 경증 일종하이며 병 환자군 가운데 APOE4가 2카피 있는 경우에 특히 약물의 효능이 정확하게 나타난 것을 보여준다.
출처: 얀센, '나스닥 증권거래위원회(SEC) 제출 자료', pp.88-89, 2018.03.

아밀로이드 베타 단백질을 포함한 다양한 병리 바이오마커를 바탕으로 신약의 처방을 허가하고, 시판 후 임상4상에서 데이터를 모으는 방식으로 전환되어야 한다.

　이는 학계, 업계, 규제 당국 어느 한 곳의 힘으로 해결할 수 있는 문제가 아니다. 증상이 없는 단계의 환자를 상대로, 10~15년까지 약물을 투여해 효능을 증명해야 한다. 평가 기준을 새로 만들어야 하고, 약물 부작용도 고려해야 한다. 신약을 개발하는 이유는 저마다 다르겠지만, 공통된 것이 있다면 환자를 고통에서 구출해내는 것이다. 학계, 업계, 규제 당국이 힘을 모으려면, 원래 알츠하이머 병 신약을 만들려고 했던 저마다의 이유 가운데 공통되는 하나의 이유를 꺼내어 확인하고 협업해야 할 것이다.

아두카누맙

Aducanumab

바이오젠의 공식적인 아두카누맙 임상시험
실패 발표를 받아들인다면,
앞으로의 전략에는 병용투여가 있을 것이다.

기대

아밀로이드 베타 단백질을 타깃하는 약물 가운데 바이오젠(Biogen)의 아두카누맙(aducanumab, BII037)만큼 주목받은 후보물질도 없을 것이다. 아두카누맙은 사람 몸속에 있는 기억 B세포(memory B cells)의 면역반응을 이용해 발굴한 항체다. 의약품으로 개발하는 항체는 파지 디스플레이 라이브러리(phage display library)에서 발굴한다. 파지는 세균에서 증식하는 바이러스로, 유전정보를 보관하고 이를 바탕으로 단백질을 만들어낸다. 따라서 하나의 파지는 하나의 항체 서열 정보를 가진다. 파지 디스플레이 라이브러리는 수백~수천억 종류의 항체 서열을 가진 파지를 모아 놓은 것으로, 마치 거대한 도서관 검색대에서 책을 찾듯 원하는 항원에 반응하는 항체 서열을 찾을 수 있다.

의약품으로 사용할 항체 서열을 찾으면 몸속에 있는 타깃 단백질에 잘 반응하게 튜닝(tuning)하는 인간화(humanized) 작업을 거친다. 그런데 아두카누맙은 인간 B세포 정보를 바탕으로 항체 서열을 찾으니 추가로 튜닝할 필요가 없다(doi: 10.1038/nature19323). B세포 라이브러리 기술인 Reverse Translational Medicine™(RTM™)은 스위스의 바이오테크 뉴리뮨(Neurimmune)이 가지고 있는 기술이다.

2007년 바이오젠은 뉴리뮨이 RTM™ 플랫폼으로 찾은 아밀로이드 베타 단백질 타깃 항체인 아두카누맙을 사들인다. 아두카누맙은 인지 기능이 건강한 노인에게서 유래한 기억 B세포 라이브러리에서 찾은 응집형 아밀로이드 베타 단백질에만 선택적으로 결합하는 항체다. 인지 기능이 건강한 노인에게는 독성 아밀로이드 베타 단백질을 찾아 효율적으로 없애는 항체가 있을 것이라는 아이디어가 시작이었다. 기억 B세포는 이미 적의 특징을 B세포 수용체(B cell receptors, BCR)를 통해 기억하고 있다. 기억 B세포는 몸속을 돌아다니다가 BCR에 딱 맞는 적을 만나면 빠르게 형질세포(plasma cell)로 분화한다. 형질세포는 더 이상 분화하지 않는 세포로, 한 가지 종류의 항체를 대량생산해 분비한다. 형질세포 수명은 일주일 이내로 짧지만, 적을 공격하는 항체 반감기는 3주 이상이다. 기억 B세포의 수명 자체는 10년이 넘는다.

아두카누맙은 아밀로이드 아미노산의 N-터미널 부분에 있는 3-7서열을 인지한다. 병리 원인인 용해성 올리고머(soluble oligomer)와 불용성 피브릴(insoluble fibrils) 형태에 결합한다. 반대로 아밀로이드 베타 모노머(monomer)에는 결합하지 않는다.

바이오젠은 쥐 모델에서 아밀로이드 베타 단백질에 결합한 아두카누맙의 효능을 실험했다. 미세아교세포(microglia)는 외부 감염원이나, 독성 단백질, 세포 찌꺼기 등을 인지해 먹어 치우는 (대식작용) 선천면역 작용을 한다. 아밀로이드 베타 단백질에 결합한 아두카누맙의 Fcγ를 미세아교세포가 인지해 먹어치웠다. 바이오젠의 아두카누맙을 이용한 PRIME 임상1b상은 총 165명의 전구(prodromal)~경증(mild) 단계 알츠하이머 병 환자(MMSE 24~30점)를 대상으로 진행됐다. 52주 동안 임상시험이 진행되었고, 4주마다 아두카누맙이나 대조군 약물을 투여했다. 약물 투여에 따른 변화를 보기 위해서 뇌의 해부학적 구조 변화를 볼 수 있는 자기공명영상(magnetic resonance imaging, MRI)을 찍고, 양전자 방출 단층 촬영(positron emission tomography, PET)과 인지 기능도 평가했다.

성공인가 실패인가

바이오젠은 2016년 『네이처(Nature)』에 임상1b상 결과를 발표했다. 26주부터 3, 6, 10mg/kg을 투여한 환자에게 아밀로이드 베타 단백질 플라크가 유의미한 수준으로 줄어든 것을 PET 촬영 이미지로 확인했다. 52주가 되자 차이는 더 벌어졌다. 아두카누맙은 임상시험에 참여한 환자들의 뇌 전체에 걸쳐 골고루 아밀로이드 베타 단백질 플라크를 없앴다. 플라크가 없어지는 속도는 전구나 경증의 병기 단계, 알츠하이머 병 고위험 유전자 변이인 APOE4 유무와 상관없이 비슷했다. 다만 아밀로이드 베타 단백질 플라크가 사라진 것과, 인지 기능 평가 결과가 동일하게 이어지지는 않았다. 52주 동안 약물을 투여한 결과 간이정신상태검사(mini-mental state examination, MMSE)에서 3mg/kg, 10mg/kg을 투여한 그룹에서만 대조군 대비 유의미한 차이가 나타났다. 치매임상평가척도 박스 총점(clinical dementia rating scale sum of boxes scores, CDR-SB)에서는 약물을 54주 동안 했을 때 10mg/kg 그룹 투여군만 대조군 대비 유의미한 차이를 보였다. 6mg/kg 투여군에서는 인지 저하가 개선된 결과가 나오지 않았다(doi: 10.1038/nature19323). 임상1b상에서는 한 그룹 당 30명 내외의 환자에게 약물을 투여했는데, 정확한 평가를 위해 환자 수를 늘린 임상3상은 실패했다.

바이오젠의 임상시험에서 아쉬운 점은, 임상1b상 결과에서 전구 단계 알츠하이머 병 환자에게서 차이를 측정하기 힘든

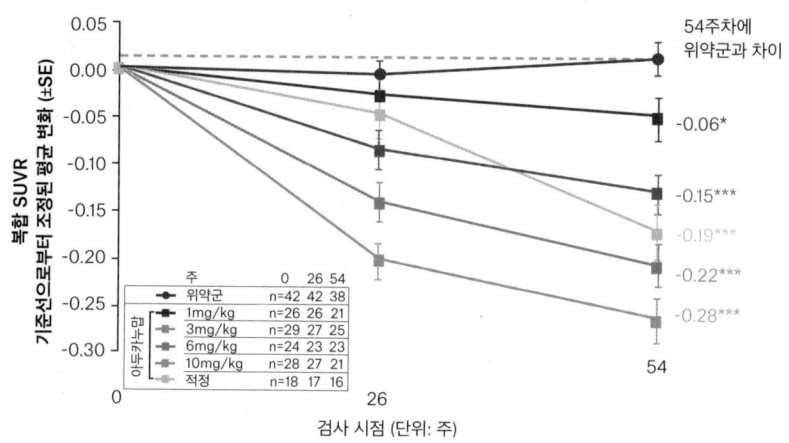

[그림 2.1] 바이오젠 발표 아두카누맙 임상1b상 결과 가운데 약물 효능 결과
출처: Sevigny J, *et al*., The antibody aducanumab reduces Aβ plaques in Alzheimer's disease, *Nature*, pp.51-52. 2016.09.

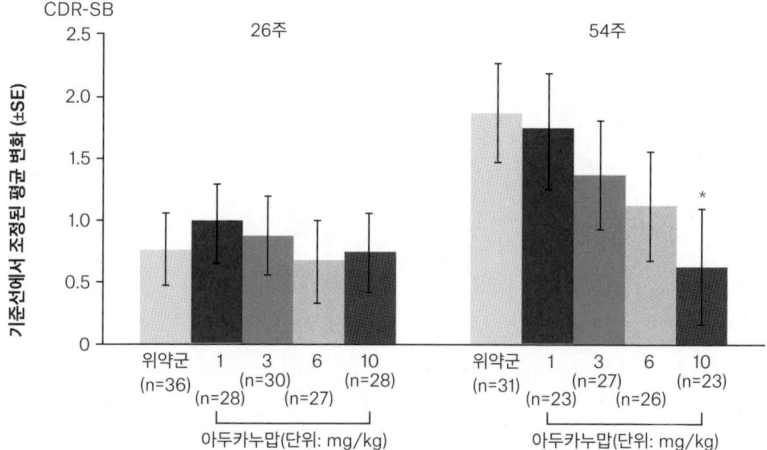

54주차의 선형대비검사에 대한 용량-반응 P < 0.05

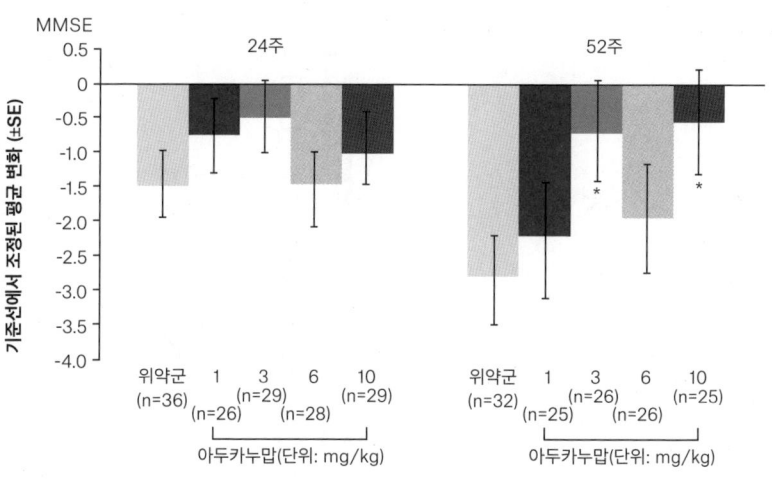

52주차의 선형대비검사에 대한 용량-반응 P < 0.05

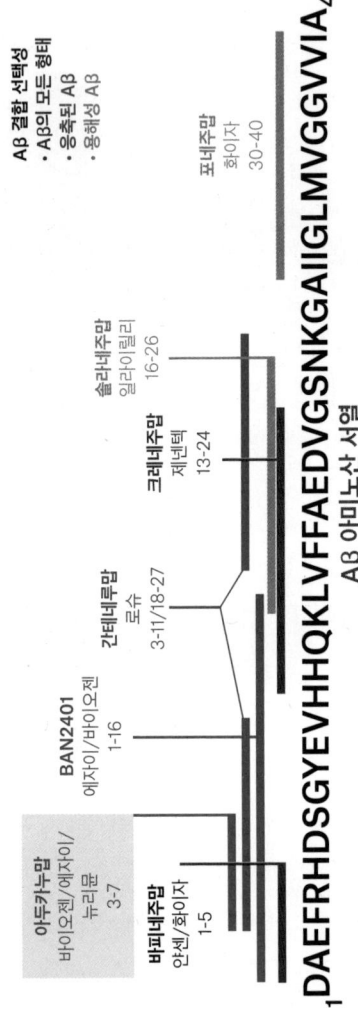

[그림 2.2] 아밀로이드 베타 단백질 타깃 항체의 결합 서열
출처: 바이오젠 2018 CTAD 발표 자료

CDR-SB과 MMSE 지표를 썼다는 점이다. 두 지표는 적은 수의 초기 알츠하이머 병 환자에게서 일어나는 민감한 변화를 확인하기에는 적절하지 않다. 예를 들어 CDR-SB는 0~5점으로 구성되는데, 점수가 커질수록 병이 악화된다고 본다. 그런데 임상시험에 참여하는 전구 단계 환자는 CDR-SB 지표에서 0.5를 받았다. 대조군과 비교해 인지 기능 점수를 매기기에는 너무 작은 값이다. MMSE도 CDR-SB와 민감성이 비슷하다. 초기 환자를 대상으로는 ADAS-Cog 테스트가 주로 쓰이고 있지만, 좀더 민감한 인지 측정 도구도 개발되고 있다. 좀더 정확한 평가 지표를 사용했더라면 어떤 결과가 나왔을까?

아두카누맙은 임상1b상에서 뇌에 쌓인 아밀로이드 베타 단백질을 없애는 것에는 성공했다. 그러나 임상1b상 결과를 '성공적'이라고 평가하기에는 이르다. 바이오젠은 임상3상의 1차 임상충족점으로 CDR-SB, 2차 임상충족점으로 MMSE와 ADAS-Cog13, ADCS-ADL-MCI 지표를 평가하는 방식으로 설계했으나, 2019년 3월 임상시험을 중단했다. 바이오젠은 PRIME 임상1b상을 멈추지 않고 장기연장 연구(long-term extension, LTE)라는 이름으로 2021년까지 진행할 계획이다(NCT01677572).

2018년 CTAD(Clinical Trials on Alzheimer's Disease)에서 바이오젠은 48개월 동안 임상을 진행한 결과를 발표했다. 다만 연장 코호트 임상이라 임상시험에 참여하는 환자 수가 56명으로 줄었고, 임상 프로토콜에서 투여량도 일부 변경했다. 바이오젠은 52주가 지난 시점부터는 모든 알츠하이머 병 환자에게 아두카누맙을 투여했고, 저용량을 투여한 참여자에게는 약물 농도를 높였다. 대조군은 3mg/kg나, 3mg/kg을 투여하다 6mg/kg를 투여하는 것으로 바꾸었다. 1mg/kg 투여군은 3mg/kg으로 약물 농도를 높였다. 아두카누맙을 계속 투여하자 MMSE, CDR-SB 지표에서 인지 저하가 늦춰지는 경향을 확인했다.

한계

중추신경계(central nervous system, CNS)에 쓰는 약물은 안전성이 특히 더 강조된다. 특정 부위를 제외하고 뇌 세포는 증식·재생되지 않는다. 한 번 부작용이 생기면 원래 상태로 되돌리기 어렵다. 아두카누맙은 아밀로이드 베타 단백질 플라크를 효과적으로 없애지만 부작용 문제를 풀지 못했다. PRIME 임상1b상 결과에 앞서 이전에 약물의 안전성 및 내약성을 평가하기 위해 진행한 임상1a상 결과부터 살펴보자. 바이오젠은 총 53명의 55~85세(평균 67.7세)의 경증~중등도 단계의 알츠하이머 병 환자(MMSE: 14~26점)를 대상으로 임상1a상을 진행했다. 아두카누맙 0.3, 1, 3, 10, 20, 30, 60mg/kg이 투여됐다. 고용량 투여군에서는 알츠하이머 병 고위험군 유전자인 *APOE4*를 가진 환자가 비보유자와 1:1의 비율로 배정됐다. 아두카누맙 임상시험 결과 1차 충족점인 안전성과 내약성에 도달했다. 단 아두카누맙을 30mg/kg까지 투여했을 때 심각한 부작용은 없었지만, 60mg/kg을 투여한 환자 4명에게 ARIA(amyloid related imaging abnormalities) 가운데 대뇌부종을 일으키는 ARIA-E(edema)가 나타났다. 두통, 불안감, 통증 등의 부작용은 심각한 수준이었다.

ARIA는 아밀로이드 약물 임상에서 관찰된 현상으로 MRI 이미지에서 보이는 비정상적인 징후를 모두 일컫는다. ARIA는 아밀로이드 항체인 화이자(Pfizer)-얀센(Janssen)의 바피네주맙(bapinezumab) 임상시험에서 임상의가 환자의 MRI 이미지를 보면서 뇌 대뇌 및 혈관이 이상한 것을 처음 발견했다(doi: 10.1016/S1474-4422(12)70015-7; doi: 10.1016/j.jalz.2011.05.2351). ARIA-E는 부종이 일어난 뇌 부위에 따라 나타나는 양상이 다르며 두통, 정신 착란, 구토, 어지럼증, 떨림 등의 증상이 나타난다. 다른 부작용으로는 대뇌 미세 출혈을 일으키는 ARIA-H(haemosiderin)가 있다. 대부분 ARIA 부작용은 무증상으로, 초기에 나타나 2~12주 후에 증상이 없어진다. 약물 투여량을 줄여 증상을 완화할 수 있지만 심한 경우 약물 투약을 멈춘다.

바이오젠의 임상1a상에서 아두카누맙을 30mg/kg보다 적은 용량으로 투여했을 때 심각한 ARIA 부작용이 없어, 용량으로 안전성을 조절할 수 있을 것이라 기대했다. 그러나 임상1b상에서는 6mg/kg 투여군 30명 가운데 11명(37%)에게 발생했다. 10mg/kg 투여군 32명 가운데 15명(47%)에게 ARIA-E 부작용이 나타났다. 뇌에 아밀로이드 베타 단백질 플라크가 더 빨리 쌓이는 유전자 변이인 *APOE4*를 가진 경우는 부작용이 더 잦았다. 아두카누맙보다 먼저 진행되었던 임상시험, 현재 임상시험이 진행 중인 아밀로이드 베타 단백질 타깃 항체와 비교했을 때도 높은 수치다. 아두카누맙 임상시험보다 먼저 진행했고 실패했던 화이자-얀센의 바피네주맙과 2019년 현재 임상3상을 진행하고 있는 로슈(Roche)의 간테네루맙(gantenerumab)은 임상시험에서 10% 정도의 비율로 ARIA 부작용이 나타났다. 심지어 아밀로이드 모

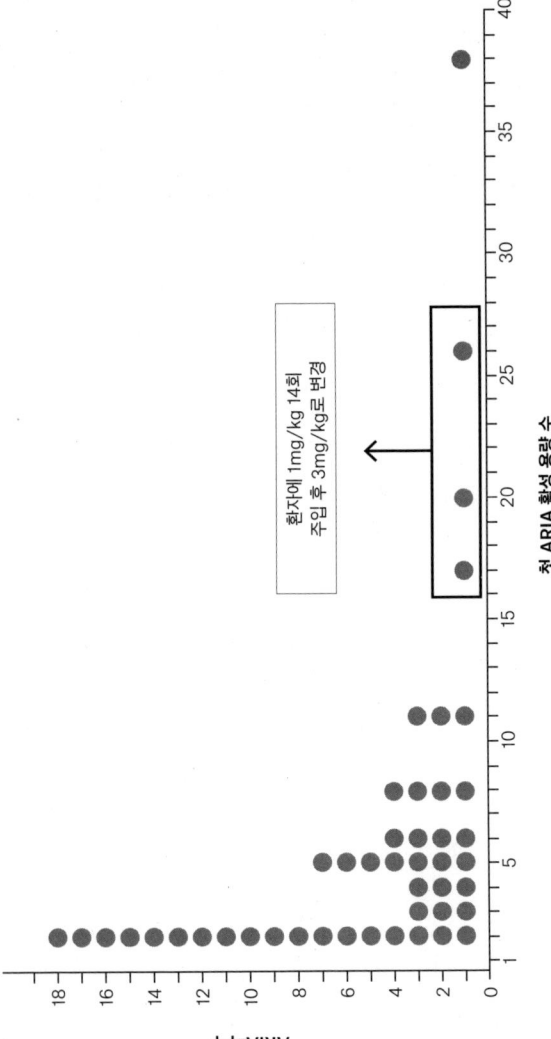

[그림 2.3] 그래프의 점 17개는 첫 ARIA-E 부작용이 발생한 시기이다. 약물 투여가 10회차에 이르는 동안 주로 발생하는 것을 보여준다.
출처: 바이오젠, 2018 CTAD 발표 자료.

노머를 뇌에서 없애는 임상시험이었지만 결과적으로는 실패한 일라이릴리의 솔라네주맙(solanezumab) 임상3상에서 ARIA 부작용이 0.9% 수준이었던 것과 비교하면 아두카누맙의 부작용 비율은 높은 편이다.

2018년 CTAD에서 바이오젠은 아두카누맙 투여에 따른 ARIA-E 부작용 우려에 대해, 해결 가능한 수준이라는 입장을 내놨다. PRIME 임상시험을 시작한 이후 아두카누맙을 투여한 185명 환자 가운데 46명에게 ARIA-E 부작용이 발생했다. 바이오젠은 46명 환자 가운데 28명(61%)은 증상이 없었고 18명(39%)에게는 주로 경증 증상이 나타났다고 설명했다. ARIA-E로 약물을 중단한 환자는 2명이었다. 바이오젠은 대부분의 ARIA-E 부작용은 발생 후 4~12주 안에 해결 가능했고, 8명의 환자는 ARIA-E 부작용이 재발했다고 설명했다.

아두카누맙 임상시험에서 문제는, 효능을 나타내는 최소한의 농도가 약물 안전성이 보장되는 농도의 기준을 넘어버린다는 점이다. 임상1b상에서 아두카누맙 10mg/kg을 투여해 인지 저하를 늦췄는데 10mg/kg에서 ARIA-E 부작용이 잦았다. 바이오젠은 임상3상 투여 용량을 밝히지 않고, 낮은 농도와 높은 농도의 두 그룹으로 진행한다고만 밝혔다. 아두카누맙은 임상1b상의 긍정적인 결과로 주목받는 알츠하이머 병 신약 후보물질이지만, 다른 아밀로이드 타깃 항체보다 자주 나타나는 ARIA-E 부작용을 미리 예측하거나 해결할 수 있는 방법을 찾아야 한다. 바이오젠은 2018년 미국 임상정보사이트(clinicaltrials.gov)에 전구나 경증 알츠하이머 병 환자 500명을 대상으로 아두카누맙 투여로 인한

AIRA 부작용을 확인하는 임상2상을 등록했다.

스펙테이터

아밀로이드 베타 단백질 플라크를 뇌에서 성공적으로 없앤 첫 번째 물질은 아두카누맙이었다. 그런데 결국 치료제로서의 아두카누맙 임상시험은 실패했다. 기대를 가졌던 많은 사람들은 아두카누맙의 실패의 의미를 확대 해석하는 경향이 있다. 경향은 두 갈래다. 한 쪽은 항체로 아밀로이드 베타 단백질을 잡는 것을 포기하자는 의견이다. 다른 한쪽은 더 이전 단계 환자를 찾아 예방임상 컨셉으로 진행시켜보자는 것이다. 그러나 이런 논쟁은 아두카누맙의 앞으로의 활용 방안에 대한 것이라기보다는, '너무 아깝다'는 마음의 표현일지 모른다.

  2019년 3월 바이오젠의 공식적인 아두카누맙 임상시험 실패 발표를 받아들인다면, 앞으로의 전략 가운데는 병용투여가 있을 것이다. 아밀로이드 베타 단백질 플라크를 없애는 것과 알츠하이머 병 치료 사이의 연관성을 보여주지는 못했지만, 아밀로이드 베타 단백질 플라크가 쌓여가는 것이 문제가 된다는 것만큼은 바뀌지 않는 사실이다. 타우 단백질을 타깃하든, 신경염증을 타깃하든, 혈뇌장벽 붕괴를 막든 어떤 식의 치료 타깃이든 독성을 띠는 아밀로이드 베타 단백질을 없애는 것과 함께 가지 않는다면, 원하는 효과를 얻기 어려울 것이다.

  아두카두맙은 성실한 치료제 개발 모델이었다. 아밀로이드 베타 단백질을 잡으면 알츠하이머 병을 치료할 수 있을 것이라는 가설에 충실한 약물을 뉴리뮨에서 가지고 와서, 상업화 임상3상까지 끌고가는 데 13년이라는 시간을 묵묵하게 버텼다. 연구진과 경영진의 노력에 박수를 보내는 것이 먼저다. 그리고 알츠하이머병의 원인과 메커니즘을 좀더 정확하게 알 수 있다면, 그에 최적화된 약물을 만들어내 임상개발까지 밀고 갈 수 있다는 가능성에 주목해야 한다. 병을 정확하게 이해할 수만 있다면, 결국 치료제를 만들어낼 수 있다.

조기진단

Early Diagnosis

알츠하이머 병과
아밀로이드 베타 단백질 사이에
상관성이 있다면,
조기진단은 아밀로이드 베타 단백질을
더 깊게 들여다봐야 한다.

그동안

현재 신경과 전문의가 알츠하이머 병을 진단(diagnosis)하는 과정은 이렇다. 맨 먼저 환자를 데려온 보호자와 면담을 한다. 알츠하이머 병 진단에서 이 면담은 매우 중요한데, 환자를 계속 살펴본 보호자에게 환자의 인지 능력과 행동의 변화를 물어본다. 환자가 다른 질병을 앓고 있는지와 예전에 어떤 병을 앓았는지 점검하고, 가족 병력도 확인한다. 인지나 기억 같은 기능에 문제가 오는 것이 퇴행성 뇌질환의 일반적인 특징이기 때문에, 학력 정보 확인도 중요하다.

보호자 면담과 기초적인 정보를 확인하고 나면 환자를 대상으로 문진과 신경심리 검사를 한다. 인지손상 정도를 보기 위함이다. 다음으로 일상생활과 도구 사용이 가능한지 검사하고, 혈액 검사와 유전자 검사가 추가된다. 마지막으로 자기공명영상(magnetic resonance imaging, MRI) 촬영으로 기억에 중요한 뇌 부위인 해마(hippocampus)와 내측 측두엽(medial temporal lobe)의 부피를 확인한다. 부피가 쪼그라들어 있을수록, 뇌에 빈 공간이 많을수록 알츠하이머 병에 가까워진다. 가끔 의사에 따라 양전자 방출 단층 촬영(positron emission tomography, PET)으로 뇌에서의 포도당 대사 감소나 아밀로이드 베타 단백질이 쌓인 정도를 확인하기도 한다. 다만 이 정도 급(?)의 검사는 찾아온 환자가 특이하게 젊다거나 했을 때 하는 비전형적 처방이다.

이 모든 검사를 받고 알츠하이머 병 여부를 진단받는다. 그런데 여러 검사를 받고 그에 따른 자료가 나오지만, 객관적이면서 뚜렷한 지표가 없는 탓에 주관이 들어갈 수밖에 없다. 그래서 신경과 전문의가 알츠하이머 병이라고 진단한 환자가 사망한 후 뇌를 부검해보면, 30% 정도는 알츠하이머 병이 아닌 것으로 결과가 나온다. 환자의 뇌에서 아밀로이드 베타 단백질이 병리 수준으로 나오지 않는 것이다. 반대의 경우도 있다. 퇴행성 뇌질환 초기 단계 환자가 알츠하이머 병 등을 판정하는 현재의 인지 기능 평가인 간이정신상태검사(mini-mental state examination, MMSE), 치매임상평가척도 박스 총점(clinical dementia rating scale sum of boxes scores, CDR-SB)을 통과하기도 한다. 이런 사실들은 모두 2000년대 초중반이 되어서야 알게 된 것들이다.

알츠하이머 병 환자를 찾아내기 힘들다는 점은 신약개발 임상시험에서도 문제가 된다. 알츠하이머 병 진단을 받은 사람의 30%는 아밀로이드 베타 단백질이 없다고 했다. 즉 알츠하이머 병 치료제 개발 임상시험에 참여한 대상자의 30% 정도는 뇌 속에 병리적 수준의 아밀로이드 베타 단백질이 없다. 없는 것을 없애는 약물을 투여했으니, 그 임상시험이 유의미한 결과를 낸다는 것은 처음부터 불가능한 일이었을 것이다.

이는 알츠하이머 병을 포함한 퇴행성 뇌질환에서 '진단'의 위상이 애매하기 때문이다. 미국 알츠하이머 협회(Alzheimer's Association, AA)에 따르면 미국에서 550만 명이 알츠하이머 병을 앓고 있다. 이 가운데 전구 단계 환자는 3~5년 뒤에 인지손상이 생기면서 본격적으로 알츠하이머 병 증상이 나타날 것이다. 경증과 중등도 단계 환자는 이미 인지손상이 찾아왔고, 뇌에 병리 단백질이 너무 많이 쌓여 있는 상황이다. 그런데 전구, 경증, 중등도 단계 환자를 합치면 450만 명 정도다. 문제는 증상이 나타날 것이 임박했거나, 이미 증상이 나타나고 있다는 것을 알아도 치료제가 없으니 어떻게 해볼 방법이 없다는 점이다. 물론 알츠하이머 병을 조기에 찾아낸다면 인지손상이 찾아오기 전 환자가 최대한 주의하고, 앞으로 벌어질 일들을 미리 대비할 수는 있는 시간을 가지는 등의 장점이 있을 것이다. 그래도 거기까지다. 질병을 찾아내도 고칠 방법이 없으니, 찾으려는 노력에 대한 평가는 애매했다.

변화

지금까지 알츠하이머 병 치료제 후보물질로 임상시험 승인을 받으려면, 알츠하이머 병 환자의 인지 기능, 즉 증상이 대조군과 비교해 회복되었음을 보여주어야 했다. 알츠하이머 병 치료제의 궁극적인 목표는 낮아진 인지 기능을 되돌리는 것이기 때문이다. 임상시험에 들어간 약물 효능도 임상시험에 참여한 환자의 인지 기능 향상 여부로 평가한다. 그런데 알츠하이머 병 환자 가운데 인지 기능이 떨어진 환자는 중등도 단계 이후의 중기와 말기 환자다. 즉 아직 인지 기능이 떨어지지 않은 환자의 인지 기능 회복을 자료로 삼는 셈이다. 초기 환자를 찾는 과학적 방법이 없었던 것도 문제였지만, 초기 환자를 찾아 약물을 개발해도 아직 나빠지지 않은 인지 기능을 회복시켰다는 것을 증명하기는 어려웠다. 인지 기능에서 문제가 보이지 않는 환자에게 알츠하이머 병 가능성을 대변할 수 있는, 의미 있는 진단 바이오마커(diagonistic biomarker)가 없었다.

그런데 퇴행성 뇌질환 조기진단 가능성이 조금씩 보이기 시작하고 있다. 전 세계적 규모의 대형 제약기업들은 알츠하이머 병 임상시험 대상자로 초기 환자에 관심을 돌리고 있다. 아밀로이드 베타 단백질을 PET로 촬영한 이미지, 유전자 검사 등으로 초기 환자를 찾으려는 시도와 여러 진단 기법은 잠정적 알츠하이머 병 환자를 찾아내는 방향으로 발전하고 있다.

    2018년 4월, 미국 NIA-AA(National Institute on Aging and Alzheimer's Association)는 증상이 아닌 아밀로이드 베타 단백질과 타우 단백질 등을 바이오마커로 삼아 알츠하이머 병을 정의하는 개념을 제시했다. NIA-AA에서 제시한 알츠하이머 병 진단 기준 개정안은 A, T, (N) 세 가지로 환자군을 확장했다. 각 요소는 있거나(양성) 없는(음성) 것으로 나뉜다.

    A는 아밀로이드 베타 단백질의 응집 현상이나 병리적인 아밀로이드 베타 단백질의 검출이다. 타우 없이 아밀로이드 베타 단백질만 쌓여 있다면 알츠하이머 병의 초기 단계로 분류한다. 이때는 뇌척수액(cerebrospinal fluid, CSF)에서 $A\beta 42$ 혹은 $A\beta 42/A\beta 40$가 낮은 수준으로 검출되거나 PET 이미지에서 아밀로이드 베타 단백질 플라크가 보일 때다. 다만 알츠하이머 병으로 진단하는 기준은 환자의 병리 단계나 뇌 부위에 따라 다르다.(표 3.1) 이는 뇌척수액 바이오마커에 대한 검증이 추가로 필요한데, 연구마다 다른 결과가 나와 재현되지 않았기 때문이다. 기준점으로 $A\beta 42$, $A\beta 40$, $A\beta 38$ 가운데 어떤 것을 이용할지, 아니면 다른 아밀로이드 베타 펩타이드 조각을 이용할지에 대한 연구도 더 필요하다.

    T는 타우 단백질로 인한 신경엉킴(neurofibrillary tangle)이

나 병리적인 타우 단백질 검출이다. 뇌척수액에서 인산화 타우 (phosphorylation Tau, p-Tau181, p-Tau231, p-Tau199)가 정상보다 높은 수준으로 검출되거나 PET 이미지에서 타우 단백질 양성 결과가 나오면, 알츠하이머 병이 진행되고 있다고 본다.

(N)은 신경퇴행 지표다. 뇌 구조가 망가진 정도를 본다. MRI 이미지에서 보이는 뇌 구조 변화, FDG-PET 이미지에서 보이는 포도당 대사(glucose metabolism)가 떨어진 정도, 뇌척수액 안에 있는 모든 타우 단백질의 양(total Tau, t-Tau)을 분석한다. (N) 그룹에 속하는 인자는 알츠하이머 병을 대표적으로 보여주는 바이오마커는 아니다. 따라서 질병의 심각성을 가늠하는 보조 용도로 사용한다. 이렇게 측정한 세 가지 바이오마커로, 알츠하이머 병을 8개 그룹으로 나눈다(표 3.1).

NIA-AA가 가이드라인을 내기 직전인 2018년 2월, FDA와 EMA는 아주 초기 단계, 즉 관찰되는 증상이 없지만 알츠하이머 병 위험이 있는(asymptomatic) 대상자에게 분자(molecular) 수준에서 일어나는 병리적 변화를 바이오마커로 삼아 임상충족점을 인정하겠다는 초안을 발표했다. 지금까지는 환자의 인지손상 정도를 기준으로 치료제 임상시험을 허가했다면, 앞으로는 뇌 안에 쌓인 아밀로이드 베타 단백질의 정도나 타우 단백질 등 병리 단백질을 바이오마커로 인정할 수 있다는 뜻이다. 물론 아직 이 기준으로 시작한 임상시험이 없어, FDA와 EMA가 실제로 어떤 바이오마커를 어디까지 인정할 것인지는 정확히 예측할 수 없다. 그럼에도 알츠하이머 병 신약개발에 변화를 예고하는 중요한 장면임에는 틀림이 없다.

[표 3.1] 2018 NIA-AA가 제시한 바이오마커 기반 알츠하이머 병 진단 기준.
출처: Jack CR Jr, et al., NIA-AA Research Framework: Toward a biological definition of Alzheimer's disease, *Alzheimer's & Dementia*, pp.48-49, 2018.04.

AT(N) 바이오마커	바이오마커 분류		
A: 응축된 Aβ or CSF Aβ42, Aβ42/Aβ40 비율, 아밀로이드 PET	**AT(N)**	**바이오마커**	
	A-T-(N)-	정상	
T: 응축된 타우(신경엉킴) or CSF 인산화 타우, 타우 PET	A+T-(N)-	알츠하이머의 병리 변화	
	A+T+(N)-	알츠하이머	
(N): 신경퇴행 or 신경손상, 해부학적 MRI, FDG-PET, CSF t-Tau	A+T+(N)+	알츠하이머	알츠하이머 연속체 (continuum)
	A+T-(N)+	알츠하이머, 비(non)알츠하이머 모두 가능	
	A-T+(N)-	비알츠하이머 병리 변화	
	A-T-(N)+	비알츠하이머병리 변화	
	A-T+(N)+	비알츠하이머 병리 변화	

[표 3.2] 2018년 1월 기준, 알츠하이머 병 신약 임상2상, 3상에서 쓰인 바이오마커 종류와 비율.
출처: Jeffrey Cummings, et al., Alzheimer's disease drug development pipeline: 2018, *Alzheimer's & Dementia*, p.12, 2018.05.

바이오마커	건 수 (%)	
	3상	2상
CSF 아밀로이드	13 (37.1)	17 (22.7)
CSF 타우	14 (40.0)	17 (22.7)
FDG-PET	5 (14.3)	10 (13.3)
vMRI*	9 (25.7)	7 (9.3)
혈장 아밀로이드	2 (5.7)	5 (6.7)
혈장 타우	0	1 (1.3)
아밀로이드 PET	11 (31.4)	8 (10.7)
타우 PET	0	1 (1.3)

* vMRI(volumetic MRI): 특정 뇌 부위의 구조와 부피 변화를 측정하는 MRI. 뇌 위축(atrophy)과 병기 진행 측정에 주로 이용한다.

FDA는 알츠하이머 병 임상시험에서 기존 방식으로는 한계가 있음을 인정했다. 인지 능력이 좋아지는 것은 의미 있는 지표지만, 이것만으로는 '환자에게 나타날 수 있는 민감한 신경심리학적(neuropsychological) 변화와 병리학적인 변화 등'을 모두 반영할 수 없다는 주장을 받아들였다. 규제가 바뀔 수 있었던 데는 학계와 제약기업의 노력도 컸다. 연구가 진행되면서 알츠하이머 병에 대한 과학적 이해가 깊어졌고, 제약기업들은 병리생리학적(pathophysiological)인 변화를 바탕으로 한 바이오마커로 증상이 없는 초기 알츠하이머 병 환자를 임상시험 대상자로 모집하려고 노력했다.

증상이 나타나기 전 단계에 치료를 시작해야 한다는 점에 동의했으니, 여기에 적용할 수 있는 기준을 마련해야 했다. FDA는 바이오마커를 1차 충족점으로 인정해, 임상시험 가속 승인 제도(accelerated approval)를 적용할 계획이다. 다만 아주 초기 단계의 알츠하이머 병 환자에 한정해, 바이오마커를 약물 승인 1차 충족점으로 인정하겠다고 밝혔다. 이를 위해 FDA는 1단계, 2단계 알츠하이머 병 환자를 새로 정의했다. 1단계, 2단계 환자는 지금까지 전구나 경도인지장애로 불리는 단계보다 앞선 상태의 환자다. 1단계 알츠하이머 병 환자는 인지손상과 같은 증상은 전혀 없지만 여러 병리생리학적 바이오마커가 달라진 환자다. 즉 겉으로는 멀쩡하지만 병리 단백질이 뇌를 망가뜨리고 있는 단계다. 2단계 알츠하이머 병 환자는 병리생리학적 바이오마커 변화와 함께, 정교한 신경심리학 검사에서 변화가 보이는 경우다. 이때도 역시 뇌 기능 자체에는 문제가 없다. 뇌 기능 손상이 나타나면 3단계 전구, 다음 4단계 경증, 5단계 중등도, 6단계 심각한 알츠하이머 병으로 분류한다.

　FDA는 규제 기관이 보여줄 수 있는 혁신적인 결정을 내렸다. 논란을 줄이기 위해 환자군을 더 세분화하고, 여러 개의 바이오마커와 좀더 세밀한 인지손상 평가 지표를 제시했다. 임상시험 통과만으로 끝내지 말고, 증상이 아직 나타나지 않은 환자를 약물 처방 후에도 계속 추적해 약물의 영향을 살펴볼 것도 제시했다.

　규제 당국이 마음을 먹었는데, 학계와 업계가 주춤거릴 필요는 없다. 2018년 클리블랜드 루 루보(Lou Ruvo) 뇌 건강 센터의 제프리 커밍스(Jeffrey Cummings)가 『알츠하이머 & 디멘시아(Alzheimer's & Dementia)』에 발표한 자료에 따르면, 2018년 1월 기준 미국 임상정보사이트(clinicaltrials.gov)에 등록된 알츠하이머 병 신약 후보물질 26개(임상3상)와 64개(임상2상) 가운데 아밀로이드 PET 촬영 이미지를 쓰는 경우는 각각 11개, 8개였다. 타우 PET 촬영은 임상2상에서 단 1건에 불과했다. 알츠하이머 병 환자 뇌를 제대로 이해하고, 병을 진단하기 위해 학계에서는 2010년대 중반부터 아밀로이드 베타 단백질과 타우 단백질의 PET를 함께 찍고, 뇌척수액 안에 있는 여러 바이오마커를 분석했다. 그런데 학계에 비해 업계는 약간 늦었다. 알츠하이머 병을 비롯한 퇴행성 뇌질환 관련 임상시험에 막대한 비용을 쏟아부었지만, 바이오마커 분석에는 충분한 투자를 하지 않은 것이다. 물론 알츠하이머 병을 비롯한 퇴행성 뇌질환 임상시험 승인에 대한 규제 당국의 입장이 정리되지 않았던 탓도 있었다. 그러나 이제 규제 당국의 입장이 정리되었으니 업계는 증상 없는 아주 초기 알츠하이머 병 환자의 임상 참여, 약물 평가, 임상시험 진행 방식 등을 진지하게 고민하고, 빠르게 구체화할 필요가 있다.

뇌척수액

가장 먼저 시도될 수 있는 바이오마커는, 임상시험에 참여할 환자의 뇌에 아밀로이드 베타 단백질이 있는지 찾는 것이다. 알츠하이머 병 환자의 뇌척수액과 혈액 속 아밀로이드 베타 단백질을 바이오마커로 활용하려면 정확한 해석이 필요하다. 정확하게 해석하려면 우선 정상인 뇌에서 아밀로이드 베타 단백질이 얼마나 만들어지고 없어지는지를 알아야 한다.

2006년 워싱턴 대학 의과대학 데이비드 홀츠만(David M. Holtzman) 교수는 아밀로이드 베타 단백질에 방사성 물질을 표지해 매 시간당 없어지고 생기는 양을 측정해 『네이처 메디슨(Nature Medicine)』에 발표했다. 정상 뇌에서는 한 시간에 20~30ml 정도의 뇌척수액이 만들어졌다. 그리고 한 시간 동안 뇌척수액에 있는 아밀로이드 베타 단백질 가운데 7.6%가 새로 만들어지고, 8.3%가 분해되어 없어졌다(doi: 10.1038/nm1438).

아밀로이드 베타 단백질은 뇌 바깥에서 뇌척수액 안으로 들어오기도 한다. 아밀로이드 베타 단백질은 수용체를 이용해 혈뇌장벽(blood-brain barrier, BBB)을 통과할 수 있다. 덕분에 뇌 안팎으로 이동할 수 있다. 아밀로이드 베타 단백질은 RAGE(receptor for advanced glycation end products)를 이용해 혈액에서 뇌로, LRP(lipoprotein receptor-related protein)를 이용해 뇌에서 혈액으로 이동한다. RAGE와 LRP에 문제가 생겨 균형이 깨지면 알츠하이머 병에 더 잘 걸리는 것으로 나타났다. 알츠하이머 병에 걸린 뇌는 RAGE를 과발현하는데, 많은 양의 아밀로이드 베타 단백질이 뇌로 들어온다. 또한 알츠하이머 병에 걸린 뇌에서는 $A\beta 40$, $A\beta 42$가 많이 발생하는데, $A\beta 42$가 주로 아밀로이드 베타 단백질 플라크 형성에 역할을 한다고 알려져 있다. 알츠하이머 병 환자 뇌에서는 $A\beta 42$로 인해 플라크가 늘어나는 만큼, 뇌척수액에는 $A\beta 42$가 줄어든다.

아밀로이드 베타 단백질은 혈액보다 뇌척수액에 많이 들어 있다. 알츠하이머 병에 걸리지 않은 사람의 뇌척수액과 혈액을 비교하면, 혈액보다 뇌척수액에 50배 정도 많은 아밀로이드 베타 단백질이 있다. 이는 대부분 뇌에서 비롯된 것으로 모노머(monomer) 형태다. 그런데 알츠하이머 병 환자 뇌에는 끈적거리는 $A\beta 42$가 모노머보다는 올리고머(oligomer) 형태로 응집하는 특징을 보인다. 뇌에 있는 용해성 $A\beta 42$의 75% 이상은 올리고머 형태로 있다. 이런 $A\beta 42$는 결국 플라크 형태로 변한다. 뇌척수액에서 $A\beta 42$가 줄어드는 현상을 조기진단 바이오마커로 활용될 수 있다. 그러나 뇌척수액을 얻으려면 환자의 척추에 주사바늘을 찔러 넣어 추출하는 요추천자(腰椎穿刺, lumbar puncture)를 해야 한다. 고령의 대상자들에게 주기적으로 실시하기에는 편의성과 부작용 문제를 풀어야 한다.

혈액

혈액 안에 있는 아밀로이드 베타 단백질 연구는 2015년 이후 활발해졌지만, 눈에 보이는 큰 진전은 없었다. 혈액 진단에서 주로 사용되는 지표는 Aβ40, Aβ42였는데, 여기에 병리적 아밀로이드 베타 단백질의 핵심 형태인 용해성 올리고 아밀로이드 베타 단백질(soluble oligo Aβ)을 보기 시작했다. 혈액 진단에서 정확성을 높이는 관건은, 혈액에 들어 있는 이질적인(heterogenous) 형태의 아밀로이드 베타 단백질을 얼마나 정확하게 측정할 수 있는지에 달려 있다.

혈액 조기진단은 인지손상 증상이 없는 환자와 초기 알츠하이머 병 환자를 선별하는 데 의미가 있다. PET 촬영은 초기 알츠하이머 병 환자의 뇌에 쌓이기 시작한 아밀로이드 베타 단백질도 잡아낼 수 있다. 다만 PET는 아직까지 가격이 비싼 문제가 있다. 한국 기준 1회 촬영에 약 100~150만 원 정도의 비용이 들어가는데, 한 번만 찍어서는 진단해내기 어렵다. 실제 조기진단의 효과를 발휘하려면, 일정 연령이 넘으면 정기적으로 촬영해 그 변화하는 값을 보아야 한다.

알츠하이머 병에 걸린 환자의 뇌에서 독성을 띠는 Aβ42는 전체 아밀로이드 베타 단백질 가운데 10% 정도를 차지한다. 초기 연구자들이 혈청에서 병리 아밀로이드 베타 단백질을 측정했을 때는, 혈청 안의 Aβ40과 Aβ42 농도를 확인했다. 정상인과 알츠하이머 병 병리 단계에 따른 혈청 내 Aβ40, Aβ42 농도의 변화 경향을 확인했지만 안정적인 결과값을 얻지는 못했다. 참고로 Aβ40, Aβ42는 알츠하이머 병과는 별개로 나이를 먹으면서 늘어나기도 한다.

2007년, 미국 앨라배마 버밍엄 대학(University of Alabama at Birmingham)의 스티븐 윤킨(Steven G. Younkin) 연구팀은 경도

> **혈장 단백질**
>
> 혈장 단백질(plasma protein)에도 아밀로이드 베타 단백질이 있다. 근육, 간, 신장, 폐 등 다른 장기에서 아밀로이드 베타 단백질이 만들어져 혈장 단백질에서 검출되기도 하지만, 이렇게 검출되는 혈장 단백질의 아밀로이드 베타 단백질은 주로 뇌에서 온 것이다. 혈액에서 모노머로 돌아다니는 아밀로이드 베타 단백질의 반감기는 10분 정도이며, 대부분 간이나 조직에서 분해·제거된다. 대부분의(~95%) 아밀로이드 베타 단백질은 알부민 같은 혈장 단백질에 결합한 상태로 혈액을 돌아다닌다. 이 경우는 2~3주 동안 혈액 속에 있게 되는데, 혈장 단백질은 아밀로이드 베타 단백질을 잡아두어, 주변 조직이나 뇌에 쌓이지 않도록 돕는다.

인지장애(MCI) 환자와 알츠하이머 병 환자 53명을 연구한 결과, $A\beta 40$과 $A\beta 42$가 유용한 바이오마커가 될 수 있음을 밝혔다. 나이가 들면서 혈액에는 $A\beta 40$, $A\beta 42$가 증가한다. 그런데 알츠하이머 병 환자의 뇌에서 아밀로이드 베타 단백질 플라크가 쌓이기 시작하면 뇌척수액 안에 있는 $A\beta 42$가 줄어들기 시작한다. 이는 $A\beta 42$가 뇌에서 아밀로이드 베타 단백질 플라크가 응집하고 있다는 뜻이다. 따라서 초기 알츠하이머 병 환자의 혈액에서 $A\beta 42$만 측정하는 것보다, $A\beta 42$와 $A\beta 40$을 함께 측정해 그 비율을 보는 것이 전체적으로 더 정확하다(doi: 10.1001/archneur.64.3.354).

2010년 워싱턴 대학 신경과의 랜달 베이트만(Randall J. Bateman) 연구팀은 『사이언스(Science)』에 발표한 논문에서 알츠하이머 병 환자 뇌에서 $A\beta 40$, $A\beta 42$가 생성되는 속도는 정상인과 비슷하지만, 제거되는 속도가 떨어진다는 것을 밝혔다.(doi: 10.1126/science.1197623) 2011년 중국 톈진 의과대학의 왕 치엔(Wang Qian) 연구팀은 처음으로 대규모 코호트(cohort) 연구로 혈장 안의 Aβ42/Aβ40를 바이오마커로 사용할 수 있는지 연구했다. 경도인지장애 환자와 알츠하이머 병 환자 588명이 대상이었다. 연구팀은 Aβ42/Aβ40 바이오마커가 두 집단을 민감도 85.7%, 특이도 69.7% 수치로 구별할 수 있다고 발표했다(doi: 10.1016/j.jns.2011.03.005). 단 왕 치엔 연구팀의 연구 결과와 달리, 다른 대규모 코호트와 다른 대상자들에게는 결과가 반복되지 않았다. 재현성이 부족했고, 바이오마커로 바로 사용하기에는 한계가 있었다.

혈액으로 알츠하이머 병을 조기진단하려면 기술적으로 넘어야 할 벽이 아직 높다. 조기진단에 가장 적합한 방법은 혈액검사지만, 현재 단계에서는 재현이 되지 않는 문제가 있다. 이에 2015년 NIA-AA가 알츠하이머 병 연구를 위한 혈액 검사 가이드라인을 발표하기도 했다.

좀더 통제된 연구도 필요하지만, 문제는 조기진단의 시장성이 불투명하다는 판단에서 투자가 이루어지지 않는다는 점이다. 그러나 큰 투자가 이루어졌던 알츠하이머 병 신약개발 연구가 모두 실패한 상황에서, 혈액을 이용한 조기진단 같은 기초적인 것부터 다시 체계적으로 연구를 시작할 필요가 있다.

물론 근본적인 문제는 모르는 것이 너무 많다는 점이다. 아밀로이드 베타 단백질이 뇌에서 뇌척수액을 거쳐 혈액으로 나온다는 사실을 확인한 지는 30년도 넘었다. 문제는 '정량'이었다. 혈액 안에 아밀로이드 베타 단백질은 뇌척수액에 있다가 혈뇌장벽을 통과해 나온 것이라 그 양도 너무 적다. 게다가 아밀로이드 베타 단백질의 끈적이는 특성은 정밀한 분리·수집을 방해했다. 샘플을 모으고 보관하는 동결·해동 과정만으로도 값이 바뀔 수 있었다.

아밀로이드 전구 펩타이드

2018년, 일본 NCGG(National Center for Geriatrics and Gerontology)의 가츠히코 야나기사와(Katsuhiko Yanagisawa)와 오스트레일리아 멜버른 대학의 콜린 마스터(Colin L. Master) 공동 연구팀은 'High performance plasma amyloid-β biomarkers for Alzheimer's disease'라는 제목의 논문을 『네이처(Nature)』에 게재했다(doi:10.1038/nature25456). 정상인부터 인지손상을 보이는 알츠하이머 병 환자까지가 연구 대상이었다. 각기 다른 인종 코호트로, 일본에서 121명과 오스트레일리아에서 252명이 참여했다.

연구에서는 아밀로이드 전구 단백질(amyloid precursor protein, APP)인 APP669-711 펩타이드 절편이라는 새 바이오마커를 추가로 활용했다. APP669-711는 야니기사와 연구팀은 APP에서 잘린 20여 종의 펩타이드를 연구했었고, 이 가운데 8개는 새롭게 찾은 것이었다(doi: 10.2183/pjab.90.104). 연구팀은 정상인과 알츠하이머 병 환자 혈청에 있는 여러 종류의 Aβ 펩타이드 양을 분석해, APP669-711이 정상인과 알츠하이머 병 환자에게 서로 반대되는 경향을 확인했다. 연구팀은 APP669-711을 이용하면 Aβ42 변화를 민감하게 알아내어 바이오마커로 이용했다(doi: 10.2183/pjab.90.353).

보통 특정 타입의 아밀로이드 베타 단백질을 찾아낼 때

는 아밀로이드 베타 단백질에 항체가 결합하는 특성을 이용한 ELISA(enzyme linked immunosorbent assays) 기반 기술을 이용한다. 그러나 연구팀은 IP-MS(immunoprecipitation in combination with mass spectrometry)를 이용했다. 항체가 타깃하는 아밀로이드 베타 단백질에 정확히 결합하는 것이 중요한데, ELISA 기반 기술을 이용하면 혈장이 바탕이 된다. 문제는 혈장에는 뇌척수액보다 단백질이 약 100배 정도 많지만, 아밀로이드 베타 단백질은 혈장보다 뇌척수액에 50배가 많다는 점이다. 즉 혈장에서 아밀로이드 베타 단백질을 정확하게 찾기란 쉽지 않다. 따라서 각 아밀로이드 베타 단백질의 펩타이드를 정확하게 구분할 수 있는 IP-MS를 방식을 골랐다. 연구팀은 혈액에 있는 APP669-711/Aβ42, Aβ40/Aβ42를 PiB-PET 촬영 이미지, 뇌척수액 바이오마커와 비교·분석했다. 분석 결과 90% 정확성을 지닌 아밀로이드 베타 이미지 진단법을 고안했다. 이는 PiB-PET와 비슷한 수준으로 정확했다.

혈뇌장벽 손상

알츠하이머 병에서 아밀로이드 베타 단백질, 타우 단백질이 쌓이는 것보다 먼저 시작되는 현상이 있다면, 조기진단 바이오마커에 적용할 수 있을 것이다. 퇴행성 뇌질환을 앓는 환자의 50% 정도는 40대 초반부터 '뇌 백질에 있는 혈관의 혈뇌장벽 붕괴(diffuse white matter disease associated with small-vessel disease)'가 시작되고 확산되면서 천천히 뇌 신경이 손상되기 시작한다. 알츠하이머 병 환자도 마찬가지다. 사망한 알츠하이머 병 환자의 뇌 조직

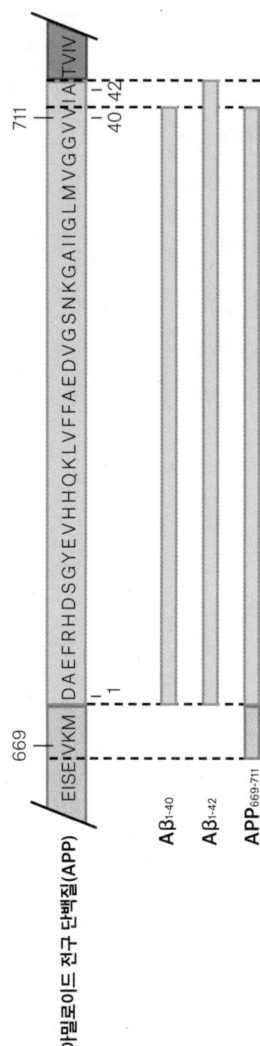

[그림 3.1] APP669-711 펩타이드는 APP에서 잘려서 만들어진다. 알츠하이머 병 환자의 뇌에서 보이는 Aβ1-42, Aβ1-40과 아미노산 서열이 비슷하다.

출처: Akinori Nakamura, et al., High performance plasma amyloid-β biomarkers for Alzheimer's disease, Nature, Extended Data Figure 1, 2018.01.

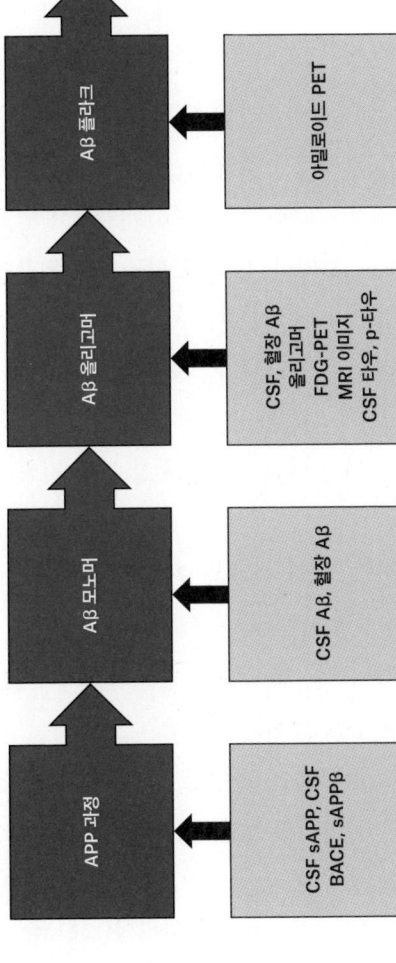

[그림 3.2] 아밀로이드 바이오마커에 따른 측정법.
출처: Jeffrey L. Cummings, Biomarkers in Alzheimer's disease drug development, *Alzheimer's & Dementia*, e17, 2011.03.

을 살펴보니, 정상인의 뇌 조직에 비해 혈관주위세포(pericyte) 수가 절반 정도로 줄어 있고, 피브리노겐(fibrinogen)은 3배 정도 많았다.

2018년 서던 캘리포니아 대학 벨리슬라브 즐로코비치(Berislav Zlokovic) 연구팀은 『네이처 메디슨(Nature Medicine)』에 혈뇌장벽이 붕괴되면 어떤 일이 벌어지는지 발표했다. 혈뇌장벽에 있는 혈관주위세포가 망가지면 알부민, 피브리노겐, 플라스미노겐(plasminogen), 트롬빈(thrombin), IgG 등의 혈장 단백질이 뇌로 들어간다. 원래 뇌에 없던 T세포, B세포 등을 포함한 면역세포가 중추신경계로 들어가 신경염증을 가속화한다.

이 가운데 피브리노겐은 미세아교세포(microglia)의 면역 수용체인 CD11b/CD18와 상호작용하며 하위신호전달 과정에서 신경염증을 유발한다. 신경염증이나 뇌 손상 등이 일어나면 신경세포의 축삭(axon)을 둘러싸고 있는 수초(myelin)가 손상되며 백질이 망가지기 시작한다. 뇌의 백질은 수초로 둘러싸인 신경다발이 뇌의 각 부위에서 신호전달을 매개하는 역할을 한다. 따라서 백질이 망가지면 신경퇴행이 일어난다. 알츠하이머 병 환자의 뇌에서도 초기부터 이런 일이 벌어진다.

이런 이유로 피브리노겐은 퇴행성 뇌질환을 조기진단하는 바이오마커뿐만 아니라 혈뇌장벽 붕괴를 방지하는 치료 타깃으로도 주목받는다. 벨리슬라브 즐로코비치 연구팀은 피브리노겐 양 증가와 뇌의 백질 손상 사이에 연관성이 있다는 단서를 찾았다. 뇌 백질에 있는 혈관을 둘러싸고 있는 혈관주위세포가 소실되면 뇌척수액 안의 피브리노겐이 늘어난다. 늘어난 피브리노겐이 직접 백질 기능에 이상을 일으킨다. 혈관주위세포는 혈뇌장벽을 둘러싸고 있는 세포로 혈뇌장벽의 투과성, 대뇌혈류속도 등을 조절한다. 알츠하이머 병, 뇌졸중 등을 앓는 환자의 혈관주위세포는 망가져 있으며, 이로 인해 뇌 인지 기능에 영향을 준다고 알려져 있었다. 다만 혈관주위세포의 병리 메커니즘과, 백질에 어떤 영향을 미치는지는 아직 모른다.

연구팀은 혈소판 유래 증식 인자 수용체(platelet-derived growth factor receptor beta, PDGFRβ)가 뇌에서 혈관주위세포를 무너뜨리는지 확인하려고 돌연변이 쥐모델(F7/F7)을 이용했다. 유전자 변이로 생긴 PDGFRβ의 기능이 망가진 쥐의 뇌를 MRI로 촬영했다. 혈관주위세포가 결핍된 쥐는 생후 36~48주(사람으로 치면 약 70세) 시기에 혈액 누출이 50% 늘었다. 12주기에는 피브리노겐 양이 대조군에 비해 10배 증가했다. MRI 이미지로 혈관주위세포가 소실과 신경다발 손상도 관찰했다. 한편 혈관주위세포가 부족해 백질질환이 나타난 쥐에 약물을 처리하거나 유전자 조작으로 피브리노겐을 정상 범위로 조절했더니 병리증상이 완화됐다. 반대로 피브리노겐을 주입하자 증상이 더욱 악화됐다.

혈뇌장벽이 망가지는 것을 타깃하는 시도는 또 있다. 2018년 10월, 글래드스톤 연구소(Gladstone Institutes)의 카테리나 아카소글루(Katerina Akassoglou) 연구팀은 『네이처(*Nature*)』에, 혈뇌장벽으로 들어온 피브린(fibrin)이 뇌 염증을 일으키는데, 문제가 되는 피브린만 특이적으로 겨냥한 항체(5B8, cryptic fibrin epitope γ 377-395)를 만들었다고 발표했다. 알츠하이머 병과 다발성 경화증 쥐 모델에 이 항체를 주입하자 신경염증과 신경퇴행을 막

올리고머 아밀로이드

2019년, 연세대학교 약학대학 김영수 교수와 김혜연 교수 연구팀, 경희대 의과대학 임상약리학교실 황교선 교수 연구팀은, 서울아산병원 신경과 노지훈 교수 연구팀은 알츠하이머 병 환자의 혈액에 있는 올리고머 아밀로이드를 정량화해 진단에 이용하는 연구를 『사이언스(Science)』에 발표했다(doi: 10.1126/sciadv.aav1388). 아산병원과 원자력병원에서 얻은 알츠하이머 병 환자 61명과 정상인 45명의 혈액 샘플로 측정한 결과, 93%의 민감도와 97%의 특이도를 확인했다.

아이디어는 알츠하이머 병 환자의 피에는 정상인보다 올리고머 아밀로이드가 더 많을 것이라는 생각에서 시작했다. 이전 연구에서 김영수 연구팀은, 올리고머 아밀로이드가 혈액 안의 모노머가 뭉쳐서 만들어진 것이 아니라 뇌에서 유래했음을 증명했다. 다만 응집 형태의 아밀로이드 베타 단백질이 혈뇌장벽 수용체를 통해 밖으로 나온다는 것에 대해서는 아직 논란이 있다.

공동 연구팀이 혈액 안에서 올리고머 아밀로이드를 검출하는 과정에서 부딪힌 어려움은 세 가지였다. 첫째, 혈액 안에 다양한 크기와 형태를 가진 올리고머 아밀로이드가 있어, 항체를 이용한 기존 접근법으로 올리고머 아밀로이드를 정확하게 구별해 정량화하기가 어려웠다. 둘째, 혈액 안에 올리고머 아밀로이드가 pg/ml 단위로 측정해야 할 만큼 극소량만 있어, 이를 탐지할 수 있는 검출 기기가 필요했다. 셋째, 혈액 내 올리고머 농도를 정확하게 측정해도, 그 수치를 직접 비교해 진단에 사용하기는 어려웠다. 환자의 체격, 병기 진행 상태, 식습관, 뇌 대사 등에 따라 혈액 내 올리고머 아밀로이드 농도가 계속 변하기 때문이다.

공동 연구팀은 혈액 내 올리고머 아밀로이드의 이질성을 극복하기 위해 응집된 아밀로이드를 단량체로 풀어주는 EPPS(4-[2-hydroxyethyl]-1-piperazinepropanesulphonic acid)라는 진단 시약을 이용했다. EPPS를 처리하면 혈장 내 올리고머 아밀로이드는 모두 단량체로 풀어진다. 다음으로 미세전극(microelectrode)을 이용해 혈액 내 극소량 존재하는 아밀로이드 베타 단백질을 0.1pg/ml 수준까지 탐지할 수 있는 IME(interdigitated microelectrode) 시스템을 고안했다. 마지막으로 결과값을 환자 자신에게서 얻은 데이터로 표준화하는 CLASS(comparing levels of Aβ by self-standard)를 이용했다.

실제 측정 과정은 다음과 같다. 환자에게 혈액 10ml를 추출해 혈장 성분만 분리하고, 두 개의 용기에 나누어 담는다. 한쪽은 올리고머 아밀로이드가 풀어지도록 EPPS를 처리한 다음 아밀로이드 베타 단백질의 양을 측정하고, 둘의 차이를 비교한다. 정상인 혈액에서는 EPPS를 처리한 것과 처리하지 않은 것에서 측정한 결과가 비슷했다. 알츠하이머 병 환자 혈액에서는 EPPS를 처리한 것에서 아밀로이드 베타 단백질 농도가 높아졌다. EPPS 처리에 따라 결과값이 증가한 비율을 분석하자, 정상인과 알츠하이머 병 환자를 90% 이상 신뢰도로 구분할 수 있었다.

그러나 아직 샘플 수가 적다는 한계점이 있다. 여러 기관에서 더 많은 환자를 대상으로 재현되는지 확인해야 한다. 또한 증상이 나타나기 전의 초기 단계 알츠하이머 병 환자 대상도 찾아낼 수 있는지 확인해야 한다. 공동 연구팀은 혈액에서 아밀로이드 베타 단백질을 측정하는 과정에서, $A\beta 42$를 특이적으로 찾아낼 수 있는 항체도 발굴하고 있다.

을 수 있었다. 알츠하이머 병에서 항체로 혈뇌장벽 손상을 완화해 치료 가능성을 확인한 첫 연구결과였다(doi: 10.1038/s41590-018-0232-x).

2019년 1월에는 즐로코비치 교수 연구팀은 혈뇌장벽 손상은 초기 인지손상 단계부터 나타나고, 둘 사이에 높은 연관성을 있을 것이라는 내용의 연구 결과를 『네이처 메디슨』에 다시 발표했다(doi: 10.1038/s41591-018-0297-y). 인지 기능 저하 상태에 있는 피험자의 해마에서 혈뇌장벽이 무너져 혈액이 뇌로 들어가는 현상이 관찰했다. 연구는 인지손상이 없거나, 인지 저하를 보이는 161명(45세≥) 피험자를 대상으로 5년 동안 진행했고 병리 단백질부터 혈뇌장벽, 신경염증, 신경퇴행 등 다양한 바이오마커를 확인했다. 인지손상이 심할수록 혈뇌장벽이 무너져 혈액이 뇌로 들어가는 현상이 심했다. 인지손상이 일어나는 초기부터 혈뇌장벽

손상이 관여하고 있었다. 이때 타우나 아밀로이드 단백질의 유무는 인지손상 정도와 연관성이 없었다. 아밀로이드 베타 단백질이나 병리 타우 단백질과는 독립적으로 일어나는 일이었다.

타우

아밀로이드 베타 단백질이 알츠하이머 병의 발병을 조기진단하는 데 쓰일 수 있다면, 타우 단백질은 병의 심각성(severity)을 확인할 수 있는 바이오마커가 될 수 있다.

타우가 쌓인 정도나 인산화 타우 레벨은 병의 진행과 관계 있다. 2018년 미국 매사추세츠 병원의 야킬 키로스(Yakeel T. Quiroz) 연구팀은, 아직 인지손상이 없지만 알츠하이머 병에 걸릴 수 있는 환자를 찾아낼 수 있는 조기진단 바이오마커로서 타우 단백질의 가능성을 보여주었다(doi: 10.1001/jamaneurol.2017.4907). 연구팀은 타우 응집체에 특이적으로 결합하는 ^{18}F-FTP 추적자(tracer)를 이용했고, 1세대 아밀로이드 베타 추적자를 이용한 PiB-PET 촬영을 했다. 총 24명을 대상으로 한 연구에서, 12명은 *PSEN1 E280A* 변이 보유자(9명은 인지 기능 정상, 3명은 경미한 인지손상)였고, 12명은 인지가 손상되지 않은 유전자 변이 비보유자였다.

PSEN1 유전자에 변이가 생기면 40대 중반에 알츠하이머 병이 시작된다. *PSEN1* 유전자는 아밀로이드 베타 단백질 생성과 관련된 효소를 코딩한다. 즉 *PSEN1* 유전자에 변이가 생기면 아밀로이드 베타가 늘어나고, 알츠하이머 병이 빠르게 발병한다. 연구팀은 환자에게서 타우 병리 증상(tau pathology)이 시작되기

10~15년 전인 20대 후반부터 뇌척수액에서 타우 농도가 변하는 것을 확인했다. *PSEN1* 변이가 있으면 30대 후반부터 내측 측두엽(medial temporal lobe)에 타우가 많이 쌓였다. 경미한 인지손상이 일어난 경우에는 신피질(neocortex)에서 타우 단백질이 쌓이는 것을 관찰했다. 인지손상을 보이지 않는 변이 보유자(1명)에게도 신피질에 타우가 쌓인 것을 관찰할 수 있었다. 연구팀은 아밀로이드 베타 축적보다 타우 축적이 기억력 감퇴와 더 연관되어 있을 것으로 보고 있다.

신경미세섬유 경쇄

신경미세섬유 경쇄(neurofilament light chain, NfL)는 뇌 뉴런세포의 전기 신호를 전달하는, 전선줄에 비유되는 축삭을 구성하는 세포 골격이다. 뉴런세포가 죽으면 이를 구성하던 뼈대가 남게 된다. 이 가운데 작은 절편(~70kDa)인 NfL은 잘 분해되지 않는 독특한 특징을 가진다. 뇌척수액에 있는 NfL 가운데 1%가 안 되는 양이 혈액으로 흘러나온다. 보통 혈액에서 단백질은 빠르게 분해되는데 NfL은 그렇지 않다. 이런 이유로 NfL은 퇴행성 뇌질환 바이오마커로 활용도가 있다.

 2019년 1월, 독일 신경퇴행성 질병센터(ZNE) 마티아스 주커(Mathias Jucker) 연구팀은 증상이 없는 알츠하이머 병 환자에게서 혈액 속 NfL로 알츠하이머 병을 예측할 수 있다는 연구결과를 발표했다(doi: 10.1038/s41591-018-0304-3).

 연구에는 APP와 *PSEN1*, *PSEN2* 유전자 변이를 가진 243명이 참여했다. 보통 30~50대에 알츠하이머 병을 진단받는 환자군이다. 연구팀은 인지손상을 측정하는 바이오마커로 포도당 대사를 보는 FDG-PET, 아밀로이드 베타 단백질을 촬영하는 PiB-PET, 뇌 구조를 보는 MRI, 인지검사로 치매임상평가척도 박스 총점(clinical dementia rating scale sum of boxes scores, CDR-SB)과 간이정신상태검사(mini-mental state examination, MMSE)를 했다.

알츠하이머 병이 발병하기 6.8년 전부터 혈액에 있는 NfL 수치가 올라가기 시작했고, NfL 변화율을 분석하자 16.2년부터 알츠하이머 병과 대조군을 구별할 수 있었다. NfL 변화는 증상을 보이는 환자에게서 가장 컸다. 또한 대뇌피질이 수축하는 현상과 연관성을 평가했을 때 아밀로이드 베타 단백질보다 NfL이 밀접한 관련이 있었다.

다만 NfL은 알츠하이머 병만 골라서 찾아내는 컨셉의 바이오마커는 아니다. 다른 퇴행성 뇌질환에 걸린 환자의 뇌에서도 초기부터 NfL이 늘어날 수 있다. 한편 전체 알츠하이머 병 환자의 약 1%를 차지하는 조기 발병 알츠하이머 병을 가진 사람을 대상으로 진행했기 때문에, 대부분을 차지하는 후기 발병 알츠하이머 병 환자와 다른 퇴행성 뇌질환에서는 어떤지도 확인해야 한다. 그밖에 적절한 진단 간격(interval), 타우와의 연관성 등을 확인하는 작업도 남아 있다.

2018년에도 NfL이 경도인지장애를 찾아내는 바이오마커라는 논문이 『미국 의학협회 신경학회지(*JAMA Neurology*)』에 실렸다(doi: 10.1001/jamaneurol.2018.3459). 미셸 밀케(Michelle Mielke) 메이요 연구소 연구팀은 뇌척수액에서 NfL과 기존의 바이오마커(t-Tau, p-Tau, Aβ42, neurogranin)을 비교했다. 그 결과 NfL

이 경도인지장애를 가장 정확하게 예측할 수 있으며, NfL이 높은 경우 알츠하이머 병에 걸릴 위험이 약 3.1배 높았다고 밝혔다.

스펙테이터

알츠하이머 병 조기진단 키트를 개발할 때 중요한 부분은 민감도, 특이도, 재현성, 경제성, 편의성이다. 알츠하이머 병 조기진단 키트는 병을 찾아내는 성공률이 높아야 하며(민감도), 정확하게 알츠하이머 병을 골라야 하는데(특이도), 여러 기관에서 여러 인종에게 다양한 상황에서도 같은 결과가 나와야 한다(재현성). 여기에 알츠하이머 병 진단 키트는 가격이 싸야 하고(경제성), 주사로 뇌척수액을 뽑아 낸다든지 하는 불편하고 번거로운 절차가 있으면 안 된다(편의성). 이를 충족하려면 알츠하이머 병 조기진단 키트는 혈액이나 혈액에 버금갈 정도로 채취가 쉬운 체액을 이용하는 것이 적당할 것이다. 안구, 코 점막액, 침 검사 등의 방법으로 활로를 찾기도 한다.

당뇨병 진단에는 혈당 수치를 이용한다. 거의 완벽한 바이오마커지만, 이렇게 최적화된 진단지표가 알츠하이머 병을 비롯한 퇴행성 뇌질환 조기진단에 활용될 수 있을지 낙관하기 어렵다. 그러나 하나의 바이오마커로 특정 질병을 100% 조기진단해낼 수 없다면, 60%, 70%, 80%의 정확도를 가진 다른 바이오마커를 찾아, 함께 사용하는 시스템을 개발해야 한다.

알츠하이머 병 신약개발에서 어려운 점 가운데는 임상시험 대상자 모집도 있다. 전체 대상자를 모으는 데 걸리는 기간이 환자가 약물을 투약받는 기간보다 길어지면서, 임상시험 계획이 늦어지는 일이 잦아졌다. 2017년 조사에 따르면 전임상 단계 알츠하이머 병 대상 예방임상시험 참여자 모집 기간은 133.5주, 전구단계 105.4주, 경증이나 중등도 단계는 106.9주가 걸렸다. 거의 2년 가까이 걸리는 셈이다(doi: 10.1016/j.trci.2017.05.002). 이는 임상개발 비용을 증가시키는 원인이 된다. 따라서 조기진단은 임상시험에 참여할 대상자를 빠르게 찾아내는 데 활용할 수 있다면, 신약개발의 효율을 올릴 수 있을 것이다.

어쨌건 현재 기준으로는 아밀로이드 베타 단백질에 좀더 집중력을 쏟을 필요가 있다. 아밀로이드 베타 단백질을 잡아 알츠하이머 병을 치료해보려는 시도는 모두 실패했다. 그럼에도 아직 아밀로이드 베타 단백질보다 정확하게 알츠하이머 병과의 연관성이 밝혀진 것은 없다. 아밀로이드 베타 단백질이 알츠하이머 병의 원인인지 결과인지에 대해서는 확실하지 않지만, 이는 조기진단 키트에서는 덜 중요한 문제다. 뇌척수액과 혈액 속 아밀로이드 베타 단백질에 대한 연구가 많이 진행되어 있고, PET를 상용화해서 조기진단에 사용하는 것도 완전히 상상 속의 일만은 아니다. 아밀로이드 베타 단백질보다 앞선 단계의 바이오마커를 찾는 일을 멈추어서는 곤란하겠지만, 일단은 아밀로이드 베타 단백질에 집중해볼 필요가 있어 보인다.

바이오마커

Biomarker

FDA가 바이오마커를 임상충족점으로
인정한 것이 30여 년 전이다.
그러니 알츠하이머 병에 바이오마커를
적용하는 것은 30여 년 늦은 셈이다.

도입

바이오마커는 '생리·화학적 현상과 질환 상태를 정량화·수치화할 수 있는 모든 생체 내 지표(혹은 대리 표지자: surrogate marker)'를 말한다. 바이오마커를 이용했을 때 유/무, 정상/비정상, 심각성(severity) 등의 변화를 알 수 있어야 한다. 신약개발에서 바이오마커 역할은 다양하다. 조기진단, 약물 반응과 효능, 안전성, 병기 진행 등 여러 부문의 평가에 바이오마커를 활용할 수 있다.

최근 퇴행성 뇌질환 치료제 개발 분야를 비롯해 신약개발의 거의 모든 분야에서 바이오마커라는 용어가 많이 사용되지만, 사실 바이오마커는 오래된 개념이다. 예를 들어 심혈관 질환에서 중요한 바이오마커는 혈압과 콜레스테롤이다. 이렇게 본다면 퇴행성 뇌질환에서는 아밀로이드 베타 단백질과 병리 타우 단백질 등이 뇌에 쌓인 정도, 위치 등이 중요한 바이오마커가 된다.

1983년, 류머티즘 관절염을 진단하고, 치료제를 개발함에 있어 대리 임상충족점(surrogate endpoint)이라는 개념이 처음으로 나왔다(doi: 10.1093/rheumatology/XXII.suppl_1.24). 여기서 대리(surrogate)는 '임상적으로 질병을 대변할 수 있다'는 뜻이다. 1992년 FDA는 대규모 임상에서 검증된 대리 바이오마커를 임상충족점으로 인정하겠다고 밝혔다. 바이오마커로 약물 승인을 받을 수 있게 된 계기였다.

현재 임상시험에서 쓰고 있는 대표적인 바이오마커로는 암 치료제 개발에서 확인하는 종양의 크기가 있다. 암 치료제 개발과 관련해서는 1950년대부터 종양의 크기 변화를 전체 반응률(overall objective response, ORR)이라는 개념으로 구성해 임상충족점으로 사용했다. 이후 1980년대에 들어 전체 생존기간(overall survival, OS), 1990년대 무진행 생존기간(progression-free survival, PFS) 등이 바이오마커로 인정받았다. 에이즈(ADIS)에서는 'CD4의 수'가 바이오마커로 사용되기도 한다. 에이즈를 일으키는 HIV 바이러스는 CD4 T세포에 들어가 자신을 복제하는데, 이때 CD4 T세포가 망가지며 환자의 면역 기능이 망가진다. 즉 에이즈가 진행되면 CD4 발현 세포의 수가 줄어들고, 이것의 변화가 바이오마커로 사용될 수 있다. 당뇨병에서는 당화혈색소(HbA1c)가 있다. 당화혈색소 수치는 혈액 안에서 헤모글로빈과 포도당이 결합한 정도를 나타낸다. 2000년대 들어 당화혈색소 수치는 바이오마커로 사용되기 시작한다. 미국 당뇨병 학회(American Diabetes Association, ADA)는 2006년 당화혈색소를 당뇨질환을 대표하는 골드 스탠다드(gold standard) 바이오마커로 인정했으며, 당뇨병을 조기진단에 활용하기 시작한다.

신약개발 과정에서 임상시험에 바이오마커가 사용된다면 크게 세 가지 영역이다. 약물에 반응을 보일 환자를 찾아내고, 기대했던 메커니즘대로 작동하는지 밝히고(target engagement), 임상시험 결과 효과가 있는지 평가할 때 사용된다. 임상시험을 계속 진행할지 판단하고, 성공률을 높이기 위해 세 가지 영역을 담당할 바이오마커를 찾는 것이 중요하다. 알츠하이머 병을 포함한 퇴행성 뇌질환 신약개발 분야 바이오마커를 살펴보기 전에, 다른 분야 신약개발에서는 바이오마커가 어떤 상황인지 살펴보자.

사례 1. 키트루다®

2014년 FDA는 신약개발 과정에서 바이오마커로 적절한 임상 대상을 찾아내 약물을 평가하는 '동반진단 권고 가이드라인(In Vitro Companion Diagnostic Devices)'을 내놨다. 면역관문억제제(immune checkpoint inhibitor)는 암 환자의 생존율을 높이는 효과가 뛰어나지만, 투여했을 때 반응을 보이는 환자는 20% 정도다. 말기암 환자 입장이라면 20%라는 숫자가 낮다고만 볼 수 없다. 그러나 허가 당국 입장에서는 고민이다. 제약기업이 진행한 임상시험 결과 20%의 환자에게 효과가 있었다고 한다. 그런데 치료제 가격은 1년에 15만 달러 정도다. 말기암 환자 20%에게만 효과가 있는, 1억 원이 훌쩍 넘는 약을 허가해야 할까 말아야 할까? 허가한다면 보험 급여 처리는 어떻게 해야 할까?

허가 당국의 고민을 덜어주면 신약의 허가가 수월해질 것이다. 제약기업 입장에서는 어떻게든 반응률을 높이는 것이 중요한 과제다. 만약 개발하고 있는 면역관문억제제가 효과를 보일 20%의 사람들만 모아서 임상시험을 진행하면 어떨까? 20%의 사람들 골라내는 방법을 실제 의료 현장에 적용하면, 정확하게 약이 효과를 보일 환자만을 찾아낼 수도 있을 것이다. 비싼 약을 효과를 보일 환자에게만 쓸 수 있는 것이다.

면역관문억제제인 키트루다®(Keytruda®, 성분명: pembrolizumab)는 종양에 *MSI-H*나 *dMMR* 변이가 있는 환자를 대상으로 승인받은 첫 바이오마커 기반 항암제다. 머크(MSD)는 키트루다® 적응증 확장을 위한 임상시험을 진행했다. 대장암으로 확장하기 위한 임상시험이었으나, 대장암 환자 25명 가운데 1명만 약물 반응을 보였다(KEYNOTE016). 원래 같으면 실패한 임상이었을 것이다. 그런데 임상시험을 진행한 머크는 반응을 보인 1명에게 *MSI-H* 변이가 있다는 것을 찾았다. 그리고 이전에 진행했던 고형암을 대상으로 했던 임상시험에서 종양에 *MSI-H*나 *dMMR* 변이가 있는 환자에게 반응률이 높았던 것을 기억해냈다. 이런 경향의 2개 임상시험과 추가로 진행한 3개의 임상시험 결과를 종합해 *MSI-H*나 *dMMR* 변이가 있는 149명의 15개 고형암을 앓고 있는 환자 가운데 59명에게 종양이 줄어들어, 전체 반응률이 39.6%라는 것을 확인했다. 이런 과정을 거쳐 암종에 관계없이 *MSI-H*나 *dMMR* 변이가 있는 것이 바이오마커로 채택되었고, 대장암뿐만 아니라 모든 고형암에서 *MSI-H* 변이나 *dMMR* 변이라는 바이오마커를 확인하면 처방할 수 있게 되었다.

사례 2. 비트락비®

록소온콜로지(Loxo Oncology)와 바이엘(Bayer)이 개발한 비트락비®(Vitrakvi®, 성분명: larotrectinib)는 소아와 성인 고형암 환자 치료제다. 비트락비®는 특정한 암을 잡는 약이 아니다. 종양을 없애는 외과 수술을 받았지만 효과가 없고, 마땅한 치료제가 없는 암 환자 가운데 후천성 내성 변이 없이 NTRK 융합 유전자(neurotrophic tyrosine receptor kinase gene fusion)가 발견된 환자에게 처방하는 TRK(tropomyosin receptor kinase) 저해제다. 만성 골수성 백혈병(chronic myelogenous leukemia, CML)은 '암을 일으킬 수 있는 유전자'가 '암을 일으킬 수 있는 위치'로 움직여서 생긴다. 이렇게 비정상적 융합 유전자가 만드는 단백질을 저해해 만성 골수성 백혈병을 잡는 것이 글리벡(Gleevec®, 성분명: Imatinib)이다. 비트락비®도 같은 원리다.

비트락비®는 바이오마커부터 시작했다. 암 환자 가운데 *TRK* 변이가 있는 경우는 0.5~1% 내외다. 이에 특정한 암을 대상으로 하지 않고, 여러 암 환자들 가운데 *TRK* 변이가 있는 환자들을 하나로 묶어 임상시험을 진행하는 바스켓 임상(basket trial)을 계획했다. 백인(72%), 히스패닉/라틴계(11%), 흑인(8%), 아시아인(2%) 등 전 세계에서 특정 바이오마커를 가진 임상시험 대상자를 찾았다. 모두 *NTRK* 융합 유전자 변이가 있었고, 이를 바이오마커로 삼았다. 17종류의 암을 앓고 있는 55명의, 생후 4개월부터 76세까지의 환자에게 약물을 투여했다(LOXO-TRK-14001 [NCT02122913], SCOUT [NCT02637687], NAVIGATE [NCT02576431]).

결과는 놀라웠다. 전체 반응률은 75%였으며, 심각한 수준의 3등급 이상 약물 부작용은 5% 이하로 낮았다. 이 결과를 바탕으로 신약승인을 받은 후, 추가로 67명의 바스켓 임상시험을 추가로 진행했다. 기존 55명의 바스켓 임상시험 대상자의 추적 데이터 등과 이를 합산해 반응률을 81%까지 올렸다(2018 유럽 임상종양학회 [ESMO] 데이터). 생후 1년이 안 된 환자에게까지 투여할 수 있을 정도로 안전했다. 비트락비®는 효능은 높고 부작용은 적었다.

록소온콜로지는 바스켓 임상 디자인으로 비트락비®의 임상 1상을 2014년에 5월에 시작했고, 4년 만인 2018년 11월에 약물 승인을 받았다. 바이오마커가 정확하다면, 어떤 방식으로든 정확한 약을 개발할 수 있고, 개발하는 속도와 효과 모두 이전보다 나

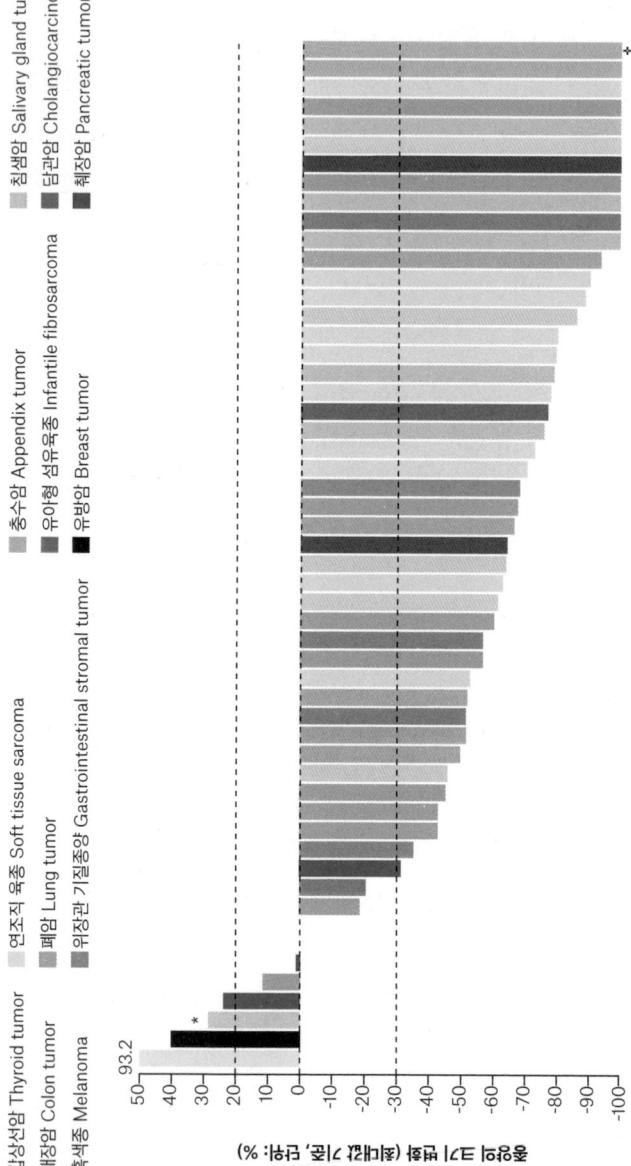

[그림 4.1] 비트락비® 투여 바스켓 임상시험 결과 종양 크기 변화. 막대 그래프 한 개가 환자 한 명을 뜻함.
출처: Alexander Drilon, *et al.*, Efficacy of Larotrectinib in TRK Fusion-Positive Cancers in Adults and Children, *The New England Journal of Medicine*, p.736, 2018.02.

아질 것이다.

　사실 대장암 환자에게서 *TRK* 변이가 발견된 것은 1982년이다. 다른 암종에도 *TRK* 변이가 나타난다는 연구 결과가 발표되기 시작했다. 연구자들의 노력으로 비트락비® 이전에도 TRK를 저해하는 약물은 있었다. 테바(TEVA)에 인수된 세팔론(cephalon)이 개발했던 레스타우티닙(lestaurtinib)이다. 레스타우티닙은 TRK를 포함해 다른 인산화 효소(FLT3, JAK2 등)를 저해하는 방식으로 설계되었다. 이는 암의 변이가 다양해, 즉 암의 원인이 다양해 한 가지 인산화 효소만 억제하면 약물의 효능이 부족할 수 있기 때문이다. 반면 비트락비®는 TRK만 저해한다. 그래서 비트락비®의 선택성(selectivity)이 높은데, 선택성의 정도가 다른 인산화 효소보다 100배 이상이다. 다시 말하면 적어도 100배 이상 *TRK*를 강력하게 억제하는 것과 같다. 인산화 효소 외에 다른 것을 저해하는 오프 타깃(off-target) 선택성은 1,000배 이상 높다. 다른 인산화 효소를 저해하지 않으니 다른 일(?)이 벌어지지 않아 안전성도 높아진다.

　록소의 전략을 조금 더 자세히 살펴보자. 특정 유전자 변이, 즉 *TRK* 변이는 암을 일으킨다. 그러니 *TRK* 변이를 저해하는 약물을 만든다. 전임상시험과 임상시험에서는 실제 항암 효과가 나타날 것 같은 동물모델과 환자를 고른다. TRK 저해제는 *NTRK* 변이를 가진 환자에게서 가장 좋은 항암 효능을 보였다. 81% 정도의 환자들에게서 30% 이상 종양이 줄어드는 효과가 나타났다. 록소는 이 물질을 *NTRK* 융합 유전자 변이를 가진 환자에게만 처방하는 것으로 신청했다. FDA는 TRK 저해제의 약물 효능과 안전성을 인정한다. *NTRK* 융합 유전자 변이라는 바이오마커를 바탕으로 한 약물을 승인한 것이다.

록소온콜로지의 신약개발 전략은 3단계로 나누어볼 수 있다. 우선 암을 유발하는 유전자 변이 타깃을 고른다. 임상적 환경에서 환자의 종양에서 관찰되어야 한다. 다음으로 치료제 후보물질을 설계한다. 이때 중요한 것은 약물이 타깃만 선택적으로 저해해야 한다는 점이다. 자체 R&D, 기술인수나 협업으로 후보물질을 발굴한다. 마지막으로 타깃 변이를 가진 환자에게서 약물의 항암 효능이 나타나는지 테스트한다. 바이오마커 중심의 신약개발이다.

마지막으로 살펴볼 것은 기술의 평균적 발전 상황이다. 바이오마커로 신약을 개발하는 아이디어는, 그 자체로 복잡한 것은 아니다. 다만 바이오마커를 바탕으로 한 신약개발이 가능해질 수 있는 과학적·기술적 조건이 마련되어 있느냐가 더 중요한 문제였다. 특정한 유전자 변이를 바이오마커로 삼아 항암제 개발이 가능해진 것은 2010년대 들어 차세대 염기서열 분석(next generation sequencing, NGS) 기술이 발전하면서부터다. 1990년대, 사람 한 명분의 유전체 전체를 분석하는 지놈프로젝트가 시작해 2003년 마무리 되었다. 처음에 계획했던 것보다 일찍 마무리된 지놈프로젝트에는 약 30억 달러가 들어갔다. 그런데 유전체 분석 장비를 개발하는 일루미나(Illumina)가 2017년 공개한 노바섹(Novaseq)6000은 48시간 동안 사람 60명의 전체 유전자 서열을 분석할 수 있다. 비트락비®가 암 환자 가운데 *TRK* 변이가 있는 0.5~1%의 환자를 대상으로 했다면, 일루미나와 손을 잡고 유전체 분석 기술의 발달로 환자 개인의 유전체를 놓고 처방전을 구성할 수도 있을 것이다. 2019년 비트락비®를 사들인 바이엘(Bayer)은 파운데이션 메디슨(Foundation Medicine)과 함께, 비트락비®를 처방할 환자를 찾아내는 동반진단 키트(companion diagnostics, CDx) 개발을 시작했다. 바이오마커가 이상적으로 구현되는 모습은, 다른 과학기술이 평균적으로 함께 발전해나갈 때 가능해진다.

퇴행성 뇌질환

바이오마커는 질병을 진단하거나 임상시험에서 임상충족점을 확인하는 데 사용되고 있지만, 알츠하이머 병에서 바이오마커는 초기 연구 단계다. 알츠하이머 병에서 뇌척수액(cerebrospinal fluid, CSF)이 바이오마커로 인정받은 것도 2010년에 들어서다.

다른 질병은 병이 생긴 부위를 수술로 열어서 볼 수 있지만, 퇴행성 뇌질환은 환자의 두개골을 열고 뇌 조직을 꺼내보기 어렵다. 설령 두개골을 연다고 해도 재생이 안 되며, 중요한 신경정신적 기능을 하고 있는 신경세포 덩어리인 뇌 조직을 떼어내는 결정을 할 수도 없다. 직접 들여다 볼 수 없으니, 숙련된 신경과 전문의가 환자의 증상을 보고 알츠하이머 병을 진단하더라도 정확성은 70~80% 수준이다. 그래서 2019년 현재까지도, 알츠하이머 병을 확인하는 가장 좋은 방법은 환자가 사망한 후 부검으로 뇌 속을 들여다보는 것이다.

알츠하이머 병 환자의 뇌는 전체적으로 위축(atrophy)되어 있다. 분자 수준에서 들여다보면 비정상적인 타우 단백질이 뇌에

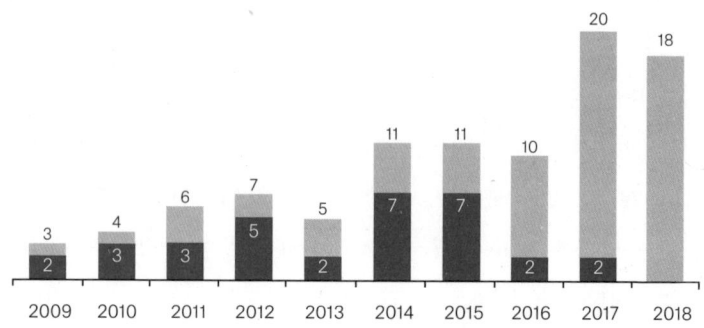

[그림 4.2] 대리 임상충족점을 바탕으로 FDA의 가속 승인(accelerated approval) 수가 늘어나고 있다. FDA가 승인한 약으로 쓸 수 있는 물질은 약 2,000개 정도다. 대부분은 바이오마커 없이 임상시험을 통과했다. 지금까지 바이오마커가 임상시험 과정에서 큰 역할을 했던 경우는 많지 않다. 그러나 상황은 달라지고 있다. 이제 바이오마커를 빼고 신약개발을 이야기하기 어렵다. 임상개발 단계부터 바이오마커는 성공률을 높여주기 때문이다.
출처: https://www.evaluate.com/vantage/articles/news/policy-and-regulation/gottlieb-legacy-surge-unproven-treatments

서 신경엉킴(neurofibrillary tangle) 현상을 일으킨다. 타우 단백질은 신경 전달 미세소관을 지탱하는 역할을 하는데, 타우에 문제가 생겨 미세소관을 붙잡고 있지 못하면 신경다발이 엉켜버린다. 환자가 사망한 후 부검을 해보면 신경이 얼마나 엉켜 있는지 확인할 수 있다. 알츠하이머 병과 관계가 있을 것으로 추정되는 아밀로이드 베타 단백질 플라크도, 뇌 조직을 추출해 염색 처리를 하면 어느 정도 쌓여 있는지 확인할 수 있다. 이렇게 부검은 가장 정확한 바이오마커지만, 환자가 세상을 떠났기 때문에 치료는 할 수 없다는 단점(?)이 있다.

그런 점에서 환자 뇌 안에 있는 병리 단백질을 이미지로 만들고, 수치를 잴 수 있게 해주는 양전자 방출 단층 촬영(positron emission tomography, PET)은 중요한 바이오마커로 주목받는다. 퇴행성 뇌질환은 질병과 관계가 깊을 것으로 추정되는 단백질이, 증상이 나타나기 10~20년 전부터 쌓이기 시작한다. 알츠하이머 병은 아밀로이드와 타우 단백질, 파킨슨 병은 알파시누클레인(α-synuclein) 단백질, 근위축성 측삭경화증(amytrophic lateral sclerosis, ALS)은 TDP-43 단백질이 문제를 일으킨다. PET는 환자의 뇌에서 일어나는 특정 단백질의 변화를 표지해 이미지로 만들 수 있다. 즉 PET는 독성 단백질이 쌓인 위치, 퍼진 정도를 가늠할 수 있어 유용한 바이오마커다.

PET로 뇌를 촬영해 아밀로이드 베타 단백질을 찍을 수 있게 하는 첫 번째 PET 추적자(tracer)인 PiB-PET의 연구 결과는 2004년에 발표되었다. 이어 2011년, 알츠하이머 병 진단용 PET 추적자로 일라이릴리(Eli Lilly)의 아미비드™(AMYViD™, 성분명: ^{18}F-florbetapir)가 첫 승인을 받는다. 그리고 2018년이 되어서야 FDA는 초기 알츠하이머 병 환자에게서 뇌척수액 검사나 PET 촬영 이미지로 측정한 아밀로이드 베타 단백질, 타우 단백질, 신경 퇴행 등의 바이오마커를 임상충족점으로 인정하겠다는 가이드라인 초안을 발표했다. FDA가 1992년부터 바이오마커를 임상충족점으로 인정한 것과 비교하면, 알츠하이머 병에 바이오마커가 적용되기까지는 30년에 가까운 시간이 걸렸다.

MRI

바이오마커로 유용하게 사용되려면 샘플의 채취나 분석이 쉬워야 한다. 실제 치료가 되어가고 있는지 확인해야 하므로, 여러 번에 걸쳐 바이오마커를 측정할 수 있어야 하는 것도 중요하다. 이런 이유로 혈액이나 소변 검사, 영상 촬영 등으로 바이오마커 분석을 할 수 있다면 제일 좋을 것이다. 비침습적(non-invasive)인 방법이 이상적이다.

혈액 검사를 알츠하이머 병의 바이오마커로 활용할 수 있는 방법은 아직 없다. 뇌척수액 검사를 바이오마커로 활용할 수 있으나, 뇌척수액을 얻으려면 환자의 척추 부분에 국소마취를 하고 척추 뼈 사이의 공간을 찾아 주사바늘을 넣어 뇌척수액을 뽑아내는 요추천자(腰椎穿刺, lumbar puncture)를 실시해야 한다. 그러나 감염의 위험이 있는 데다가, 알츠하이머 병 검사를 받는 고령의 노인에게 적용하기는 버거운 시술이다.

영상의학은 알츠하이머 병을 포함한 퇴행성 뇌질환 바이오마커 분야에서 현재 기준으로 가장 실용적이다. 자기공명영상(magnetic resonance imaging, MRI)을 이용하면 뇌의 단층 사진을 볼 수 있다. 인체의 약 70%는 산소와 수소로 구성된 물로 되어 있다. MRI 촬영은 이 가운데 수소를 이용한다. 수소의 원자핵은 평소에는 저마다 각자 방향의 스핀(spin)을 갖는다. 그런데 외부에서 강력한 자기장을 가하면 원자핵의 스핀은 자기장 방향을 정렬한다. 그리고 이때 고주파 전자기 펄스를 가하면 수소 원자핵은 자기장과 반대 방향으로 스핀을 바꾼다. 다시 고주파 전자기 펄스를 끊으면 수소 원자핵의 스핀은 원래대로 돌아가면서 약한 전자파를 방출한다. 이 에너지를 측정해 이미지로 만드는 것이 MRI다. 보통 병원에서 사용하는 MRI의 자기장 세기는 1.5~3T(테슬라) 정도인데 0.5cm 정도 해상도를 갖는 이미지를 얻을 수 있다. 가끔 7T짜

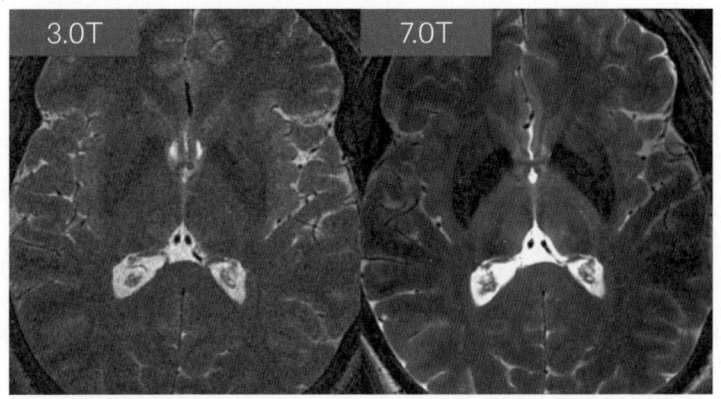

[그림 4.3] 같은 뇌를 찍은 3T MRI 이미지(왼쪽)와 7T MRI 이미지(오른쪽) 비교
출처: https://www.ge.com/reports/post/85638328370/these-magnets-are-140000-times-stronger-than-2/

리도 있는데 0.1mm 이하의 해상도를 얻을 수 있고, 이는 뇌 미세혈관의 생김새까지 확인할 수 있는 수준이다.

MRI는 여러 각도에서 몸속 장기의 단면을 볼 수 있다. 특히 엑스레이 촬영으로 구분하기 어려웠던 근육, 인대, 뇌 등 연부 조직을 밝기 차이로 구분할 수 있어 유용하다. 움직이는 장기는 찍기 어렵지만, 뇌 신경계, 척추, 골관절, 근육 등에 생긴 질환을 진단할 때 주로 이용한다.

MRI를 이용하면 뇌가 얼마나 망가졌는지 이미지로 확인할 수 있다. 그러나 문제는 뇌가 망가진 것이 눈으로 보일 정도가 되면, 그것이 어떤 퇴행성 뇌질환이든 중등도나 말기까지 진행된 상태라는 점이다. 한편 뇌가 형태적으로 무너지는 이유가 알츠하이머 병에서만 보이는 증상도 아니다. 따라서 퇴행성 뇌질환 분야에서 MRI는 대뇌혈관 질환을 촬영하거나 예외적인(non-specific) 경우, 즉 증상이 젊을 때 발현돼 아주 빠르게 진행되거나 증상만 보고는 특정 질병으로 진단하기 어려운 경우에 주로 활용된다. 뇌의 어떤 부위가 줄어들었는지를 확인해 환자의 증상과 연결지어 보는 것이다.

알츠하이머 병 분야에서 MRI는 신경퇴행으로 뇌가 위축(atrophy)된 정도를 찍는 용도로 이용한다. MRI로 뇌 전체 구조를 알게 되면 아밀로이드 베타 단백질이나 타우 단백질을 찍은 PET 결과를 더 잘 구조화할 수 있다. 단 아밀로이드 베타 단백질, 타우 단백질 등 알츠하이머 병 바이오마커 결과 없는 MRI 이미지만으로 알츠하이머 병인지 진단하기는 어렵다.

PET

PET는 방사성 동위원소를 활용한다. PET은 양전자를 방출하는 방사성 동위원소를 특정 물질에 바꾸어서 방사성 의약품을 활용한다. PET는 암 진단에 주로 활용되었다. 암을 진단하고 치료법을 찾아내는 데 활용하는 대표적인 바이오마커로 영상의학 이미지, 전립선특이항원(prostate specific antigen, PSA), PD-L1 등이 있다. CT나 MRI 이미지 촬영, 혈액 안 PSA 수치, 떼어낸 암 조직에서 PD-L1이 발현한 정도 등을 살핀다. 그런데 이런 방법에는 한계가 있다. 예를 들어 CT나 MRI 영상은 크기가 작은 암이나 전신으로 퍼져버린 전이암을 잡아내기 어렵다. 혈액 검사로 고형암을 찾는 것은 정확성이 낮고, 조직 검사는 환자에게 암 조직을 떼어내는 절차가 번거롭다. PET는 이런 단점을 보완해줄 수 있다.

FDG-PET는, 암세포가 있는 종양조직이 정상조직보다 포도

[표 4.1] PET와 CT 촬영으로 병기 단계별로 폐암을 진단한 결과, 민감도(sensitivity), 특이도(specificity), 정확도(accuracy)에서 PET가 CT보다 우수했다.
출처: James R. Buding, *et al.*, PET and ^{18}F-FDG in Oncology: A Clinical Update, *Nuclear Medicine & Biology*, p.723, 1996.08.

논문 저자	연도	환자 수	종류	민감도	특이도	정확도
스트라우스(Strauss)	1992	3	PET	100%	**	**
그림멜(Grimmel)	1993	20	PET	80%	**	**
버란지에리(Berlangieri)	1994	18	PET	90%	100%	95%
왈(Wahl)	1994	19	PET	82%	81%	81%
			CT	64%	44%	52%
뷰흐피구엘(Buchpiguel)	1994	26	PET	93%	83%	90%
			CT	93%	42%	78%
파츠(Patz)	1994	21	PET	100%	73%	**
			CT	85%	54%	**
사사키(Sasaki)	1994	9	PET	86%	100%	**
			CT	73%	92%	**
스캇(Scott)	1994	25	PET	66%	86%	84%
버리(Bury)	1995	20	PET	90%	80%	**
			CT	63%	66%	**
메이다(Madar)	1995	20	PET	100%	100%	100%
발크(Valk)	1996	76	PET	83%	94%	91%
			CT	63%	73%	70%
전체		257	PET	88%	91%	91%

** 데이터 없음

당을 더 많이 사용한다는 데에서 아이디어를 얻었다. 포도당의 -OH기를 불소의 동위원소인 ^{18}F를 바꾼 것이 FDG(fludeoxyglucose)다. 이를 정맥주사로 투여하면 종양세포가 FDG를 포도당으로 착각해 세포 내로 흡수한다. 이때 방사성 동위원소가 붕괴하면서 방출하는 감마선을 영상으로 재구성하면, FDG가 많은 곳이 진하게 나와 암이 영상화되는 구조다.

FDG-PET가 임상에서 쓰이기 시작한 것은 1980년대 초 정도다. 1980년대 말로 가면서는 여러 암종에서 PET과 기존 진단법을 비교한 연구 결과가 나오기 시작했다. 1995년에 M.D. 앤더슨 방사선 핵의학과 도널드 포돌로프(Donald A. Podoloff) 연구팀은 폐암에서 FDG-PET가 진단뿐만 아니라, 환자에게 약물 치료를 한 다음 재발 암(reccurent caner)과 잔류 암(residual cancer)을 찾는 데 유용하다는 내용을 발표했다. 1996년에는 『뉴클리어 메디슨 & 바이올로지(*Nuclear Medicine & Biology*)』에 FDG-PET이 CT와 비교해서 폐암의 전이를 찾는 데 유용하다는 연구 결과가 발표되었다. CT는 정확성이 50~70%였는데, PET은 80~90% 이상의 결과가 나왔다. 대장암에서 CEA(carcinoembryonic antigen) 등 종양 마커에 결합하는 항체에 방사성 물질을 표지해 이미지를 촬영하는, 방사성 핵종 스캔 면역 영상(immunoscintigraphy)과 비교하자 결과는 더 극적이었다. 면역 영상은 정확성이 30~40% 수준이었던 반면, PET는 90% 넘는 정확성을 보였다. 현재 PET는 암을 찾아내는 데 활발하게 사용되고 있다.

PET 이미지는 퇴행성 뇌질환을 앓는 환자의 뇌의 이미지를 구현해줄 수 있다. 1991년 독일 병리학자 하이코 브라크(Heiko

Braak)와 에바 브라크(Eva Braak)는 정상인과 알츠하이머 병 환자 83명의 뇌를 사후(死後)에 얻어, 아밀로이드 베타 단백질 플라크와 타우 신경엉킴(tau neurofibrillary tangle)이 특정한 패턴을 보이며 뇌로 퍼져나가는 것을 6단계로 나눴다. 브라크 단계다. 그런데 브라크 단계는 30년 동안 가설로 남아 있어야 했다. 살아 있는 퇴행성 뇌질환 환자의 뇌에서 실제 6단계가 일어나는지 확인할 수 있는 길이 없었기 때문이다. 2016년이 되어서야 캘리포니아 대학 신경과의 윌리엄 자거스트(Willam Jagust) 연구팀과 아비드 파마슈티컬(Avid Pharmaceuticals)의 마크 민턴(Mark Mintun) 연구팀이 PET를 이용해 브라크 가설이 실제 퇴행성 뇌질환 환자의 뇌에서 일어나고 있다는 점을 밝혔다(doi: 10.1016/j.neuron.2016.01.028; doi: 10.1093/brain/aww023).

이렇게 PET는 치료제 임상 개발에서 환자의 뇌를 이해할 수 있는 정보를 준다. PET은 약물의 효능을 생물학적 변화로 확인하는 바이오마커로 자리 잡고 있다. 아밀로이드 베타 단백질을 타깃 하는 항체 임상시험에서 긍정적인 결과를 확인한 바이오젠(Biogen)의 아두카누맙(aducanumab)은, 임상1b상부터 임상적 유효성을 입증하는 증거로 모든 참여자를 대상으로 아밀로이드 베타 단백질을 이미지로 구현할 수 있는 PET 추적자인 아미비드™를 찍어왔다. 일라이릴리, 머크, 노바티스(NOVARTIS) 등도 아밀로이드 베타 타깃 신약개발 임상시험 참여하기 위한 조건(inclusion criteria)으로 PET 양성 결과를 점검한다. 이제는 임상시험 결과를 발표할 때도 약물이 뇌에서 작동한다는 것을 증명하려면, 뇌에서 플라크가 제거되고 있다는 PET 데이터를 보여야 한다.

PET가 바이오마커로 유용하기는 하지만 컨셉을 구분할 필요가 있다. 초기 알츠하이머 병 환자를 임상시험 대상으로 고를 때 PET나 뇌척수액 검사 두 가지 가운데 하나를 선택한다. 그런데 PET 측정과 뇌척수액 측정의 컨셉은 다르다. 뇌척수액 검사는 병리 단백질의 '검사 시점의 단계'를 보여주는 상태 표지(state marker)다. 뇌척수액 검사는 뇌 안의 병리 단백질이 생산(발현, 분비)되고 제거(대사, 분해)된 상태를 알 수 있다. 즉 병리 단백질이 많은 상태로 진단한다. PET 검사는 신경 병리학적 단백질이 '일정 기간 쌓인 결과'를 보여주는 단계 표지(stage marker)다. 알츠하이머 병이 악화되면 병리 단백질이 점점 더 많이 쌓이고, 일정한 패턴으로 뇌의 각 부위로 퍼진다. PET 이미지는 병리 단백질이 뇌에 있는지 없는지를 확인하는 것을 넘어, 병리 단백질이 퍼져 있는 단계를 확인할 수 있다. 즉 질병이 어느 단계인지 가늠해 볼 수 있게 돕는 바이오마커의 역할을 할 수 있다.

　　바이오마커로서 뇌척수액은 상태 표지적 성격이 강하지만, 어떤 때는 단계 표지의 특징을 보여줄 때도 있다. 뇌척수액 안의 총 타우(total Tau, t-Tau)와 인산화 타우(phosphorylation Tau, p-Tau)는 같은 타우 단백질이지만 움직이는 양상이 다르다. 뇌척수액 안에는 타우 단백질이 떠다니는데, 인산화 타우가 늘어나는 것은 알츠하이머 병 진행과 관계가 있을 것으로 본다. 뇌척수액 안의 모든 타우 단백질은 뉴런이 죽으면서, 미세소관에 있던 타우가 떨어져 나오기 때문이다. 예를 들어 뇌가 강한 외부 충격을 받아 외상성 뇌손상(traumatic brain injury, TBI)이 발생하면, 타우의 양이 빠르게 늘어나지만 인산화 타우의 양은 늘어나지 않

[표 4.2] 퇴행성 뇌질환과 관계된 응집 형태의 병리 단백질. 현재 기성품 방사성 의약품을 가지고 의료진이 병원에서 찍을 수 있는 것은 아밀로이드 PET가 전부다. 퇴행성 뇌질환과 관계가 있을 것으로 보이는 독성 단백질의 종류만 10여 종이고, 연구가 진행됨에 따라 각종 퇴행성 뇌질환 바이오마커로 활용할 수 있는 인자의 수가 늘어가고 있다는 점을 생각하면, 더 많은 PET 추적자를 방사성 의약품으로 개발해야 한다.
출처: Patrick Sweeney, et al., Protein misfolding in neurodegenerative diseases: implications and strategies, Translational Neurodegeneration, p. 2 of 13, 2017.06. 재구성.

퇴행성 뇌질환	병리 단백질
알츠하이머 병	아밀로이드 베타, 타우
파킨슨 병	알파시누클레인
다중 타우 병증	타우 단백질(미세소관 연관)
헌팅턴 병	글루타민 반복 헌팅틴
근위축성 측삭경화증	초과산화물 불균등화 효소1(SOD1), TDP-43
해면상 뇌 병증	프리온 단백질
가족성 아밀로이드성 다발성 신경 병증	트랜스티레틴 (돌연변이 형태)

는다. 따라서 인산화 타우는 알츠하이머 병을 악화시키는 인자로 볼 수 있다. 인산화 타우가 지속적으로 늘어나는 경우는 알츠하이머 병이 유일하다. 즉 뇌척수액 안의 타우는 특정 시점의 신경손상을 반영(상태 표지)하지만, 인산화 타우는 비정상적인 병리 상태(단계 표지)를 보여준다.

PET를 한 번 찍으려면 미국에서는 평균 3,000달러, 한국에서는 100만~150만 원 정도의 비용이 든다. 알츠하이머 병은 천천히 진행되는 질환이다. 환자의 병기 진행을 보려면 PET를 여러 번 찍어야 한다. 비용 부담이 더해질 수 있다. 가격이 비싼 이유는 장비와 약물이 비싸기 때문이다. 방사성 의약품을 생산하는 사이클로트론(cyclotron) 장비의 구매와 설치에 평균 100억 원 정도가 들어가는데, 방사성 의약품은 반감기가 있어 병원과 가까운 곳에 있는 지역에서 생산해 공급해야 한다.

2019년 현재 기준으로 미국이나 한국에서 모두 알츠하이머병 환자 대상 아밀로이드 베타 단백질 PET는 건강 보험 적용이 안 된다. 그러나 초기 환자를 찾으려면 아밀로이드 베타 단백질 PET에 보험이 확대 적용될 필요가 있다. MRI도 뇌종양·뇌경색·뇌전증 등 뇌질환이 의심돼 촬영을 하더라도 중증 뇌 질환으로 진단받아야 보험 혜택을 받을 수 있었다. 그러나 2018년 보건복지부는 뇌·뇌혈관 검사가 필요하다고 의사가 판단하면 중증 뇌 질환에 걸린 환자가 아니더라도 모든 환자에게 건강보험을 적용하는 것으로 규정을 바꾸었다. 이에 따라 검사비는 40~70만 원에서 9~18만 원 수준으로 낮아졌다.

속도

속도는 새로운 바이오마커의 가능성을 보여준다. 아밀로이드 베타 단백질이 쌓이느냐 아니냐의 문제가 중요하고, 타우 단백질이 어디에 쌓이느냐도 중요하지만, 이들이 얼마나 빠르게 쌓이는지 보는 '속도와 병리 증상을 연결'하는 바이오마커 컨셉이다.

2018년 버클리 대학에서 신경과학을 연구하는 수잔 란다우(Susan Landau)는 『뉴롤로지(*Neurology*)』에 PET로 분석한 결과를 논문으로 게재했다. 아밀로이드 베타 단백질이 없다고 여겨지는 음성 판정을 받은 노인을 대상으로, 아밀로이드 베타 단백질이 쌓이는 속도와 인지손상 사이의 관계를 연구한 내용이었다(doi: 10.1212/WNL.0000000000005354).

ADNI(Alzheimer's Disease Neuroimaging Initiative)에 참여

한, 인지손상을 보이지 않는 노인 142명(평균 75세) 대상으로, 평균 3.9년 동안 매년 인지 기능 테스트와 2~4회(3.9±1.4년 동안 최소 2번 촬영[33.8%], 3번 촬영[48.6%], 4번 촬영[17.6%])의 플로베타피르(^{18}F-florbetapir) 스캔 촬영 실험이었다. PET 분석 지표인 SUVR(standardized uptake value ratio) 지표 기준선을 0.79로 낮췄다. (참고로 2019년 현재 PET 영상에서 아밀로이드 베타 단백질 양성을 판단하는 기준[cur-off]은 ~1.1 SUVR이다.) 아밀로이드 베타 단백질 플라크가 쌓이는 속도를 비교했다. 처음 측정한 SUVR 기준값과 비슷한 수준을 유지하거나 약간 낮아지는 경우와, 쌓이는 두 그룹으로 나뉘었다. 임상시험 참여자의 약 60%에게서 아밀로이드 베타 단백질 플라크가 쌓였는데, 쌓이는 속도가 빠를수록 기억력이 빠르게 감소했다. 단 일상생활에서 수행하는 기능(executive function)을 평가하는 항목에서 변화는 없었다. 연구 기간 동안 아밀로이드 베타 단백질 음성 판정을 받은 참여자 가운데 13명이 양성 그룹(SUVR 0.79 기준)으로 들어갔으며, 14명이 경도인지장애나 알츠하이머 병 환자가 됐다. 임상시험 기간 동안 환자는 애매한 기억력 감소를 보였는데, 이런 변화를 가족들도 알아차리기는 힘들었다.

　아밀로이드 베타 단백질이 쌓이는 속도로, 병리 타우 단백질이 쌓이는 것을 예측한 연구도 있다. 미국 헬렌 윌스 신경과학연구소(Helen Wills Neuroscience Institute) 스테파니 릴(Stephanie L. Leal) 연구팀은 아밀로이드 베타 단백질이 쌓이는 속도가 중요하다는 점을 확인했다(doi: 10.1523/JNEUROSCI.0485-18.2018). 51명의 인지 기능 정상 노인(평균 나이 75세, SUVR 10.7 이하)에게,

평균 4.5년 동안 PiB-PET과 함께 AV-1451를 찍어 아밀로이드 베타 단백질이 쌓이는 속도와 타우 단백질이 쌓이는 것 사이의 관계를 확인했다. 아밀로이드 베타 단백질이 쌓이는 양과 속도는, 알츠하이머 병 조직 병리 진단 기준인 브라크 1, 2단계에 해당하는 피질에서의 타우 단백질이 쌓이는 것과 비례 관계였다. 즉 아밀로이드 음성인 사람에게서 아밀로이드 베타 단백질 플라크가 쌓이는 속도를 확인하면, 알츠하이머 병에서 초기 타우 병리가 시작되는 것을 예측할 수 있다.

알츠하이머 병을 악화하는 핵심 병리 단백질인 아밀로이드 베타는 신경세포 밖에 있는 단백질, 타우는 신경세포 안에 있는 단백질이라고 알고 있었다. 그런데 미국 세인트루이스 워싱턴 대학교 랜달 베이트만(Randall J. Bateman) 연구팀에 따르면 타우 단백질이 능동적으로 뉴런 밖으로 나오는 메커니즘이 있다. 베이트만 연구팀은 2018년 『뉴런(Neuron)』에 타우 단백질의 움직임을 추적한 결과를 발표했다(doi: 10.1016/j.neuron.2018.02.015).

연구팀은 여러 형태(isoforms, fragments)의 타우의 역동성(kinetics)을 오랫동안 추적하기 위해 개발한 '$^{13}C_6$-leucine 방사선 동위원소 이용 안정적 역학적 동위원소지법(stable isotope labeling kinetics, SILK)'과 '타우 동형 단백질(isoform)을 구별하기 위해 물질의 화학적 조성을 분석하는 질량분석법(mass spectrometry)'을 사용했다. 타우 표지를 위한 추적자로는 $^{13}C_6$-leucine를 이용했고, 시간에 따른 타우 동형 단백질 양과 위치 변화를 살펴봤다. 연구진은 뇌척수액, 환자에게 얻은 역분화 줄기세포(induced pluripotent stem cells, iPSC)에서 유래한 뉴런만 타우의 움직임을 관찰했다. 지금까지는 죽어가는 뉴런만 타우를 방출한다고 생각했다. 그런데 역분화 줄기세포를 이용해 연구를 해보니, 병기 진행과 연관된 타우가 능동적으로 배출되고 조절되고 있었다. 대부분의 타우 단백질은 반감기가 비슷했지만, 병리 증상에 관여하는 4R(four-repeat) 타우 동형 단백질과 인산화 타우는 반감기가 빨랐다. 연구진은 아밀로이드 베타 단백질 플라크가 있고, 경증 알츠하이머 병 증상을 보이는 24명을 대상으로 타우 단백질을 관찰했다. PET로 아밀로이드 플라크가 쌓인 정도도 확인했다. 알츠하이머 병 환자에게서 아밀로이드 베타 단백질 플라크가 축적된 경우 4R 인산화 타우가 만들어지는 속도가 더 빨랐다. 타우 단백질 반감기가 아니라 타우 단백질의 생산 속도(production rate)가 아밀로이드 베타 단백질 플라크가 쌓이는 것과 관계 있었다.

스펙테이터

퇴행성 뇌질환 바이오마커와 관련해서는 디날리테라퓨틱스의 사례를 살펴보는 것으로 스펙테이터를 대신하자. 디날리테라퓨틱스는 리소좀(lysosome)과 신경염증을 타깃하는 저분자 화합물을 찾고 있다. 리소좀은 파킨슨 병, 신경염증은 알츠하이머 병과 근위축성 측삭경화증과 관계가 있다. 디날리테라퓨틱스는 전체 알츠하이머 병 환자 가운데 30~50%가 신경염증으로 발병한다고 본다.

    리소좀은 세포 안에 있는 재활용 분리수거장이다. 세포에서 필요 없어진 물질은 리소좀 안에서 분해되거나 다시 나와 재사

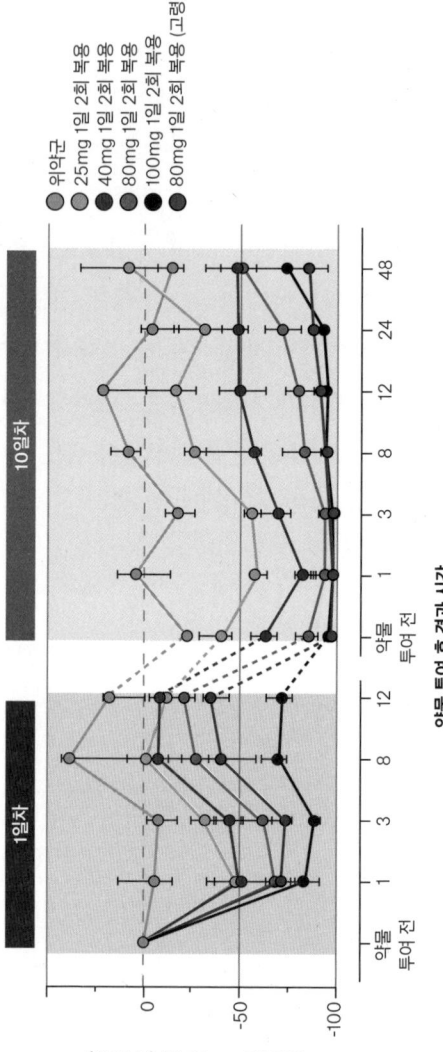

[그림 4.4] 임상시험에서 건강한 성인 피험자에게 DNL201을 투여하고 1일, 10일 시점에서 시간 단위로 혈액에서 LRRK2^{pS935}를 억제하는 효능 평가.

출처: 2018.12. 디날리테라퓨틱스 R&D Day 발표 자료. https://denalitherapeutics.com/investors/events

용된다. 뇌 신경세포에 있는 리소좀도 같은 일을 한다. 뇌 신경세포에서 필요 없어진 단백질과 지질 등을 분해한다. 그런데 뇌 신경세포 리소좀에 문제가 생기면 제때 처리하지 못해 쌓인 쓰레기에서 독성이 나온다. 이렇게 뇌 신경세포 안에 있는 리소좀 기능에 이상이 생겨 발생하는 리소좀 축적 질환(lysosomal storage disease, LSD)이 파킨슨 병 등 퇴행성 뇌질환을 일으킨다고 보는 주장이 주목받는다. 퇴행성 뇌질환 환자의 뇌에서도 이상 단백질이 쌓이고 뇌 전체로 퍼지는 현상이 관찰되기 때문이다.

리소좀 기능 이상을 유발하는 돌연변이 유전자가 발현하는 단백질로는 고류신 반복 키나아제 2(leucine-rich repeat kinase 2, LRRK2), 알파시누클레인, IDS(iduronate 2-sulfatase) 등의 리소좀 효소와, 분해 효소인 글루코세레브로시다아제(glucocerebrosidase, GBA) 등이 있다.

LRRK2 효소는 여러 종류의 Rab 단백질을 인산화해, 세포 내 리소좀 이동(trafficking)을 조절한다. 파킨슨 병 환자에게는 LRRK2 유전자 변이가 자주 나타난다. LRRK2가 돌연변이를 일으키면 LRRK2 효소가 비정상적으로 과활성되고 Rab도 과인산화된다. 과도한 인산화로 세포 안에서 Rab의 위치(localization)가 바뀌면, 리소좀이 정상적으로 성숙(maturation)하지 못한다. 리소좀이 제 기능을 못하면, 세포 안 쓰레기가 정상적으로 제거되지도 분해되지도 못하고, 병리 단백질인 알파시누클레인을 포함한 단백질 덩어리가 쌓인다. 이렇게 쌓인 단백질 덩어리가, 파킨슨 병 환자 뇌에 있는 뉴런에서 발견되는 루이소체(lewy body)다.

디날리테라퓨틱스의 DNL201은 LRRK2 억제제 후보물질이다. 디날리테라퓨틱스는 DNL201이 과도하게 활성화된 LRRK2를 억제해 효과를 나타내는지 평가하고 있다. 바이오마커는 pRab10이다. LRRK2가 과인산화되면 여러 종류의 Rab 단백질을 인산화시키는데, 그 가운데 가장 두드러지는 것이 Rab10 인산화(pRab10)다. DNL201 투여 농도에 비례해 LRRK2의 Rab10 인산화가 줄어드는 것을 확인했다. DNL201을 투여함에 따라 리소좀의 기능이 회복되는지 확인하기 위해 가장 흔한 유전자 변이 타입인 *LRRK2* G2019S가 발현된 쥐의 세포주에 DNL201을 처리해보았다. 투여량이 늘어남에 따라 리소좀이 복구되었다. 디날리테라퓨틱스는 임상시험에서 LRRK2의 인산화 활성을 반영하는 pS935, pRab10을 측정법으로 만들었다. LRRK2가 인산화되면, S935 사이트에 인산화가 일어난다. 때문에 pS935는 LRRK2 인산화를 측정하는 지표로 이용된다. 원숭이에게 DNL201 투여 농도에 비례해 뇌척수액, 말초혈액(peripheral blood mononuclear cell, PBMC) 안에서 pS935의 발현이 비슷하게 달라지는 것도 확인했다.

　2019년 현재 디날리테라퓨틱스는 정상인을 대상으로 임상1상을 진행하고 있다. DNL201이 뇌에 주는 영향을 평가하기 위해 정상인의 말초혈액에서 pS935와 pRab10을, 뇌척수액에서는 리소좀을 바이오마커로 사용한다. 이전 연구에서는 파킨슨 병 환자에게서 LRRK2 활성이 2배 이상 증가했던 자료를 기준으로 정했다. 정상인에게 DNL201을 투여하자 LRRK2 인산화 활성이 평균 50% 정도 저해되는 것을 확인했다. LRRK2 저해 약물은 보통 폐,

신장 등에 부작용을 일으키는 경향이 있는 물질이었음에도, 디날리테라퓨틱스의 DNL201 임상1상에서는 안전성을 확인했다.

디날리테라퓨틱스는 임상시험 환자를 선정하는 데도 바이오마커를 사용한다. LRRK2 유전자에 점 돌연변이(G2019S, R1441C, R1441G, I2020T, Y1699C)가 있는 파킨슨 병 환자를 고르는 것이다. LRRK2 변이는 가족성 파킨슨 병에서 흔한 질병 유발 유전자다. 미국을 기준으로 약 100만 명의 파킨슨 병 환자 가운데 LRRK2 변이를 가진 환자의 비율은 2~3% 정도에 이를 것으로 추정한다. 디날리테라퓨틱스는 먼저 LRRK2 변이가 있는 환자에게 약물 효능을 검증하고 대상 환자를 점차 넓혀갈 계획이었다. 알파시누클레인이 변이를 일으켜 응집하거나 GBA의 기능이 상실되는 파킨슨 병 등에서는 리소좀이 망가진다. 이때는 GBA, 알파시누클레인 변이가 바이오마커다. 이 바이오마커들로 적응증을 늘려갈 수 있다는 것이었다.

그런데 2018년 피츠버그 대학 의대의 티모시 그린아미르(J. Timothy Greenamyre) 연구팀은, 변이가 없는 정상 LRRK2도 파킨슨 병을 일으킬 수 있다는 내용을『사이언스 트랜스래셔널 메디슨(Science Translational Medicine)』에 게재했다. 사망한 파킨슨 병 환자의 뇌를 검사해보니, 뇌 흑질 부위에 도파민 뉴런의 LRRK2 활성이 높아져 있었다. 그리고 알파시누클레인이 과도하게 발현하거나 미토콘드리아 기능이 망가진 파킨슨 병 쥐 모델에서 뇌 흑질 부위에 도파민 뉴런의 LRRK2 활성이 높아져 있었다. 그리고 이는 LRRK2 저해제로 활성을 낮출 수 있었다.

디날리테라퓨틱스는 이 연구 결과를 반영해 LRRK2 변이 유무와 상관없이, 흔한 타입의 특발성 파킨슨 병(idiopathic parkinson's disease, IPD) 환자를 대상으로 LRRK2 저해제 DNL201의 임상 1b상도 진행하고 있다. 디날리테라퓨틱스는 LRRK2 저해제가 여러 타입의 파킨슨 병 환자에게 치료 효능을 나타낼 것으로 기대한다.

디날리테라퓨틱스는 후기 임상부터는 환자군을 나눠 임상을 진행할 계획이다. 바이오마커로 동반진단 키트를 쓰는데, *LRRK2* 변이를 가진 파킨슨 병 환자, 특발성 파킨슨 병 환자를 대상으로 한다. 임상충족점으로는 파킨슨 병 평가 지표인 MDS-UPDRS을 측정하는 임상 2/3상을 진행한다. 동시에 *LRRK2* 변이를 가진 파킨슨 병 환자의 도파민 세포 변화를 측정하는 DAT(dopamine transporter)/VMAT(vesicular monoamine transporter) 이미징을 임상충족점으로 하는 임상2상도 진행한다. 약물 승인을 받기 위해, 기존에 쓰던 평가 지표와 바이오마커도 각각 평가한다.

디날리테라퓨틱스는 약력학적 평가(pharmacodynamics, PD) 마커도 추가로 개발했다. 리소좀 기능 이상을 알 수 있는 'BMP di22:6'이다. BMP di22:6는 리소좀 막에 풍부한 리소좀 지질(lysosomal lipid)이다. BMP는 리소좀 안에 있는 후기 소포체에 쌓여 있다가 세포막으로 분비된다. 리소좀 기능이 망가지면 BMP가 증가한다. 그런데 동물모델에서 LRRK2를 저해하면 소변(urine)에 있는 BMP 수치가 줄어든다고 알려져 있다. 디날리테라퓨틱스는 건강한 피험자를 대상으로 한 임상1상에서 약물을 매일 10일 동안 투여했다. 임상시험 결과 뇌척수액 안의 BMP di22:6가 투여받는 약물 농도에 비례해(dose-dependent response) 줄어드는 것을 확인했다. 실제 피험자에게서 LRRK2 저해제를 투여해 BMP di22:6 변화를 본 첫 임상 결과다. 임상1상에서는 또한 LRRK2 저해제를 투여하자 혈액 안의 인산화 형태인 pS935-LRRK2, Rab10 수치가 줄어들었다. 디날리테라퓨틱스는 임상 1b상에서 약물 효능을 평가하는 PD마커로 세 가지 지표를 계속 사용할 계획이다.

참고로 디날리테라퓨틱스는 GE헬스케어가 개발한 DaTscan™(성분명: ioflupane)을 투여해 파킨슨 병 환자에게 나타나는 도파민 뉴런 결핍을 측정하는 마커도 확보 중이다. DaTsacn™은 SPECT(single-photon emission computed tomography)로 DAT 추적자를 이용해 파킨슨 병 환자 뇌의 망가진 흑질에서 도파민 뉴런이 망가진 정도를 측정할 수 있다. 이 방법이 완성되면 DNL201이 도파민 뉴런에 주는 영향을 모니터링할 수 있다.

양전자 방출 단층 촬영

Positron Emission Tomography, PET

기성품 PET 추적자(tracer)를 잘 쓰는 정도로는 곤란하다.
신약 후보물질의 효과를 확인하는
별도의 PET 추적자를 개발하는 수준이어야 한다.

탄생

양전자 방출 단층 촬영(positron emission tomography, PET)은 양전자를 방출하는 방사성 의약품을 투여해, 몸속에서 일어나는 특정 생리·화학적 현상을 측정하는 검사법이다. 예를 들어 자연계에 있는 플루오린(F, 불소)은 ^{19}F 한 종류다. 이 플루오린을 입자 가속기인 사이클로트론(cyclotron)에 넣고 처리하면 반감기가 110분 정도인 방사성 동위원소인 ^{18}F로 만들 수 있다. ^{18}F를 다시 포도당과 반응시키면 양전자를 방출하는 방사성 의약품인 ^{18}F-FDG(flourodeoxyglucose)가 된다.

^{18}F-FDG를 환자에게 정맥주사로 투여하면, 다른 곳보다 포도당 사용이 많은 암세포나 뇌세포에 많이 모이게 된다. 그리고 해당 부위에서 양전자가 감마선을 방출한다. 이때 PET 스캐너는 방출되는 감마선 방사성 신호를 찾아 이미지로 구현한다. 이 이미지로 암과 뇌가 현재 어떤 상태인지 확인할 수 있다. 엑스레이나 자기공명영상(magnetic resonance imaging, MRI)이 환자 몸속 내부 단면의 해부학적 구조를 확인하는 도구라면, PET는 몸속 각 부위의 기능 상태와 질환의 분포 등을 확인할 수 있다.

PET에서 중요한 것은 ^{18}F-FDG와 같은 추적자(tracer)다. 어떤 부위와 질환을 이미지로 만들 것이냐에 따라 추적자를 다르게 만들어야 한다. ^{18}F-FDG는 포도당과 비슷한 구조이기 때문에 암 조직이 당을 사용하는 것의 미세한 변화를 잡아내듯이, 알츠하이머 병과 관련해서는 뇌에 쌓이는 아밀로이드 베타 단백질 플라크의 베타 시트(β-sheet)에 결합해 영상 이미지를 만든다.

PET 검사의 목적에 따라 특정 타깃을 겨냥한 추적자를 주입한다. 추적자에 따라 포도당 대사, 아미노산 대사, 지질 대사, 골 대사나 혹은 질병을 대변하는 인자에 결합하는 등의 접근법으로 진단에 이용할 수 있다. 가장 많이 이용하는 포도당 유사체인 FDG-PET는 암 조직에서 당 섭취가 늘어나는 미세한 변화를 측정해 암을 조기에 진단할 수 있다.

PET 장비가 처음 개발된 것은 1975년이지만, 퇴행성 뇌질환 진단에 시용된 것은 1990년대 중반부터다. 처음에는 파킨슨병 진단에 쓰였고, 뇌 대사 결핍을 보기 위한 FDG-PET를 알츠하이머 병 진단에 사용되기 시작한 것은 2000년대 초부터다. 그리고 2004년, 첫 번째 아밀로이드 베타 단백질 PET 추적자인 피츠버그 화합물 B(Pittsburgh compound B, PiB)가 개발되었다(doi: 10.1002/ana.20009).

PiB는 세 개의 연구팀이 함께 이뤄낸 결과물이었다. 피츠버그 대학 노인정신과 의사 윌리엄 클런크(William E. Klunk)와 방사화학(radiochemistry)자 체스터 매티스(Chester A. Mathis) 연구팀은 PiB를 공동 개발했다. 공동 연구팀은 아밀로이드 베타 단백질 플라크에 결합하는 물질에 방사선 동위원소 ^{11}C를 붙였다. 이 화합물은 임상시험을 위해 스웨덴 웁살라 대학으로 보내졌는데, 피츠버그 대학 연구진이 웁살라 대학으로 보낸 두 번째 화합물이었기에 '피츠버그 화합물 B'라는 이름이 붙었다.

연구진은 경증(mild) 알츠하이머 병 환자 16명과 정상인 9명의 뇌를 PET로 찍었다. 임상시험에 참여한 대상자들이 사망한 후 뇌 조직을 살펴본 결과, 경증 알츠하이머 병 환자의 대뇌 피질에 아밀로이드 베타 단백질 플라크가 쌓인 정도가 대조군보다

1.94배 높았다. 두정엽, 측두엽, 후두엽에서도 약 1.5배에서 1.7배가 넘는 아밀로이드 베타 단백질 플라크가 쌓여 있었다. 한편 아밀로이드 베타 단백질 플라크가 쌓이지 않는다고 알려진 소뇌 등 다른 뇌 부위에서는 아밀로이드 베타 단백질 플라크의 양이 같았다.

^{11}C-PiB PET가 개발되고 아밀로이드 베타 단백질 플라크, 뇌척수액(cerebrospinal fluid, CSF) 안의 Aβ42, 타우 단백질, 환자의 인지손상 사이의 연관성을 밝히는 논문의 발표가 이어졌다. ^{11}C-PiB로 알츠하이머 병을 조기에 진단할 수 있을 것이라는 기대가 생겼지만, 상업화로 이어지지는 못했다. ^{11}C는 반감기가 20분 정도로 짧았기 때문이다.

아밀로이드 베타 PET 추적자로 많이 쓰이는 ^{18}F는 반감기가 110분 정도다. 약물이 흡수·제거되는 특성에 따라 1시간~1시간 반 정도 PET 촬영이 진행된다. 암 진단에 주로 쓰이는 ^{18}F-FDG가 암 진단에 활용되는 이유도 반감기가 4시간 정도로 길다는 데 있다. 보통 탄소는 화합물 구조에 포함되어 있어 기존의 탄소(^{12}C)를 ^{11}C로 바꿔주는 방식으로 방사성 의약품을 만들면 활용도가 높을 것이다. 그러나 플로오르(F, 불소)는 드문 물질이다. 적당한 위치를 잘 찾아서 ^{18}F를 붙여야 하며, 원래 화합물이 가지는 성질이 달라지기도 한다. GE헬스케어는 반감기가 20분으로 짧았던 ^{11}C를 반감기가 90분으로 늘린 ^{18}F로 바꿔 ^{18}F-PiB를 개발했다.

대부분 알츠하이머 병 치료제 임상시험에서는 PET를 이용해 후보물질이 아밀로이드 베타 단백질을 어떻게 줄였는지 확인한다. 비록 아밀로이드 베타 단백질이 알츠하이머 병의 원인인지

SUV, SUVR

핵의학과 전문의나 방사선과 전문의는 PET 이미지를 보고 아밀로이드 베타 단백질 플라크가 쌓인 정도를 확인한다. SUV(standardized uptake value)는 사진에 찍힌 이미지의 세기(concentration)를 주입한 방사성 물질 농도로 나눈 값이다. SUVR(standardized uptake value ratio)은 보고자 하는 부위의 SUV값을 소뇌처럼 기준이 될 수 있는(레퍼런스) 부위의 SUV값으로 나눈 것이다.

이미지를 보고 뇌의 각 부위에 따라 아밀로이드 베타 단백질 플라크의 양성과 음성을 판별하는 기준은 다르다. 또한 같은 아밀로이드 PET 추적자라고 하더라도 반감기, 투여량, 아밀로이드 베타 단백질 플라크와의 결합력, 대사 속도 등이 다르기 때문에 기준도 다르다. 또한 PET 추적자별로 투여 후 촬영까지 걸리는 시간이 다르기 때문에 이 역시 반영해야 한다.

[표 5.1] 2016년 기준 아밀로이드 PET 추적자 특성 비교.
출처: Lucas Porcello Schilling, *et al.*, A FISIOPATOLOGIA DA DOENÇA DE ALZHEIMER ATRAVÉS DO PET, *Dementia & Neuropsychologia*, p.81. 2016.06.

	[^{11}C] PIB	[^{18}F] 플루테메타몰	[^{18}F] 플로베타피르	[^{18}F] 플로베타벤	[^{18}F] NAV4694
	연구용	비자밀™	아미비드™	뉴라첵™	임상3상
개발명	-	GE-067	-	BAY-94-9172, AV-1	[^{18}F]AZD4694
모분자 (parent molecule)	벤조티아졸	벤조티아졸	스티릴피리딘	스틸벤	벤조티아졸
아밀로이드 결합력 (Ki, nM)	0.9	0.7	2.2	2.4	0.7
혈장 대사 산물	극성	극성	극성, 비극성	극성, 비극성	극성
주입량 (MBq)	250-450	250-450	300	300	300
촬영 시점 (분)	40-90	90-110	50-70	90-130	50-60

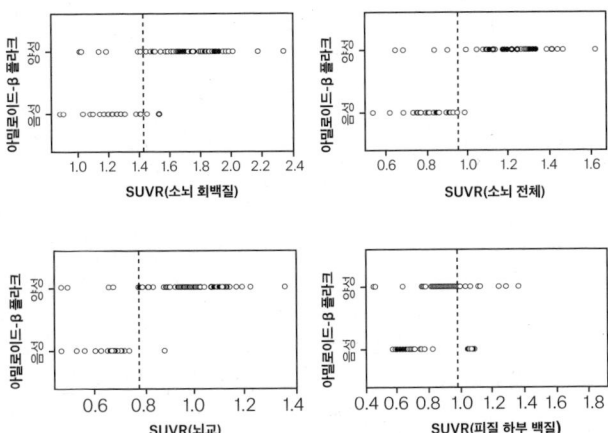

[그림 5.1] 뉴라첵™(NeuraCeq™, 성분명: ^{18}F-florbetaben)으로 뇌 각 부위의 아밀로이드 베타 단백질을 촬영했을 때 음성/양성을 나누는 SUVR 기준이 다르다. 각 부위는 소뇌 회백질(cerebellar gray matter, GCER), 소뇌 전체(whole cerebellum, WCER), 뇌교(PONS), 피질 하부 백질(subcortical white matter, SWM)

출처: Bullich S, et al., Optimized classification of 18F-Florbetaben PET scans as positive and negative using an SUVR quantitative approach and comparison to visual assessment, *Neuroimage: Clinical*, p.328, 2017.03.

증상인지도 밝혀내지 못했지만, 알츠하이머 병 환자의 뇌에는 아 밀로이드 베타가 있고 병을 악화시킨다는 점은 확실하다. 아밀로 이드 베타 단백질 말고도 뇌 신경세포의 구조적 형태를 잡아주는 기능을 잃고 쌓이는 병리 타우, 파킨슨 병과 관계 있는 것으로 추 정하는 알파시누클레인(α-synuclein) 등의 단백질을 PET 이미지 로 확인하는 방법도 연구 중이다. 그러나 방사성 동위원소를 만 들 수 있는 사이클로트론은 100억 원대에 이르는 비싼 장비다. 사이클로트론으로 PET 추적자, 즉 ^{18}F와 같은 물질을 만드는 데 원료로 들어가는 ^{18}O와 같은 원료 물질도 비싸다. 관리나 유지 비 용 등도 만만치 않다.

적용. 아두카누맙

바이오젠(Biogen)의 아두카누맙(aducanumab)은 아밀로이드 베 타 단백질을 타깃해 없애는 항체다. 그리고 아두카누맙의 효과 를 구체적으로 확인해준 것은 PET 촬영 이미지였다. 바이오젠 은 임상시험에서 아밀로이드 베타 단백질 PET 추적자로 아미비 드™(AMYViD™, 성분명: ^{18}F-florbetapir)를 이용했다. 바이오젠이 2018년 CTAD(Clinical Trials on Alzheimer's Disease)에서 발표한 내용에 따르면, 경증이나 중등도 단계 알츠하이머 병 환자 141명 에게 최대 4년(222주) 동안 아두카누맙을 투여했다. 141명은 처 음 임상을 시작했던 참여자 수였는데, 원래 계획했던 임상시험 기간인 52주까지는 대부분의 참여자가 임상시험에 남아 있었다. 부작용, 사망 등의 이유와 참여자가 임상시험을 중단하기를 희망 한 경우가 있었고, 4년까지 투여를 마친 참여자는 49명이었다.

첫 투약 후 222주가 지나 참여자의 뇌를 PET로 촬영했을 때, 아밀로이드 베타 단백질 플라크는 고용량(6mg/kg[10명], 10mg/kg[7명]) 투여군에서 약 75센틸로이드(centiloid) 줄어들었다. 또 다른 분석 값인 PET SUVR 지표에서 6mg/kg과 10mg/kg을 투여한 참여자의 뇌에서 아밀로이드 베타 플라크는 1.10 아래로 내려갔다. 아밀로이드 베타 단백질 플라크 양성과 음성을 구분하는 SUVR 기준점은 1.10이다. 기준점 1.10은 일라이 릴리(Eli Lilly)에 인수된 아비드 라디오파마슈티컬스(Avid Radiopharmaceuticals)의 연구진이 2015년에 발표한 것이다. 연구팀은 플로베타피르를 이용해 알츠하이머 병과 관련된 여섯 곳의 피질 영역에서 PET를 찍었다. 이를 바탕으로 아밀로이드 베타 단백질 음성과 양성을 판별할 수 있는 SUVR 기준점을 찾았다(doi: 10.2967/jnumed.114.153494).

아두카누맙을 투여하고 PET로 확인하는 임상시험에서, 인지손상을 나타내는 지표인 치매임상평가척도 박스 총점(clinical dementia rating scale sum of boxes scores, CDR-SB)과 간이정신상태검사(mini-mental state examination, MMSE)의 변화는 10mg/kg 투여군이 가장 컸지만 통계적으로 유의미한 정도는 아니었다. 52주차까지 10mg/kg 투여군에서는 차이가 있었지만, 이후에는 임상시험 참여자가 중도 탈락해 유의미한 통계값을 얻지는 못했다(임상1b상 연장 코호트). 이후 임상3상이 실패하면서 '아밀로이드 베타 단백질이 인지손상이라는 증상을 치료하는 타깃이 아니다', '더 초기 환자군을 타깃해야 한다', '좀더 많은 참여자를 대상으로 임상시험을 해야 한다'는 등의 의견이 나왔다. 다만 결론을 내기에는 데이터와 기간과 시도가 부족하다.

PET 추적자

PET 추적자는 치료 약물과는 다르다. 둘 다 환자에게 투여해 타깃에 결합한다. 그래서 PET 추적자도 임상시험에서 독성, 약리성, 안전성, 분해 경로 등을 평가받는다. 단 PET 추적자는 바이오마커 촬영용이기 때문에 환자 몸 안에서 약리적인 효과를 나타내면 안 된다. 약리적인 효과는 투여하는 양과도 관계가 있으므로 nM이나 pM 단위의 소량으로 투여한다. 한편 치료 약물은 몸 안에 들어가 효과를 나타낼 수 있는 농도에 도달해야 한다. 따라서 최대 약물노출 농도(Cmax)를 평가하고 약물 반감기에 따라 여러 차례 투여하기도 하지만, PET 추적자는 검사용으로 1회 투여한다.

2012년, FDA는 알츠하이머 병 진단에 아밀로이드 베타 단백질 PET를 진단 바이오마커로 승인했다. 처음으로 FDA 승인을 받은 아밀로이드 베타 단백질 PET인 플로베타피르가 알츠하이머 병 환자를 구별하는 민감도(sensitivity)는 92%(69~95), 특이성(specificty)은 95%(90~100)였다. 2019년 현재, 일라이릴리의 아미비드™, GE헬스케어의 비자밀™(VIZAMIL™, 성분명: ^{18}F-flutemetamol), 피라말 이미징(Piramal Imaging)의 뉴라첵™(NeuraCeq™, 성분명: ^{18}F-florbetaben)이 FDA와 EMA에서 승인을 받아 아밀로이드 베타 진단용 PET 추적자로 사용되고 있다. 2018년 기준, 알츠하이머 병 환자 대상 임상3상, 경도인지장애 환자 대상 임상2b상을 진행하고 있는 아스트라제네카(AstraZeneca)(원개발사: Navidea Biopharmaceuticals)의 ^{18}F-AZD4694(원

개발사 물질명: ^{18}F-NAV4694)도 있다(AD: NCT01886820, MCI: NCT01812213).

^{18}F-AZD4694는 현재 시판된 약물과 비교해 알츠하이머 병 환자 뇌 피질(cortical)에 있는 아밀로이드 베타 단백질 플라크에 결합력이 높고, 뇌 백질에 비특이적으로 결합하지 않는다. 따라서 뇌 피질에 아밀로이드 베타 단백질 플라크가 조금만 쌓인 경우도 정확하게 판독할 수 있다. 임상시험에 성공한다면 초기 알츠하이머 병 환자를 찾는 데 도움이 될 것이다(doi: 10.1016/j.cpet.2009.12.008; doi: 10.2967/jnumed.112.114785).

한계

알츠하이머 병 환자에게 나타나는 증상과, 환자 뇌 속에 아밀로이드 베타 단백질이 쌓인 양 사이의 구체적인 연관 관계는 아직 정확하게 모른다. 알츠하이머 병 환자에게 인지손상 등의 증상이 나타나기 전에 이미 아밀로이드 베타 단백질은 뇌에 가득 쌓인다. 여기서 '가득'이라는 말은 비유적인 표현이 아니다. 인지손상 등의 증상이 나타나기 전에 아밀로이드 베타 단백질은 이미 너무 많이 쌓여 있다. 이를 그래프로 그려놓으면 마치 고원(高原) 지대가 만들어진 것과 같아, 아밀로이드 플래토(amyloid plateau)라 부른다. 알츠하이머 병에 걸리지 않은 사람도 나이가 들어감에 따라 아밀로이드 베타 단백질이 쌓인다. 인지손상이 없는 경우에도 70세가 되면 24%, 80세에는 35%, 90세에는 49%의 사람에게 아밀로이드 베타 단백질 축적 현상이 나타난다. (따라서 PET로 아밀로이드 베타 단백질이 쌓인 것을 찾는 기술뿐만 아니라 알츠하이머 병과의 연관성을 찾는 연구도 함께 진행되어야 한다.)

PET 추적자 기술은 아직 완벽하지 않아, 초기 환자를 찾는 문제도 풀어야 한다. 아밀로이드 베타 단백질과 결합하도록 설계된 PET 추적자는 응집된 플라크의 반복 구조인 베타 시트(β-sheet)에 잘 결합한다. 그런데 독성이 강한 아밀로이드 베타 올리고머 등에는 결합하지 않는다. 아밀로이드 베타 단백질 가운데 독성 플라크 재료가 되는 올리고머를 찍는 PET 기술이 개발된다면 좀더 빨리 알츠하이머 병 환자를 찾을 수 있을 것이다. 그러나 아직 컨셉 수준에 머물러 있다. 2019년 현재를 기준으로 아밀로이드 PET 추적자 기술로는 초기 알츠하이머 병 환자를 구별하지 못한다.

GE헬스케어 연구팀은 알츠하이머 병 환자 68명의 뇌를 플루테메타몰을 이용해 PET로 찍고, 환자가 사망한 다음 뇌 조직을 꺼내 탈 아밀로이드 단계(thal amyloid phase)를 기준으로 비교했다(doi: 10.1016/j.jalz.2015.05.018; doi: 10.1212/WNL.58.12.1791). 탈 아밀로이드 단계는 2000년, 벨기에 루뱅 대학의 디트마르 루돌프 탈(Dietmar R. Thal) 연구팀이 사망한 알츠하이머 병 환자의 뇌 조직에서 시간에 따라 아밀로이드 베타 단백질 플라크가 쌓이고 퍼져나가는 패턴을 연구해 5단계로 구분한 척도다. 아무것도 쌓이지 않았을 때를 0단계, 뇌 아래쪽인 소뇌와 뇌간까지 쌓였을 때를 5단계로 정했다.

플루테메타몰로 PET를 찍었을 때 초기 알츠하이머 병 환자의 뇌인 1단계, 2단계는 음성으로 나왔다. 3단계 환자도 67%가 음성으로 나왔다. 4단계 뇌는 뚜렷한 알츠하이머 병 증상이 보이는 단계이니, 플루테메타몰로는 초기 환자를 구분하기 어렵다는 뜻이다. PET 추적자로 많이 쓰이는 플로베타피르도 경도인지장애 환자의 50%만 잡아낸다(doi: 10.1001/archneurol.2011.150).

타우 PET

아밀로이드 베타 단백질을 PET로 촬영하는 것의 한계를 타우 PET로 넘으려는 시도가 진행되고 있다. 알츠하이머 병 환자의 뇌에 아밀로이드 베타 단백질 플라크가 쌓이고 인지손상이 악화된다. 그런데 아밀로이드 베타 단백질 플라크가 쌓인 부위와, 환자에게 일어나는 인지손상이 딱 맞아 떨어지지 않는다. 뇌는 각 부위에 따라 기억, 인지, 운동, 언어 등의 역할을 담당한다. 아밀로이드 베타 단백질 플라크는 인지손상이 시작되는 경도인지장애 단계에서는 이미 최대치로 쌓여 더 이상 증가하지 않으니, 어떤 부위에서 어떤 문제를 일으켜 어떤 뇌 기능 장애를 가져오는지 구분하기 어렵다.

아밀로이드 베타 단백질과 달리, 타우 단백질은 어디에 어떻게 쌓이는지와 인지손상 사이의 관계가 좀더 명확한 것으로 알려져 있다. 또한 신경이 망가지는 신경퇴행과도 좀더 밀접한 관계를 가지는 것으로 알려져 있다. 따라서 경도인지장애 단계 알츠하이머 병 환자에게 타우는 병이 악화된 정도를 보여주는 예후 바이오마커로 역할을 할 수 있다. 타우 PET에 대한 아이디어가 나오는 것은 자연스럽다.

알츠하이머 병 환자 뇌를 타우 PET로 찍었더니 브라크 단계(braak staging)에 따라 신경엉킴(neurofibrillary tangle)이 뇌로 퍼져 나가는 것을 확인했다. 2010년대 중반부터 발표되기 시작한 연구 결과에 따르면, 타우 단백질이 쌓인 곳, 쌓인 정도, 퍼진 범위로 알츠하이머 병의 진행을 예측할 가능성도 기대하게 한다. 2016년 세브란스 병원 신경과 류철형 연구팀은 1세대 타우 PET 추적자인 ^{18}F-AV-1451로 알츠하이머 병 환자의 뇌를 찍어 병리 타우 단백질이 브라크 단계와 유사한 패턴으로 퍼지며, 인지손상과 연관성을 가지는 것을 밝혔다(doi: 10.1002/ana.24711). 2018년 2세대 타우 PET 추적자인 ^{18}F-MK-6240를 이용한 연구에서도 알츠하이머 병 환자의 뇌에서 타우가 브라크 단계에 따라 퍼진다는 결과가 나왔다(doi: 10.2967/jnumed.118.209650). 뇌 상태에 따라 예외적인 사례가 있었지만 특정 뇌 부위에 집중, 몇 개 뇌 부위의 패턴, 정확성이 높은 PET 추적자 개발 등으로 타우 PET를 이용한 병기 진행 측정 방법이 시도되고 있다.

이론적으로 타우 PET는 알츠하이머 병 말고도 타우 단백질로 인한 질환을 찾을 수도 있다. 타우 단백질을 PET로 찍으면 안구 운동 마비, 안면 강직, 목에서 이어지는 체간 경직 등을 보이는 진행성 핵상 마비(progressive supranuclear palsy, PSP)를 구분해 찾아낼 수 있다. 또한 60세 전후로 손과 발의 운동 장애, 인식 장애 등이 보이는 피질 기저핵 변성(corticobasal degeneration, CBD), 성격 변화와 함께 돌발행동, 실어증, 건망증 등이 보이는 픽 병(Pick's disease) 등 퇴행성 뇌질환도 구분해 찾아낼 수 있다. 이 질환들은 타우 단백질 이상으로 생겨 타우 병리 질환으로 분류하는데, 시누클레인 병증(synucleinopathies)과 함께 나타나는 경우가 많다. 이는 타우 단백질과 시누클레인 단백질이 서로 영향을 주면서 세포 기능을 망가뜨리고, 병리 단백질의 응집되고 쌓이는 것을 촉진하기 때문일 것으로 본다(doi: 10.1016/j.semcdb.2018.05.005).

    타우 PET 추적자가 알츠하이머 병 환자를 대상으로 임상시험에 사용된 것은 2013년부터다. 다른 퇴행성 뇌질환 분야도 마찬가지지만, 타우 PET 연구도 아직 초기 단계다(doi: 10.1038/nrneurol.2013.216). 연구가 더 진행되어야 하고 기술적 한계점이 있지만, 타우 PET가 알츠하이머 병 환자에게서 일어나는 인지손상을 예측하는 바이오마커로서의 가능성은 인정받았다. 미국 NIA-AA(National Institute on Aging and Alzheimer's Association)가 2018년에 발표한 알츠하이머 병 진단 기준에 타우 단백질 PET가 포함되었다. 2011년에 NIA-AA는 알츠하이머 병 진단 기준으로 아밀로이드 베타 단백질 플라크와 신경퇴행(FDG-PET, MRI로 평가)을 제시했다. 타우는 뇌척수액 안의 인산화 타우(phosphorylation Tau, p-Tau)로 평가했다. 그런데 뇌척수액 안의 인산화 타우는 일정 수준 이상으로 높아지지 않는다. 즉 알츠하이머 병이 악화된 것을 정확히 반영하지 못한다. 반면 타우는 알츠하이머 병이 악화되면서 계속 쌓인다. 이미 학계에서는 알츠하이머 병 환자 대상 바이오마커 연구에 아밀로이드 PET과 타우 PET 검사를 함께 한다. ADNI(Alzheimer's Disease Neuroimaging Initiative)에서도 2016년부터 타우 PET를 알츠하이머 병 바이오마커로 활용하는 연구가 추가되었다(ADNI-3). 2021년까지 결과를 내는 것이 목표다.

타우 PET 추적자의 조건

아밀로이드 PET 추적자는 아밀로이드 베타 단백질 플라크의 베타 시트 반복 도메인에 결합하는데, 타우 PET 추적자는 긴 두 줄이 꼬인 형태의 불용성 섬유(paired helical filaments, PHF)에 결합한다. PHF가 모여 응집되면 알츠하이머 병의 주요 병변인 신경엉킴(neurofibrillary tangle)을 만든다. 1세대 타우 PET 추적자로는 AV-1451(^{18}F-T807, ^{18}F-flortaucipir), 도호쿠 의과대학 약리학과 연구팀이 개발해 GE헬스케어에 기술이전한 ^{18}F-THK5351과 ^{11}C-PBB3 등이 있다. 이 가운데 AV-1451은 PET 추적자 민감도와 특이성이 높고 오프 타깃(off-target) 결합은 낮다(doi: 10.1007/s00259-017-3876-0). AV-1451는 ADNI-3에 포함되었고 2021년 말까지 인지 정상(cognitive normal)/경도인지장애/알츠하이머 병인 550명을 대상으로 임상시험에 들어갈 예정이다.

타우 단백질에 결합하는 PET 추적자는 응집돼 타우 병리 증상을 일으키는, PHF에는 붙으면서 아밀로이드 베타 단백질 플라크와 뇌에 있는 도파민, 세로토닌, 노르에피네프린 등 모노아민을 분해하는 효소인 MAO-A, 주로 도파민을 분해하는 효소인 MAO-B 등 다른 타깃에는 결합하지 않아야(off-target) 된다.

1세대 타우 PET

1세대 타우 PET 추적자의 한계는 오프 타깃 문제다. GE헬스케어의 ^{18}F-THK5351은 도파민을 분해하는 효소인 MAO-B에 결합하기도 한다. 그런데 성상교세포(astrocyte)는 MAO-B를 많이 발현한다. AV-1451는 전임상에서 쥐의 MAO-A에 비특이적으로 결합하는 문제가 있었지만, 사람의 MAO-A에는 결합력이 낮았다. AV-1451은 알츠하이머 병 환자 뇌에서 타우를 찾아낼 수 있지만, 타우 병리 질환에는 진단용으로 사용할 수 없다. AV-1451이 특정 병리 타우에만 결합하기 때문이다. 비특이적 결합이 문제가 되는 경우는 또 있는데, 알츠하이머 병과 관계없는 맥락막망(choroid plexus)이나 흑질에 결합할 때다. 특히 맥락막망에 타우 PET 추적자가 비특이적으로 결합하기도 하는데, 알츠하이머 병 환자의 뇌에서 특징적으로 손상된 뇌 부위인 해마(hippocampus) 등 중앙 측두엽(medial temporal lobe)이 가까이 있어 진단 정확성이 떨어진다. 그밖에 뇌에서 여러 생물학적 역할을 수행하는 칼슘, 철, 멜라닌, 혈관 등에도 결합하는 문제가 있다.

타우는 여섯 가지 동형 단백질(isoform)이 있다. 미세소관 결합 타우 단백질(microtubule associated protein tau, MAPT) 발현에 관계된 MAPT 유전자의 선택적 이어 맞추기(alternative mRNA splicing) 차이 때문이다. 이는 DNA가 mRNA 사본을 복사할 때 불필요한 부분을 선택적으로 제거하는 과정이다. 타우에 엑손(exon10)이 포함되거나 제외되면서, 타우 단백질이 미세소관에 결합하는 도메인이 네 번 반복(4 repeats, 4R)되거나 세 번 반복(3 repeats, 3R)된다. 질환에 따라 3R, 4R은 다르다.

예를 들어 알츠하이머 병은 3R과 4R이 1:1 비율로 섞여 있으며, 전두측두엽 치매(frontotemporal dementia, FTD)에서는 3R 동형 단백질이 더 많다. 피질 기저핵 변성, 진행성 핵상 마비, 은친화성 병변치매(argyrophilic grain disease, AGD) 환자에게는 4R이 주로 보인다. AV-1451이 알츠하이머 병 환자의 타우만 특이적

[표 5.2] 1세대와 2세대 타우 PET 추적자 개발 현황. MAO-A와 MAO-B가 분해하는 신경전달물질 종류 차이에 따라 MAO-A 저해제는 우울증 치료제로 MAO-B 저해제는 주로 파킨슨 병 치료제로 이용된다.
출처: Antoine Leuzy, et al., Tau PET imaging in neurodegenerative tauopathies-still a challenge, Molecular Psychiatry (published online), p.5, 2019.01.

		Ki/IC50	Kd	Bmax(nM)	on-target	off-target
1세대 타우 PET 추적자	PBB3	Ki1: 1.3; 5.9 Ki2: 23.5	Ki1: 2.5; Ki2: 100	Bmax1: 25; Bmax2: 300	NFTs, 신경섬유, 신경플라크; 픽 소체, PiD, PSP, CBD에서 타우 포함	고밀도 아밀로이드 플라크; 확산성 아밀로이드-β-침착, 성상세포성 플라크
	AV-1451	Ki1: 0.3; 3.3 Ki2: 97.2	Ki: 0.63-3.72; 15/14.6	15-119.7	PHFs 타우, 엉킴 전, 성숙 엉킴, 신경 초기 플라크 (제한적으로 존재)	고밀도 아밀로이드 플라크; 멜라닌 포함 구조, 리포푸신 포함 구조, 미네랄화 구조, MAO-A, MAO-B
	THK5117	Ki1: 0.001; 0.0005 Ki2: 10.5-27.4 Ki3: 750-800	Ki1: 2.2-3.1; Ki2: 23.6-34.6/ Kd: 5.19-11.5/5.2	Bmax1: 250 Bmax2: 1226-1416; 338	엉킴 전, PHF 타우, NFTs, 신경 플라크, 은친화성 병변치매, 은친화성 섬유, 구상엉킴	MAO-B
	THK5351	Ki1: 0.1 Ki2: 16	2.9 Ki1: 5.6; Ki2: 1	368; Bmax1: 76, Bmax2: 40	NFTs, 백질의 섬유 유사 구조, 성상세포 다발	MAO-B
2세대 타우 PET 추적자	MK-6240	Ki: 0.36	Ki: 0.14-0.38	7-93.4	NFTs	MAO-A, MAO-B에 오프 타깃 없음
	RO-948	IC50: 18.5		9.7	NFTs, 신경섬유	오프 타깃 발견되지 않음
	RO-1643	IC50: 10		5.5	NFTs, 신경섬유	오프 타깃 발견되지 않음

		Ki/IC50	Kd	Bmax(nM)	on-target	off-target
2세대 타우 PET 추적자	RO-4693	IC50: 5.5		5.9	NFTs, 신경섬유	오프 타깃 발견되지 않음
	PI-2620	IC50: 1.8			픽의 3R 타우, PSP의 4R	MAO-A, MAO-B에 오프 타깃 없음
	JNJ-311	Ki: 8			PHF 타우, 신경 플라크	
	JNJ-067		2.4		NFTs	MAO-A, MAO-B에 오프 타깃 없음
	GTP1		14.9±4.3			MAO-A, MAO-B에 오프 타깃 없음
	PM-PBB3		<10		AD, PSP에서 타우 응집	
	AM-PBB3		<10		AD, PSP에서 타우 응집	기저핵, 시상에서 오프 타깃 없음

으로 검출할 수 있는 이유도, 3R/4R PHF에는 강하게 결합하지만 3R, 4R PHF에는 약하게 결합하기 때문이다.

알츠하이머 병 환자 진단에만 이용하면 되지 않을까? 그러나 실제 인지손상을 보이는 환자가 병원에 찾아왔고, 의사가 진단을 내려야 하는 상황이라면 알츠하이머 병만 진단할 수 있는 타우 PET 추적자의 가치는 낮을 것이다. 예를 들어 1세대 타우 PET 추적자인 AV-1451는 알츠하이머 병이 아닌 환자에게서는 타우를 잡아내지 못한다. 뇌에 타우가 있더라도 알츠하이머 병에 걸린 게 아니라면 진단이 어려운 것이다. 반면 2세대 타우 PET 추적자인 PI-2620은 3R과 4R을 찾아낼 수 있다. 타우가 있는 위치, 분포 등이 다르니 알츠하이머 병 환자와 진행성 핵상 마비 환자를 구분할 수 있다.

타우 PET 추적자를 개발하는 입장에서는 알츠하이머 병 환자에게만 사용하는 제한적인 물건을 만들 필요는 없다. 환자 뇌에서 타우를 제거할 수 있다면 여러 타우 병증 치료제로 사용될 수 있을 것이다. 신약개발 임상시험에서 알츠하이머 병과 진행성 핵상 마비 환자에게 함께 신약을 투여하는 경우가 종종 있는데, 이때 타우 PET로 두 환자를 구분할 수 있다면 약물을 승인받는 데 유리할 것이다. 타우 PET 추적자 개발이 3R과 4R을 모두 잡는 방향으로 넘어가고 있는 이유다.

2세대 타우 PET 추적자는 오프 타깃 문제를 극복해야 한다. 우선 1세대 타우 PET 추적자가 결합하는 바람에 영상 판독에서 문제가 됐던 타깃에 결합력을 갖지 않는 구조여야 한다.

2세대 타우 PET 추적자는 병리 형태의 타우 단백질에 결합하지만, 좀더 후기 단계의 병리 타우를 타깃하기 위해 디자인한다. 1세대 타우 PET 추적자가 주로 PHF를 타깃한다면, 2세대 타우 PET 추적자는 신경엉킴과 응집된 타우 등을 타깃한다. 다만 아직까지 이들 타우 추적자를 모아, 여러 형태의 타우 병리 단백질과의 결합력을 측정한 자료는 없다. 타우 피브릴 종류, 응집된 타우의 종류, 뉴런이나 교세포(glia)에 있는 타우에 붙는지 등 타우 추적자의 특성을 밝히는 연구가 필요하다.

2세대 타우 PET 추적자 개발 경쟁은 치열하다. 머크(MSD)의 ^{18}F-MK-6240, 피라말 이미징의 ^{18}F-PI-2620, 로슈(Roche)의 ^{18}F-RO69558948, 일본 QST가 아프리노이아 테라퓨틱스(APRINOIA Therapeutics)에 기술이전한 ^{18}F-PM-PBB3(참고로 2019년에 셀진이 인수), 얀센(Janssen)의 ^{18}F-JNJ64349311 등이 경쟁을 펼치고 있다. ^{18}F-MK-6240나 ^{18}F-PI-2620을 알츠하이머 병 환자에게 투여해 MAO-A, MAO-B 결합력 여부를 확인하는 등의 연구가 진행되었고, 2세대 타우 PET 추적자에서 오프 타깃 문제를 줄였다. 2세대 타우 PET 추적자 가운데도 ^{18}F-PI-2620은 타우 PET 추적자가 결합하는 3R/4R 말고도 3R, 4R 타우에 모두 결합해 활용 범위가 넓어지는 것도 기대하고 있다. APN-1607(^{18}F-PM-PBB3)은 3R/4R과 4R에 결합해 알츠하이머 병 환자와 진행성 핵상 마비, 피질 기저핵 변성 환자를 구분했다.

스펙테이터

신약개발 연구실과 달리, 실제 의료 현장에서는 퇴행성 뇌질환 환자 대상 PET 촬영이 흔하지 않다. 퇴행성 뇌질환 치료제가 없는 상황에서 진단만을 위해 PET 촬영 같은 비싼 처방을 내리기 쉽지 않기 때문이다. 심지어 2013년, 미국 메디케어 앤드 메디케이드 서비스 센터(The Centers for Medicare and Medicaid Services, CMS)는, 아밀로이드 베타 단백질 PET가 치매 환자에게 단기적이든 장기적으로 도움이 된다는 근거가 없어 보험을 적용할 수 없다고 발표하기까지 했다.

이런 상황에서 길 라비노비치(Gil Rabinovici) 캘리포니아 대학(UCSF) 신경과 교수는 PET 연구가 환자 치료에 주는 영향을 확인하는 실험을 했다(NCT02420756). 라비노비치는 의사들이 뇌를 PET로 찍기 전에 치료 계획서를 쓰게 한 다음 3개월 후에 PET 분석 결과를 바탕으로 치료 계획서를 얼마나 바꾸는지를 확인했다. 연구를 시작할 때는 30% 정도의 의사가 진료 계획서를 바꿀 것으로 예상했고, 아밀로이드 PET 촬영 전후로 90일 안에 처방을 바꾼 비율을 1차 충족점으로 삼았다. 2차 충족점은 알츠하이머 병 진단과 다른 퇴행성 뇌질환 진단을 뒤집은 비율로 삼았다. 2016년 2월부터 2017년 9월 사이에 미국 595개 센터, 총 946명의 치매 전문가가 참여했으며, 11,409명의 경도인지장애나 원인을 모르는 치매 환자(평균 75세)가 임상시험에 참여했다.

경도인지장애 환자로 판단해 약물을 처방했다가 바꾼 비율은 무려 60.2%, 치매 환자로 판단해 약물을 처방했지만 나중에 바꾼 경우는 63.5%였다. 또한 알츠하이머 병 → 비 알츠하이머 병으로 진단을 바꾼 경우는 25.1%, 비 알츠하이머 병 → 알츠하이머 병 환자로 진단을 바꾼 비율도 10.5%였다(doi: 10.1001/jama.2019.2000).

PET 진단은 환자가 알츠하이머 병에 걸렸다는 잘못된 두려움을 버리도록 증거를 보여주는 쓸모도 있다. 스웡크 메모리 케어 센터(Swank Memory Care Center)의 의사인 제임스 엘리슨(James M. Ellison)은 알츠하이머 병 가능성이 높다고 진단받은 한 명의 환자가 세컨드 오피니언(second opinion, 1차 진료를 받은 환자가 다른 의사에게 2차 진료를 받으러 오는 경우)을 구하러 찾아온 사례를, 연구지원 비영리 단체인 '브라이트 포커스 파운데이션(BrightFocus Foundation)' 홈페이지에 기고했다(https://www.brightfocus.org/alzheimers/article/amyloid-pet-scans-are-they-game-changer).

62세로 사업체를 경영하고 있던 환자는 첫 번째 의사에게 알츠하이머 병이 의심된다는 진단을 받았다. 첫 번째 의사는 우선 사업을 멈추고 앞으로 어떻게 대처할 것인지 가족들과 상의하라고 권했다. 환자는 혹시나 하는 마음에 제임스 엘리슨을 찾아왔다. 두 번째 의사였던 제임스 엘리슨은 정확한 검진을 위해 아밀로이드 베타를 확인할 수 있는 PET를 찍어볼 것을 권했다. 그런데 환자의 뇌에는 아밀로이드 베타 단백질 플라크가 아주 미미해, 거의 없다고 볼 수 있는 수준으로만 있었다. 제임스 엘리슨은 일시적인 인지 저하를 가져온 다른 이유를 찾아보자고 제안했다. 뇌에 아밀로이드 베타 단백질 플라크가 거의 없었던 환자는 인지 기능을 회복했다. 그는 다시 일을 시작했고, 가족들과 건강한 삶을 보냈다. PET 진단은 알츠하이머 병에 걸렸을지 모른다는 애매한 두려움으로 환자가 고통받는 것은 피하게 해줄 수 있다.

알츠하이머 병 PET 연구는 세 방향으로 나아갈 것으로 보인다. 첫째, 알츠하이머 병을 진단하는 기준인 여러 단계와 형태의 아밀로이드 베타 단백질, 타우 단백질을 선택적으로 추적할 수 있는 PET 추적자의 개발이다. 우선 아밀로이드 베타 단백질 플라크의 원재료인 올리고머 아밀로이드에 대한 PET 추적자가 필요하다.

올리고머 아밀로이드 베타 단백질 PET 추적자가 있다면 전임상 단계의 병기 진행을 찾아낼 수 있다. 현재 아밀로이드 베타 단백질 PET 추적자는 응집된 플라크 베타 시트에 결합하지만, 독성이 가장 큰 올리고머 형태에서는 무력하다. ^{11}C-PiB PET로 촬영했을 때 탈 아밀로이드 0-1 단계에 있는 초기 알츠하이머 병 환자는 아밀로이드 음성의 정상으로 촬영되는 반면, 2-5단계에 있는 알츠하이머 병 환자는 양성으로 측정된다. ^{18}F-flutemetamol을 이용했을 때도 초기 단계의 알츠하이머 병 환자는 음성 반응을 보였다.

바이오아틱(BioArctic)은 BAN2401과 혈뇌장벽 투과 이중항체 기술을 결합해 올리고머 타깃 PET 추적자를 개발하고 있다. BAN2401은 올리고머, 프로토피브릴(protofibrils) 아밀로이드 베타 단백질 타깃 항체로, 바이오아틱은 스웨덴 웁살라 대학 다그 셰린(Dag Sehlin) 연구팀이 개발하고 있는 트랜스페린 수용체(transferrin receptor, TfR) 이중항체 기술을 이용한다. 올리고머 추적자에 사용되는 항체는 TfR 항체(8D3)에 BAN2401 절편(fragment, 58kDa)을 결합시킨 형태다. 혈뇌장벽 투과 이중항체(210kDa)과 비교했을 때 1/4에 해당하는 크기로 혈뇌장벽 투과율이 15배 높아졌으며, 체내 반감기는 이중항체 11~16시간보다 짧은 3시간으로 빠르게 분해됐다.

연구팀은 항체 추적자에 아이오딘-124(iodine-124, 반감기: 100.3시간)을 달아 알츠하이머 병 쥐 모델(tg-ArcSwe)과 정상 쥐에서 시험을 했다. 쥐의 나이에 따라 올리고머가 알츠하이머 병 쥐에서 특이적으로 변하는 것을 확인했다(doi: 10.1038/ncomms10759). 물론 임상에 적용하려면 방사성 의약품 종류, 촬영 시간, 약물 크기 등을 개선해야 한다.

둘째, 알츠하이머 병 환자의 뇌에서 문제를 일으키는 다른 종류의 병리 단백질 PET 연구다. 알츠하이머 병의 발병과 악화에 주요하게 작용하는 병리 단백질은 아밀로이드 베타 단백질과 타우 단백질이다. 그러나 말기 알츠하이머 병 환자에게는 알파시누클레인, TDP-43도 쌓인다고 알려져 있다. 알츠하이머 병 전체 환자에서 실제 각 단백질이 있는 비율은 25%에 이른다. 알파시누클레인은 루이소체 치매(dementia with lewy bodies, DLB)와 파킨슨 병에서 발현되며, TDP-43은 전두측두엽 치매와 근위축성 측삭경화증 환자에게 문제를 일으킨다. 아직 알파시누클레인, TDP-43을 타깃하는 PET 추적자 개발 연구는 시작 단계다.

셋째, 질환이 아닌 '특정 현상'에 대한 PET 연구다. PET로 확인하는 것이 꼭 특정한 병리 단백질일 필요는 없다. 특정 단백질은 한 가지 현상을 대변할 수 있다. 알츠하이머 병 치료 타깃으로 신경염증(neuroinflammation) 관련 인자를 들여다보는 경향이 생기고 있다. 물론 신경염증인자를 타깃하는 PET 추적자가 있어야 한다. 예를 들어 미토콘드리아 세포막에 있는 막단백질인 전이체 단백질(translocator protein, TSPO)을 지표로 미세아교세포(microglia)의 염증반응을 볼 수 있다. 뇌에 있는 TSPO가 무슨 일을 하는지 아직 잘 모르지만, 활성화된 미세아교세포와 함께 겹쳐 있는 것이 관찰된다. 이는 미세아교세포가 활성화된 정도를 반영할 수 있어 PET 추적자로 개발하고 있다. 물론 TSPO는 종 사이에 차이가 크고, 단일 유전자 변이가 잦아 사람마다도 여러 타입을 가진다는 단점이 있다. 때문에 TSPO PET 추적자를 만들더라도 모든 인종의 사람 뇌에 있는 TSPO를 잡을 수 없다. TSPO 말고도 미세아교세포 활성화에 따라 올라가는 카나비노이드 수용체-2(cannabinoid type 2 receptor, CB2R), 미세아교세포 증식 대식작용 염증인자 방출 등에 관여하는 P2X7(receptor subtype 7) 수용체, 미세아교세포 활성화와 관련된 효소인 COX-1(cyclooxygenase-1), COX-2, nAChRs(nicotinic acetylcholine receptors) 타깃 PET 추적자도 개발되고 있다. 또한 신경염증을 일으키는 다른 타입의 신경세포인 성상교세포를 타깃하는 MAO-B, PLA2(phospholipase A2), A2AR(adenosine A2A receptors) 타깃 PET 추적자도 개발되고 있다.

신약개발에 PET 기술을 적극적으로 이용해야 한다. 이는 기성품 PET 추적자를 잘 쓰는 정도로는 곤란하다. 신약 후보물질의 효과를 확인하는 별도의 PET 추적자를 개발하는 수준에는 이르러야 한다.

　　약물이 뇌에 들어가 어떤 일을 벌이는지 알 수 있는, 가장 현실적이고 유용한 수단이 PET다. 전 세계적인 규모의 제약기업들이 스스로 내놓거나 엄청난 돈을 주고 사들이는 아이디어, 개념,

후보물질이 한 번씩 소개될 때마다 쏠림 현상이 나타난다. 조금만 비슷하거나 아주 작은 연결 고리만 있어도 금방 무슨 일이든 날 것처럼 보인다. 그러나 아무리 좋은 아이디어와 개념도 결국 뇌에서 어떤 일을 벌이는지 보지 않으면 알 수 없다. 어떻게 되는지 보려면 바이오마커가 필요하고, PET는 퇴행성 뇌질환 신약개발 분야에서 중요한 바이오마커다.

지금까지 PET 연구는 자기 스스로를 검증했고, 앞으로 진단과 신약개발 현장에서 어떻게 활약할 수 있을 것인지 가능성을 보여주었다. 2010년대 중반 이후 발표되기 시작한 ANDI, AIBL 등 대규모 코호트 연구에서 보여준, 의미 있는 PET 연구 결과들이 그 답이다. 논란으로 답을 내리지 못했던 것들에 대해 답을 주고 있다. 예를 들어 *APOE4* 변이와 아밀로이드 베타 단백질 플라크의 관계를 보여주는 PET를 이용한 연구 결과는, *APOE4* 변이가 있어도 실제 뇌 안에 아밀로이드 베타 단백질 플라크가 있을 때만 인지손상이 나타나는 것을 확인해주었다.

PET는 신약개발의 방향을 선명하게 비춰줄 수 있다. 이제 알츠하이머 병 신약개발에서 PET를 빼고는 생각할 수 없다. 알츠하이머 병을 비롯한 퇴행성 뇌질환 분야 신약을 개발하려는 바이오테크나 제약기업은 PET 바이오마커를 활용해야 한다. 특히 임상시험에 들어가기 전 PoC 단계부터 활용하는 방법을 찾아야 한다. PET를 둘러싼 모든 것이 비싸다. 그러나 비싸다고 아끼다가는, 신약과 만날 기회가 사라질지도 모른다.

타우

Tau

타우 시딩(seeding)에 관여하는
인산화 자리는 여럿이다.
한 자리만 막아서는
일정 수준 이상의 치료 효과를 내기 힘들다.

분위기

바이오젠(Biogen), 다케다(Takeda), 애브비(AbbVie), 셀진(Celgene) 등 전 세계적 규모의 제약기업들은 타우 관련 신약개발에 대규모로 투자하고 있다. 타우가 주목받는 이유 가운데는, 아밀로이드 베타 단백질 타깃 신약의 계속된 실패도 있다. 그러나 타우 단백질을 타깃하는 것이 아밀로이드 베타 단백질을 타깃하는 것을 대체하는 것은 아니다. 어떤 환자군을 치료할 수 있을 것이냐의 '대상의 문제'이기 때문이다.

아밀로이드 베타 단백질과 타우 단백질이 알츠하이머 병에 임팩트를 주는(?) 시기에는 차이가 있다. 독성을 띠는 올리고머(oligomer) 아밀로이드 베타 단백질은 신경세포 시냅스에서 신경전달을 방해하고, 염증반응을 일으키는 등 알츠하이머 병의 시작을 알린다. 타우는 독성 아밀로이드 베타 단백질보다 늦게 나타나 쌓이기 시작하는데, 환자의 인지손상과 관계가 깊다. 뇌에서 병리 타우 단백질이 쌓인 부위, 쌓인 정도, 세포 타입 등에 따라서 인지손상 정도와 증상을 연결지어 볼 수 있다. 타우 병리 단백질이 알츠하이머 병 환자의 중앙 측두엽(medial temoral lobe, MTL)에 먼저 쌓이면 기억력에 손상이 일어난다. 중앙 측두엽은 기억을 담당하는 부위로 알려져 있다. 알츠하이머 병이 악화되면 타우 단백질이 대뇌 피질로 퍼지는데, 이제 정상적인 생활이 어려워지는 기능 저하(functional imparment) 증상이 나타난다. 이런 메커니즘을 활용해 병리 타우 단백질은 병이 악화된 정도를 대변하는 바이오마커로 주목받는다.

한편 병리 타우 단백질이 쌓이면서 증상이 악화되므로, 증상을 막는 치료제 개발로 접근해볼 수 있다. 예를 들어 알츠하이머 병 진단을 받은 환자의 뇌에서 병리 타우가 퍼져 나가는 것을 막거나, 타우가 과인산화되는 것을 막는 컨셉이다. 이렇게 되면 뉴런 안의 신경엉킴(neurofibrillary tangle)을 막을 수 있을 것이고, 뉴런이 사멸되는 것을 억제할 수 있을 것이다. 알츠하이머 병이 악화되는 것을 막는 것이다. 실제 몇 가지 후보물질이 타우 병리 동물모델에서 이렇게 작용하는 것을 확인했다.

환자의 뇌에서 어떤 작용을 할지 더 연구해야 하지만, 분위기는 긍정적이다. 왜냐하면 타우 단백질을 타깃하는 항체의 부작용 문제가 아직 보고되지 않았기 때문이다. 이런 이유로 아밀로이드 베타 단백질을 타깃하는 신약이 점점 더 초기 환자 쪽으로 시선을 돌리고 있다면, 타우 단백질 타깃 신약은 진단받은 환자 쪽으로 눈길을 돌리고 있다. 에자이(Eisai)는 알츠하이머 병을 예방하고 발병 시점을 늦추기 위해 아밀로이드 베타 단백질 생성을 막는 BACE(β-secretase) 저해와 항체로 독성을 띠는 아밀로이드 베타 단백질을 타깃하는 전략과, 전구(prodromal) 단계부터 시작하는 타우 단백질을 항체로 잡아 병기 진행을 막는 전략을 발표했다(*Eisai Scientific Meeting 2019*, 2019.04.).

알츠하이머 병에는 타우 단백질, 아밀로이드 베타 단백질 등 다양한 병리 단백질이 관여한다. 그런데 타우 단백질은 진행성 핵상 마비(progressive supranuclear palsy, PSP), 픽 병(Pick's disease), 피질 기저핵 변성(corticobasal degeneration, CBD) 등 순수하게 타우 단백질이 잘못 되면서 생기는 퇴행성 뇌질환을 포함해, 타우 병증(tauopathy)이라고 불리는 질환만 10개 이상이다

[표 6.1] 타우 병증(tauopathies) 분류. 타우가 주로 나타나는 1차 타우 병증은 3R, 4R 비율이 다양하고, 다른 독성 단백질과 타우가 함께 나타나는 2차 타우 병증은 3R과 4R의 비율이 비슷하게 나타난다.
출처: Almudena Fuster-Matanzo, *et al.*, Tau Spreading Mechanisms; Implications for Dysfunctional Tauopathies, *International Journal of Molecular Science*, (published online), p.5, 2018.03.

타우 병증	타우 3R/4R 비율
1차 타우 병증	
리차드슨 증후군	1:2-4
픽 병	3:1
파킨슨 병-17 동반한 전측두엽 치매(FTDP-17)	1:2
뇌염 이후 파킨슨 병(PEP)	1:1
은친화성 병변 치매	1:2
피질 기저핵 변성	1:2
진행성 핵상 마비	1:3-4
파킨슨-치매 복합(PDC Guam)	1:1
과들루프 파킨슨 병	1:2
2차 타우 병증	
알츠하이머 병	1:1
크로이츠펠츠-야곱 병	-
다운 증후군	1:1
권투 선수 치매	1:1
가족성 영국인 치매	-

(표 6.1). 따라서 타우 단백질을 타깃할 수 있다면 여러 종류의 퇴행성 뇌질환 치료제 개발을 생각해볼 수 있다. 바이오젠-아이오니스(IONIS)는 타우 발현을 막는 안티센스 올리고뉴클레오티드(antisense oligonucleotides, ASO)로 알츠하이머 병과 전두측두엽 치매(frontotemporal dementia, FTD) 치료제를 개발하며, 바이오젠은 타우 항체 BIIB092를 알츠하이머 병과 진행성 핵상 마비 환자에게 투여하는 연구를 동시에 진행하고 있다.

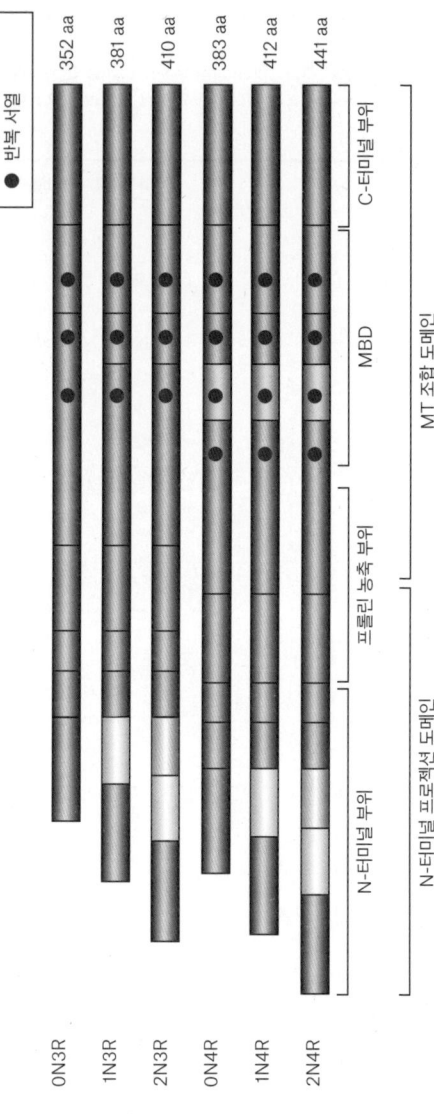

[그림 6.1] 사람의 중추신경계에서 만들어지는 여섯 가지 타우 동형 단백질(isoform) 타입.
출처: Chuanzhou Li, Jürgen Götz, Tau-based therapies in neurodegeneration: opportunities and challenges, *Nature Review Drug Discovery*, p.865, 2017.10.

그러나 병리 작용을 일으키는 타우 단백질은 종류가 다양하고, 여러 효소를 매개로 복잡한 변형 과정을 거친다. 이런 이유로 타우 단백질을 타깃하는 신약개발이 더 어렵다고 평가받는다. 타우는 과인산화되면서 응집하고 주위로 퍼지는데, 잘 분해되지 않는다. 정상 타우가 2~3개의 인산화 자리(site)를 갖는다면 병리 타우는 7~8개로 인산화 자리가 늘어난다(doi: 10.1038/nrd.2017.155). 그런데 타우 단백질 안에는 인산화될 수 있는 자리가 모두 85개다. 진핵생물에서는 주로 세린(serine), 트레오닌(threonine), 타이로신(tyrosine)에서 인산화가 일어나는데, 타우에는 세린 45개, 트레오닌 35개, 타이로신 5개의 자리(site)가 있다. 그리고 이 가운데 알츠하이머 병의 증상과 관계가 있을 것으로 보이는 인산화 자리만 30여 개다. 여기에 관여하는 인산화 효소는 GSK3β(glycogen synthase kinase 3 beta), CDK5(cyclin-dependent kinase 5), CDK2 등 10개가 넘는다. 매우 복잡하다.

메커니즘

타우는 세포 골격을 이루는 미세소관 결합 단백질(microtubule-associated protein, MAP)에 속한다. 미세소관은 뇌에서 뉴런의 신호전달 통로인 축삭(axon)을 이루고 있는 중요한 부위다. 타우는 뉴런에서 전체 미세소관 연관 단백질의 80%를 차지한다. 다른 미세소관 연관 단백질로는 MAP2(주로 뉴런), MAP4(주로 뉴런 외 세포)가 있다.

타우는 물에 잘 녹는 단백질로, 컴팩트한 구조를 갖기보다는 상당히 자유로운 구조를 가져, 유연성(flexible)과 이동성(mobile)

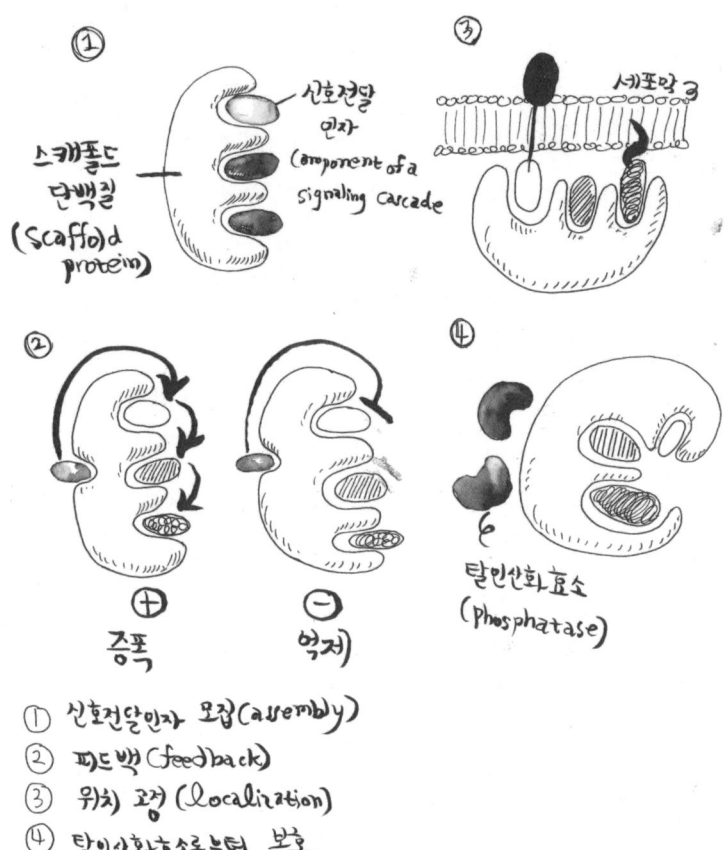

[그림 6.2] 스캐폴드 단백질의 네 가지 기능.
출처: Andrey S. Shaw, Erin L. Filbert, Scaffold proteins and immune-cell signalling, *Nature Reviews Immunology*, p.48, 2009.01.을 참조해서 재작성.

이 좋다. 이런 이유로 약 75개 정도의 다양한 파트너 분자와 결합하는 특성이 있다(doi: 10.1074/jbc.RA117.000490). 타우 단백질은 미세소관 표면에 결합해 뉴런의 구조를 안정화시킨다. 미세소관은 세포의 뼈대를 이루는 데 유리하게끔 긴 모양을 가진다. 이렇게 긴 모양을 가질 수 있는 것이 바로 타우 덕분이다. 즉 뉴런에서 미세소관이 길어져야 뉴런의 형성과 발달이 가능해진다. 또한 미세소관의 모양 변화는 뉴런의 핵 쪽 미세돌기(spine) 형성에도 관여한다. 이는 시냅스 가소성에 중요하다(doi: 10.1111/jnc.12621).

타우 단백질은 MAPT(microtubule-associated protein tau) 유전자 상에서 일어나는 스플라이싱에 따라 6개(0N3R, 1N3R, 2N3R, 0N4R, 1N4R, 2N4R) 동형 단백질(isoform)을 가진다. 그 결과 가장 크기가 작은 0N3R 타우 단백질은 352개의 아미노산으로 구성되며, 가장 큰 2N4R 타우 단백질은 441개의 아미노산으로 구성된다. 전사 단계의 엑손(exon) 2, 3, 10 부위에서 선택적 스플라이싱(alternative splicing)이 일어나며, 이에 따라 특정한 29개의 아미노산 서열이 없거나 1~2개 포함된다. 또한 3개나 4개의 반복 도메인(repeat domain, R)을 갖게 된다. 즉 아미노산 서열(N) 종류 세 가지에 반복 도메인(R) 경우의 수 두 가지를 곱하면 총 여섯 가지 종류다.

아밀로이드 베타 단백질이 36~43개의 아미노산으로 구성되었던 것에 비하면, 타우 단백질은 크기가 큰 단백질이다. 덩치가 크니 형태도 여럿이고, 병리 단백질도 여럿이다. 물론 항체로 타깃한다면 메커니즘도 여러 가지 경우의 수를 고민해야 한다.

타우는 미세소관 골격을 안정적으로 유지하는 데 중요한 스캐폴드 단백질(scaffold protein)이다. 스캐폴드 단백질은 하나로 이어지는 신호전달 과정을 조절한다. 스캐폴드 단백질에 두 개 이상의 신호전달 분자가 결합해 모이면, 스캐폴드 단백질은 신호전달 분자를 세포 안의 특정 위치로 옮겨가게 돕거나 신호를 증폭시킨다. 스캐폴드 단백질은 신호전달 분자에 양성이나 음성 피드백을 주어, 신호전달 반응 자체에 영향을 주기도 한다(그림 7.2). 예를 들어 펠리노(pellino)는 선천면역세포의 염증 시그널링을 조절하는 대표적인 스캐폴드 단백질이다(doi: 10.1038/nri2473). 펠리노의 RING 도메인에는 IRAK1, IRAK4, MyD88, SMAD6 등 8개 인자가 결합할 수 있는데, 이것으로 TLR(toll-like receptor) 신호전달을 조절한다. 스캐폴드 단백질의 결합 도메인은 기능에 따라 이름이 붙여지는 효소의 활성화 자리(active site)와는 개념이 다르다.

스캐폴드 단백질은 저분자 화합물로 상태나 구조를 바꾸기 어려운(undruggable) 타깃으로 알려져 있다. 보통 약물로 단백질-단백질 상호작용(protein-protein interations, PPIs)을 저해하거나 유전자 수준에서 발현을 낮추는 방향으로 치료제가 개발되고 있다.

타우 단백질은 네 개의 기능 도메인인 N-터미널(terminal), 프롤린 농축 부위(proline rich region), MBD(microtubule-binding domain), C-터미널(terminal)을 가지고 있으며, 각 부위는 역할이 다르다. 이 가운데 타우의 핵심 기능을 담당하는 부위는 반복 도메인(R)이 포함된 MBD이다. 타우의 MBD 부위가 미세소관에 결합하면 구조 변화가 일어나면서 N-터미널이 아넥신(annexin) 등 세포막 단백질과 결합한다. 이렇게 되면 타우가 뉴런의 축삭에 고정되면서 미세소관이 안정화된다(doi: 10.1074/jbc.RA117.000490).

프롤린 농축 부위는 Lck, Fgr, Fyn 등 Src 패밀리 인산화 효소를 포함해 PI3K, PLCγ1 등 다양한 인산화 효소로 인산화 작용이 일어나는 부위다. 신호전달 조절에 중요하다. 또한 프롤린 농축 부위는 미세소관 응집과 해체를 조절해 뉴런의 골격을 유지한다. DNA/RNA와 상호작용해 구조 유지에 관여하는 등 뉴런이 정상적인 기능을 수행하는 데도 중요하다. 특히 MDB 부위와 프롤린 농축 부위는 퇴행성 뇌질환을 일으키는 병리 단백질과도 상호작용한다고 알려져 있다(doi: 10.1007/s00401-017-1707-9). 마지막으로 타우 C-터미널은 미세소관의 안전성을 조절하고, 타우 단백질 분해(degradation)에 영향을 미친다고 알려져 있다. 알츠하이머 병 환자의 뇌에서 C-터미널이 인산화되거나 잘리게 되면(truncated) 타우 응집이 촉진돼 병리 현상을 일으키는데, 진행성 핵상 마비, 전두측두엽 치매, 피질 기저핵 변성, 픽 병 환자의 뇌 조직에서도 잘린 형태의 타우가 보인다.

병리 타우가 만드는 문제 1

타우는 뉴런의 축삭을 구성하는 미세소관을 안정화한다. 그런데 알츠하이머 병 등 병리적인 상황에서 타우는 미세소관을 잡고 있지 못하고 떨어져 나와 타우끼리 응집한다. 이런 일이 벌어지는 중요한 이유로는 타우의 '과인산화'가 있다.

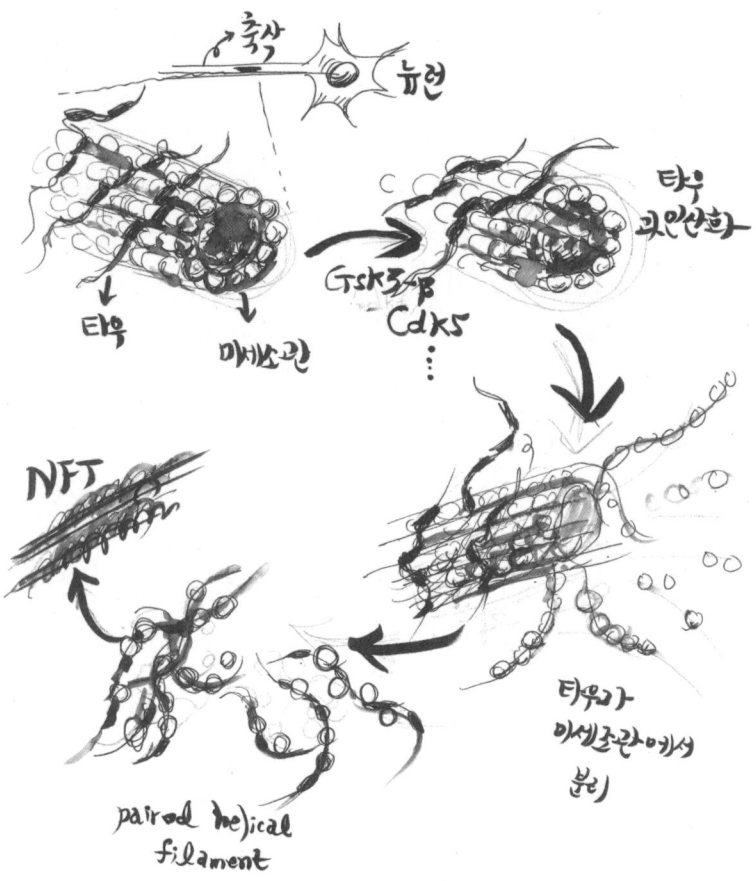

[그림 6.3] 미세소관에서 타우가 결합해 있는 모습과, 주요 인산화 자리가 과인산화가 되면서 타우가 떨어져나오는 모습.

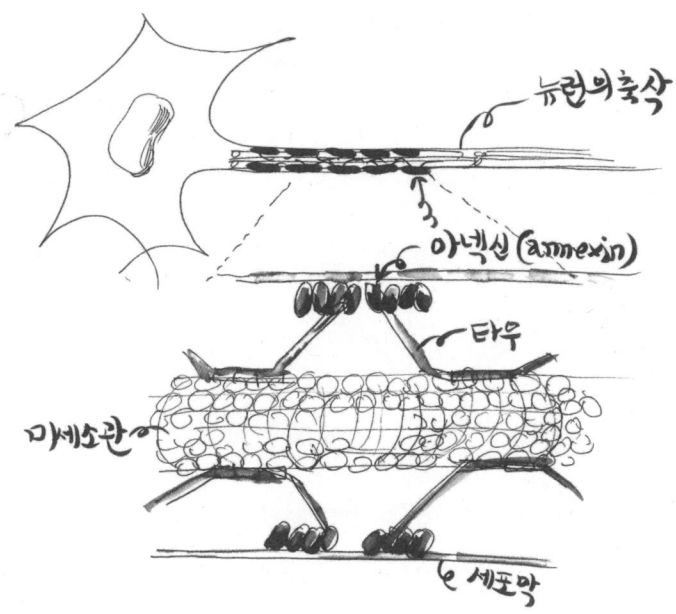

[그림 6.4] 뉴런 축삭에서 아넥신과 타우의 상호작용.

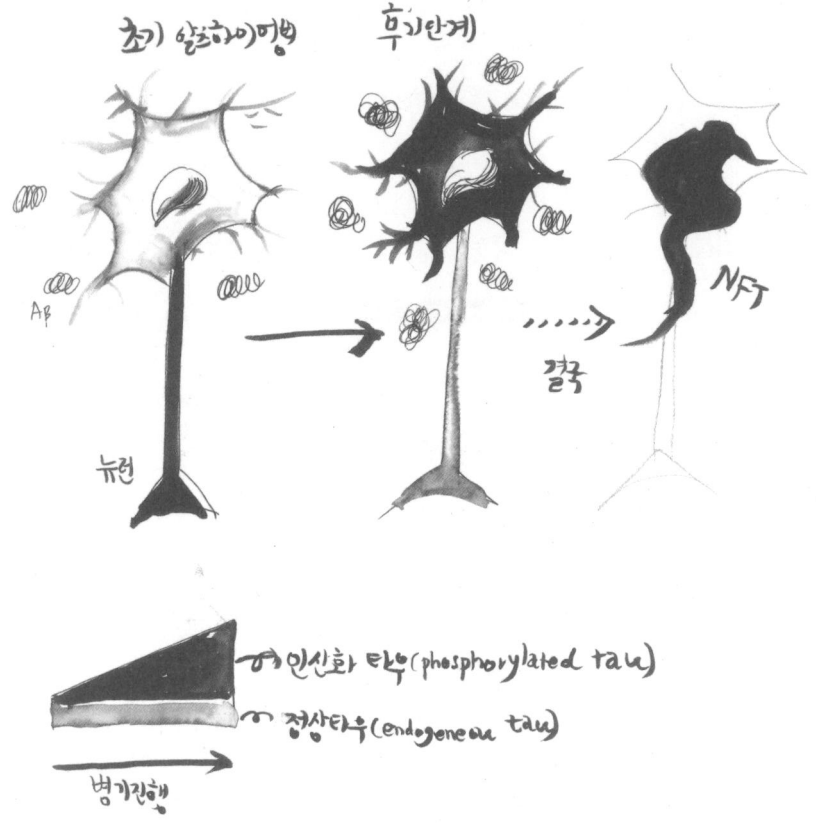

[그림 6.5] 타우는 뉴런 전반에 발현하는데, 특히 정상 상태에서는 축삭에 있다. 그러나 질병이 진행되면서 타우가 세포체 쪽에 주로 분포하게 되고, 정상적인 물질 운반이 어려워진다

타우 단백질에서 가장 흔하게 일어나는 전사 후 변형(post-translational modification, PTM)은 인산화인데, 인산화가 일어날 수 있는 자리만 85개다. 인산화가 일어나는 아미노산 종류인 세린 45개, 트레오닌 35개, 타이로신 5개를 합친 개수다. 정상 타우는 인산화/탈인산화에 따라 미세소관에 떨어지거나 결합하면서 뉴런 축삭의 길이가 조절된다.

보통 타우 한 분자에는 평균 2~3개의 인산기가 붙는 상태다. 그러나 알츠하이머 병 환자의 뇌 속 타우에는 평균 7~8개의 인산기가 붙어 과인산화 상태가 된다. 알츠하이머 병 환자의 뇌 조직 속 타우 단백질에서는 40군데가 넘는 자리가 인산화된다. 타우가 인산화되면 미세소관에 대한 결합력이 낮아지면서 떨어져 나오고, 서로 응집하면서 독성을 띤다.

문제는 여기서 멈추지 않는다. 신경퇴행 유도로 이어지기 때문이다. 첫째, 과인산화된 타우가 미세소관에서 떨어지면서, 뉴런의 축삭을 구성하던 타우가 세포체(soma)의 수상돌기(dendrite) 쪽으로 쏠린다. 이는 알츠하이머 병 환자의 뇌에서 특징적으로 보이는 현상이기도 하다(doi: 10.1016/j.neuron.2010.11.030). 정상 상황에서 타우는 축삭 쪽에 더 많이 분포하면서 축삭 수송 경로로 서로 반대 방향으로 물질을 수송하는 두 가지 수송 단백질인 키네신(kinesin)과 디네인(dynein)이 물질을 원활하게 운반하도록 돕는다. 키네신과 디네인이 소포체(vesicle)로 싼 수송 물질을 미세소관을 따라, 축삭 위를 걸어가듯 운반한다.

이것은 축삭에서만 일어나는 일은 아니다. 세포체 수상돌기에서도 일어나는데, 축삭에서 물질 수송이 망가지면 세포체의 수

상돌기에서 병리 타우가 과다하게 쌓인다. 이렇게 되면 시냅스에 있는 다양한 신호전달 매개 분자들이 제 위치를 잃어버리고 기능이 망가지면서 뉴런이 기능을 잃는다.

병리 타우가 만드는 문제 2

인산화 타우(phosphorylation Tau, p-Tau)는 세포 안에서 잘 분해되지 않는다. 이것도 문제를 일으킨다. 타우의 세린262(Ser262), 세린356(Ser356) 자리에서 인산화가 일어나면, 프로테아좀(proteasome)에 의해 잘 분해되지 않는다. 뉴런에서 타우는 유비퀴틴-프로테아좀 시스템(ubiquitin-proteasome system, UPS)과 자가포식(autophagy)이라는 세포 안의 두 가지 소화 시스템으로 분해된다. 두 가지 경로 가운데 좀더 복잡하고 큰 물질을 분해할 수 있는 자가포식이 인산화, 피브릴, 응집 형태의 타우를 더 잘 분해한다고 알려져 있다. 분해 시스템을 이용한 치료제를 만들 때 함께 살펴봐야 한다(doi: 10.1016/j.neurobiolaging.2013.03.015; doi: 10.1016/j.pneurobio.2013.03.001).

그밖에 인산화 타우는 시냅스 전 말단(presynaptic terminal)에서 신경전달물질(neurotransmitter, NT) 소포체 방출을 조절하는 핵심 인자인 칼슘(Ca2+) 신호전달을 망가뜨리는 문제가 있다(doi: 10.1101/cshperspect.a011353). 또한 타우가 과인산화되면서 결합 파트너 물질인 세포질 막(cytoplasmic membrane), DNA, Fyn 등 상호작용이 망가지면서 다양한 신호전달 과정을 망가뜨리는 문제도 있다.

인산화

타우 단백질의 인산화 정도는 인산화기를 붙이는 인산화 효소와 인산기를 떼는 탈인산화 효소(phosphatase)의 작용으로 조절된다.

타우 인산화에 관여하는 인산화 효소는 다양하다. 인산화를 일으키는 지역에 따라 크게 세 부류로 나뉜다. 첫째, 프롤린 농축 부위의 세린/트레오닌 자리를 인산화하는 GSK3α/β, CDK5(cyclin-dependent kinase 5), MAPK(mitogen-activated protein kinases) 등이 있다. 둘째, 프롤린 농축 부위를 제외한 세린/트레오닌 자리에 인산화를 일으키는 인산화 효소다. 갯수로 보면 프롤린 농축 부위의 세린/트레오닌 부위 인산화 효소보다 더 많다. TTBK1/2(tau-tubulin kinase 1/2), CK1(casein kinase 1), CaMKII(calcium/calmodulin-dependent protein kinase II) 등 10개가 넘는다. 셋째, 특정 타이로신 자리에 인산화를 일으키는 Src, Fyn, Abl, Syk 등이 있다. 더불어 이들 인산화 효소는 서로 상호작용한다.

타우 인산화에 관심을 기울이는 이유는 타우 병증 증상이 나타나기 전부터 보이는 병리 현상과 관계가 있기 때문이다. 이는 거꾸로 보면 인산화를 막으면 병기 진행을 막을 수 있을 것이라는 기대를 하게 된다는 뜻이다. 인산화 효소 가운데 치료 타깃으로 주목받은 것은 GSK3다. 타우 단백질에서 GSK3가 인산화시킬 수 있는 자리는 약 40개에 이르며, 이 가운데 최소 29개 자리가 알츠하이머 병 뇌에서 인산화되는 자리다(doi: 10.1016/j.molmed.2009.01.003). 더불어 퇴행성 뇌질환이 악화되면 GSK3β 발현이 늘고 활성이 높아졌다. 또한 과활성화된 GSK3β가 알츠하이머 병 환자의 뇌 조직에서 타우 병리 증상의 결과로 발생하는 신경섬유와 함께 있는 것이 관찰됐다. GSK3β는 타우 응집을 유도했고, 특히 타우 C-터미널의 트레오닌231(Thr231) 자리를 인산화시키면 인산화를 계속 유발했다. 실제 타우 병증 쥐 모델에서 GSK3β 활성을 낮췄더니 타우 인산화, 축삭과 신경퇴행이 줄어들었다.

그러나 GSK3β 저해제는 알츠하이머 병을 잡지 못했다. 에스파냐의 바이오테크 노시라(Noscira)가 GSK3β 저해제인 티데글루십(tideglusib)으로 알츠하이머 병 치료에 도전했다. 노시라는 초기 임상에서 경증과 중등도 단계의 알츠하이머 병 환자 120명에게 티데글루십 1,000mg을 26주간 매일 경구투여해 인지손상 개선 효과를 테스트했다(NCT01350362). 그러나 이어진 임상 2상에서 경증 알츠하이머 병 환자 306명에게 티데글루십을 투여한 결과 유의미한 차이가 없었다. 또한 진행성 핵상 마비 환자 123명에게 52주간 약물을 투여한 임상2상도 실패했다. 사노피(SANOFI)와 아스트라제네카(AstraZeneca) 등도 GSK3β 저해제 개발 프로젝트를 멈췄다.

반대로 탈인산화 효소 활성을 높여서 타우 과인산화를 낮추는 컨셉도 제안되었다. 실제 뇌에서 주로 작동하는 PP2A(protein phosphatase 2A)는 알츠하이머 병 치료 타깃으로 여겨진다. PP2A는 타우를 탈인산화하는데, 알츠하이머 병 환자 뇌에서는 PP2A 활성이 약 50%까지 낮아져 있다. 사망한 알츠하이머 병 환자의 뇌 조직에서 분리한 응집 타우를 PP2A와 함께 놔뒀더니, 타우의 미세소관 결합이 정상 수준으로 회복됐다는 연구 결과도 있다(doi: 10.1111/j.1460-9568.2006.05226.x). 또한 PP2A는 GSK3β, CDK5 등 인산화 효소들이 일으킨 타우 과인산화된 정도를 낮출 수 있다는 장점도 있다. 그러나 PP2A를 치료 타깃으로 삼기는 어려웠다. 뇌에서 PP2A는 타우 아닌 다른 인자에 영향을 미칠 수 있다. 탈인산화 효소 활성 구조는 비슷해 병리 상태에 중요한 PP2A 타입만 특이적으로 억제하기 힘든 것이다(doi: 10.3389/fnmol.2014.00016). 이는 심각한 부작용으로 이어질 수 있다. 알츠하이머 병 환자에게서 타우 병리 메커니즘은 10년에 걸쳐 나타나기 때문에, 오랜 기간 효소 활성을 막으면 약물 내성과 부작용을 피하기도 힘들 것이다.

현실적으로 인산화 효소, 탈인산화 효소를 타깃하는 것이 어렵게 되자, 타우 병리 현상에 중요한 타우 인산화 자리를 막는 접근법도 제기되었다. 특이적인 단백질을 타깃할 수 있는 단일클론 항체나 인산화 자리를 포함한 에피토프(epitope)를 집어넣어 체내 면역 반응을 유도하는 방법이다. 그러나 한 가지 인산화 타우만으로는 알츠하이머 병 환자를 치료하기 어렵다. 타우 단백질이 병리 상태로 가는 핵심적인 인산화 자리가 있지만, 타우가 미세소관에서 떨어져 나오는 현상을 매개하는 데는, 총 인산화 개수도 중요하기 때문이다(doi: 10.1091/mbc.e07-04-0327). 한 곳의 인산화 자리나 인산화 효소만 막는다고 해서 병을 고치기는 어렵다. 약물 투약 기간까지 고려하면, 타우 단백질에서 시기별로 인산화 자리가 다른 점도 문제다. 현재까지 연구 결과에 따르면 인산화 자리 가운데 Ser199, Ser202/205, Thr231, Ser262은 뉴런에서 타우 엉킴이 일어나기 전 단계에 관여하며, 이후 세포체에서 Ser422 인산화가 증가한다고 알려져 있다. 알츠하이머 병 후기 단계에는 Ser396의 인산화가 두드러진다.

전사 후 변형

타우 단백질은 복잡하게 변형되어 병리 작용을 일으킨다. 전사 후 변형이 다양하게 일어나는데, 단백질 변형 과정만 해도 인산화를 비롯해, 아세틸레이션(acetylation), O-GlcNAc(O-GlcNAcylation), N-당화(N-glycosylation), C-터미널 절단(truncation), 유비퀴티네이션(ubiquitination) 등 여럿이다. O-GlcNAc를 뺀 전사 후 변형은 타우 응집을 촉진한다고 알려져 있다. 이 가운데 임상시험 단계까지 진행된 치료 타깃은 O-GlcNac 메커니즘과 아세틸레이션 메커니즘이다. 둘 다 병리 현상을 일으키는 핵심적인 전사 후 변형 자리를 억제해 결과적으로 타우 응집을 막는 것이 목표다.

 O-GlcNase는 타우 단백질에서 O-GlcNAc를 떨어뜨리는 효소다. O-GlcNAc가 일어나는 곳과 타우 인산화가 일어나는 세린/트레오닌 위치가 겹치는 부분이 많다. 위치가 겹친다는 것은 해당 자리에서 경쟁적으로 결합한다는 뜻이고, 타우에 O-GlcNAc이 되어 있으면 인산화가 일어날 수 없다는 뜻이기도 하다. O-GlcNac 저해제로 임상시험 들어간 것은 한 건이다. 2010년, 머크(MSD)는 알렉토스 테라퓨틱스(Alectos Therapeutics)와 O-GlcNAc 저해제를 발굴, 전임상 연구를 하는 라이선스 협약을 맺었다. 머크는 알렉토스 테라퓨틱스에 계약금, 연구개발 및 허가 승인에 대한 마일스톤으로 최대 2억 8,900만 달러를 지급

하기로 했다. 두 회사는 2014년 O-GlcNAc 저해제 후보물질인 MK-8719을 가지고 건강한 피험자 16명을 대상으로 임상1상을 진행했다. MK-8719를 5mg에서 1,200mg까지 늘려가면서 경구 투여해 내약성과 안전성을 시험했다. 바이오마커로는 말초혈액(peripheral blood mononuclear cell, PBMC) 안에 있는 여러 단백질 가운데 O-GlcNAc 잔기가 남아 있는 정도를 확인했다. MK-8719 투여량이 늘어나자 바이오마커 레벨도 높아졌다. 알렉토스 테라퓨틱스는 2016년 임상1상 종료를 발표했고, 같은 해 FDA는 MK-8719를 진행성 핵상 마비 치료를 위한 희귀의약품으로 승인했다. (단 예정됐던 추가 임상시험은 진행되지 않고 있다. 2019년 2월 머크의 파이프라인 현황을 참고해봤을 때는 프로젝트가 중단된 것으로도 보인다.)

알츠하이머 병이나 타우 병증에 걸린 환자의 뇌에서는 타우의 아세틸레이션 레벨이 올라간다. p300 HAT(histone acetyl-transferase p300), CBP(cAMP-responsive element-binding protein[CREB] binding protein), HDAC6(histone deacetylase 6) 등 아세틸레이션/탈아세틸레이션 시스템이 망가지면서 병리 타우가 만들어지는 것이다. 예를 들어 타우 아세틸레이션은 타우 말단을 잘라내는데, 이는 유비퀴틴 효소에 의해 타우가 분해되는 것을 막고 세포질에서 응집되는 것을 촉진한다. 아세틸레이션 저해제로 비스테로이드성 소염진통제인 살살레이트(salsalate)를 진행성 핵상 마비 환자에게 투여하는 연구자 임상이 2015년 시작됐지만, 2019년 현재 결과가 발표되지 않았다(NCT02422485). 살살레이트는 타우 쥐 모델에서 p300 HAT132 활성을 낮춰 타우 라이신

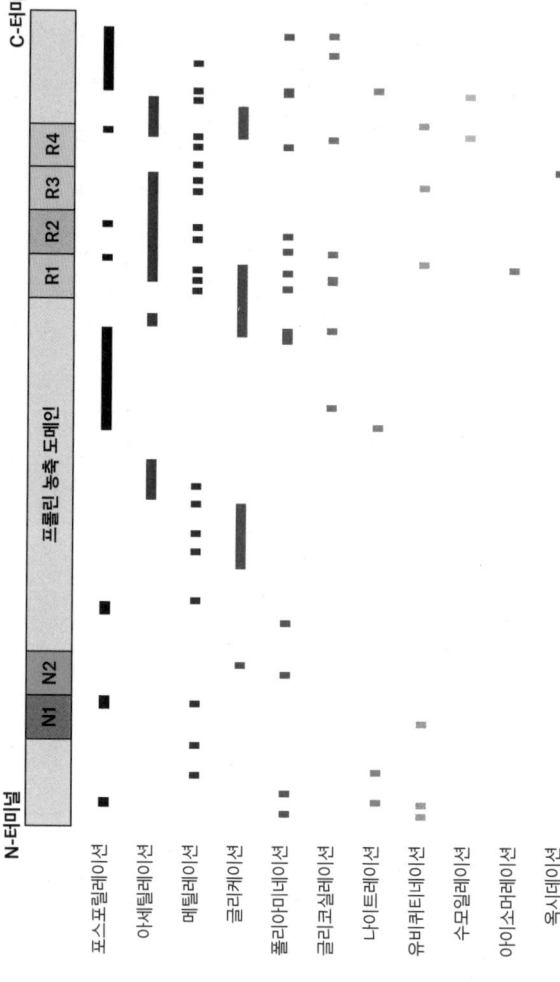

[그림 6.6] 타우 단백질에서 PTM 메커니즘과 자리(site)의 다양성
출처: Tong Guo, et al., Roles of tau protein in health and disease, *Acta Neuropathologica*, p.670, 2017.05. 재구성

174(Lys174) 자리의 아세틸레이션을 억제하고, 뇌 퇴행과 인지손상을 개선했던 연구 결과를 바탕으로 설계되었다. 그러나 살살레이트는 타우 아세틸레이션을 특이적으로 타깃한 것이 아니었고, 여러 소염진통제가 알츠하이머 병 임상에서 효능이 없다는 것이 증명된 바, 긍정적인 결과를 기대하기는 어려워 보인다.

타우 전파 가설

타우 응집 저해제, 미세소관을 안정화하는 약물(microtubule stabilizer), 타우 단백질 분해를 유도하는 약물(PDE4 저해제) 등의 아이디어도 있었다. 모두 알츠하이머 병 쥐 모델에서 타우 병리 현상을 억제한다는 연구 결과에서 임상시험을 시작했지만 유의미한 효능을 보여주지는 못했다. 결국 하나의 치료 타깃으로 타우 인산화를 직·간접적으로 타깃하거나 단백질 후 변형을 조절하는 메커니즘을 이용한 신약개발은 쉽지 않은 것으로 보인다.

응집한 타우는 이웃 뉴런 세포로 퍼지면서 병이 악화된다. 타우 전파(propagation) 가설이다. 타우 전파 과정은 이렇다. 뉴런의 말단에서 잘못 접힌, 응집된 타우가 시냅스 틈으로 방출되는데, 이것을 다음 뉴런이 흡수한다. 응집 타우, 특히 길이가 짧은 피브릴 타우가 씨앗(seed) 역할을 한다. 새 뉴런으로 들어간 응집 타우는, 새 뉴런 안에 있는 단량체 타우를 모아 응집시킨다. 말 그대로 씨앗 역할이다. 이렇게 응집된 타우는 다시 독성 타우가 되고, 다음 뉴런으로 이동한다. 이런 현상이 한 번 시작되면 도미노 게임처럼 연이어 벌어진다.

한편 얼마 전까지만 해도 뉴런이 사멸하면서 응집 타우

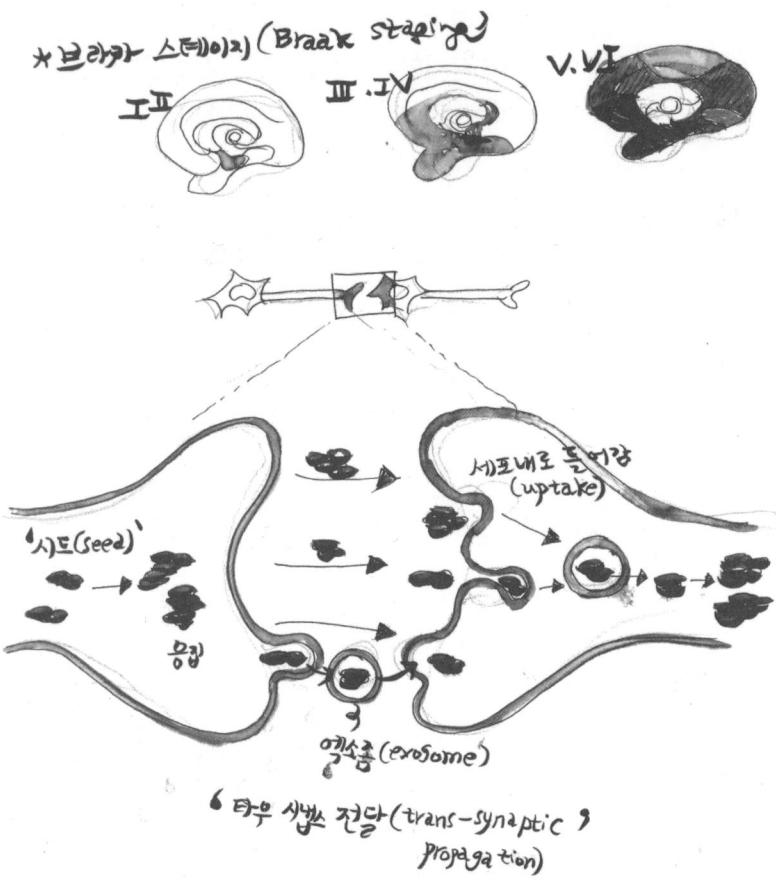

[그림 6.7] 타우가 시냅스 틈으로 퍼져나가는 메커니즘. 브라크 단계와 연결된다.

가 방출된다고 알려져 있었지만, 최근에 밝혀진 바로는 살아 있는 뉴런도 독성을 띠는 병리 타우를 능동적으로 방출한다. 2018년에 미국 세인트루이스 워싱턴 대학교 랜달 베이트만(Randall J. Bateman) 연구팀은 『셀 뉴런(Cell Neuron)』에 타우 단백질의 능동 배출 메커니즘 연구 결과를 발표했다(doi: 10.1016/j.neuron.2018.02.015). 역분화 줄기세포(induced pluripotent stem cells, iPSC)에서 얻은 뉴런에서 C-터미널이 잘린 형태의 N-터미널 타우 절편이 세포 안에서 만들어지고 평균 3일 후에 능동적으로 배출되었다. 죽어가는 뉴런에서는 전체 타우(total Tau, t-Tau)가 발견됐다. 또한 4R 타우와 몇 가지 인산화 타우는 다른 형태의 타우보다 더 빠르게 분해되었다. 알츠하이머 병 환자의 뇌에 쌓인 아밀로이드 베타 단백질이 많을수록 타우가 늘어나는 속도가 빨랐는데, 타우가 분해되는 속도와는 관련이 없었다. 이런 메커니즘 말고도 응집 타우는 세포 메신저 분자인 엑소좀(exosome) 같은 전달체를 통해 이웃 뉴런으로 퍼지기도 한다.

한편 응집 타우가 단순히 가까이 있는 뉴런으로 이동하는 것은 아니다. 해부학적으로 연결된 뉴런으로도 이동하는데, 이렇게 되면 서로 떨어져 있는 뇌 부위로도 옮겨갈 수 있다. 알츠하이머 병 환자의 뇌에서 신경엉킴 병변이 일정 패턴에 따라 퍼지는 현상(브라크 단계)을 보고 짐작은 했지만, 아밀로이드 베타 단백질처럼 세포 밖이 아닌 세포 안에 있는 병리 타우가 뉴런과 뉴런 사이를 이동하는 현상을 실험적으로 관찰한 적은 없었다.

타우가 이웃 뉴런으로 전파되는 모델은 2010년대 초반에 들어서 밝혀지기 시작했다. 2013년, 스위스 바젤 대학병원 신경병

타우에서 PET 문제

타우 병증의 종류에 따라 타우 단백질이 생긴 모양새, 쌓이는 뇌 부위, 주로 축적되는 신경세포의 종류가 다르다. 즉 타우를 타깃하는 약물이라고 해도 결합하는 타입, 약물 자체의 특성 등에 따라 적용할 수 있는 질환 범위가 달라진다. 이는 단백질의 특정 구조에 결합하는 저분자 화합물에서 특히 중요한 문제다. 예를 들어 타우 단백질의 반복 구조를 타깃하는 1세대 타우 PET 추적자는 알츠하이머 병 환자의 뇌에 있는 3R/4R 타우에만 결합한다. 이에 피라말 이미징(Piramal Imaging)이 임상2상(NCT03510572) 중인 ^{18}F-PI-2620 등 3R/4R, 3R, 4R에 모두 결합할 수 있는 차세대 타우 PET 추적자가 개발되고 있다.

저분자 화합물의 병리 타우 타깃

저분자 화합물로 응집된 타우를 타깃하는 것은 어렵지만, 응집 타우 사이에 들어가서 구조를 변형하고 응집을 풀어주는 컨셉의 약물은 계속 연구 중이다. 2018년 12월 일라이릴리(Eli Lilly)는 AC이뮨(AC Immune)이 전임상 개발을 진행하고 있는 타우 신약 ACI-3024을 계약금 8,000만 달러, 주식전환사채 5,000만 달러 포함해, 개발·허가·상업화 등 마일스톤에 따라 최대 20억 달러를 지불하는 계약을 맺었다. ACI-3024는 병리 타우가 이웃하는 뉴런 세포로 퍼지는 것을 막기 위해, 세포 내의 타우 씨앗을 타깃하는 저분자 화합물이다.

전임상 데이터를 보면 인비트로(in vitro) 세포주에서 ACI-3024가 병리 타우에 선택적으로 결합해 응집된 타우(MC1)를 제거했다. 응집된 타우에 대한 ACI-3024의 결합력을 나타내는 Kd 값은 12nM이었고, 응집된 타우 양을 줄였다. 또한 타우병리 모델(rTg4510)에 약물을 투여하자 미세아교세포의 활성이 줄어들었으며, 뇌척수액 내의 타우 수치가 감소했다. 최대 무독성 용량(NOAEL)은 설치류와 비설치류에서 각각 300mg/kg, 450mg/kg이었다. ACI-3024는 2019년 하반기에 임상시험을 시작할 예정이다.

리학과 마르쿠스 톨나야(Markus Tolnaya) 연구팀은 여러 종류의 타우 병증으로 사망한 환자의 뇌에서 얻은 추출물을 쥐 뇌의 해마와 피질에 주입했다(doi: 10.1073/pnas.1301175110). 그러자 쥐에서 타우 병증이 나타났다. 쥐의 뇌 조직을 살펴보니, 타우가 스스로 주위로 퍼져나가며 주변세포로 이동했다. 2014년, 일라이릴리(Eli Lilly)의 마이클 오닐(Michael J. O'Neill) 연구팀은 타우 전파 메커니즘을 밝히기 위해 쥐 모델에서 타우가 인접 부위로 퍼져나가는 것이 아니라 신경이 연결된 먼 부위까지 이동한다는 것을 밝혔다(doi: 10.1007/s00401-014-1254-6). 물리적 거리의 가까움(proximity)이 타우 확산의 배경이 아니라, 신경연결(connectivity)이 타우 확산 패턴을 결정했다.

두 연구는 타우 전파 현상을 치료제 개발에 적용할 수 있는 아이디어를 주었다. 이웃 세포로 전달되는 과정에 있는 세포 밖 타우를 막아 병이 악화되는 것을 막는 가능성이다. 물론 실제 타우 전파 현상을 막는 것이 전체 뇌에서 벌어지는 타우의 독성 작용을 얼마나 억제할 수 있을지는 더 연구해야 한다. 그러나 1세대 연구라고 할 수 있는 타우 인산화 작용 억제를 넘어, 2세대 연구로 타우 전파를 타깃하는 방향이 모색될 수 있다.

능동면역 치료제

저분자 화합물로 타우 인산화 효소 등 특정 효소를 억제하는 방법으로 알츠하이머 병을 치료하기 어렵다는 결과들이 나오면서, 관심은 자연스럽게 면역 치료법으로 향한다. 우선 환자의 면역 체계를 이용하는 접근법이다. 환자에게 치료 항원으로 펩타이드나 단백질을 집어넣으면, 환자의 B세포 면역 방어체계를 자극하게 된다. 활성화된 B세포가 항체를 만들고 이 항체가 병리 타우를 없애는 구조다. 치료 백신 컨셉인 능동면역(active immunotherapy) 치료제다.

능동면역 치료제의 궁극적인 목표는 백신으로 만들어 환자 몸속에 면역 기억을 오랫동안 남겨두는 것이다. 알츠하이머병 치료제 백신은 아밀로이드 타깃에 먼저 적용됐다. 첫 능동면역 임상시험인 얀센(Janssen)의 AN-1792(백신, Aβ1-42+사포닌 아주반트 QS-21) 임상2상은 2002년 실패했다. 임상2a상에서 223명의 경증과 중등도 알츠하이머 병 환자에게 근육주사로 약물을 투여했다. 19.7%에 해당하는 59명의 환자는 기대했던 항체를 형성했지만, 6% 환자에게서 뇌와 뇌막에 과다한 염증 부작용이 일어났다(doi: 10.1038/nrneurol.2009.219; doi: 10.1212/01.WNL.0000159740.16984.3C).

부작용이 생긴 원인이 정확히 밝혀지지는 않았다. 다만 환자가 사망한 후 뇌 조직을 검사한 결과, T세포 염증 과다 반응이 보였다. 임상시험에서 사용했던 아주반트 제형이 '타입1 도움 T세포'(T helper cell, Th1)를 활성화시킨 것이 문제였을 것으로 추정됐다. 타입1 도움T세포는 면역을 높게 활성화하는 인터페론-감마(IFN-γ)를 분비한다. 여기에 에피토프 선정도 실패 원인으로 꼽힌다. T세포가 아밀로이드 베타 C-터미널 부분에 대한 면역반응을 나타냈는데, 이후 면역 백신에는 해당 펩타이드 서열이 포함되지 않았다. 지금까지 연구된 바로는 B세포가 인식하는 에피토프는 Aβ1-15 서열이고, T세포가 인식하는 에피토프는 Aβ16-42

서열이다(doi: 10.1007/s11426-014-5310-9). 이후 여러 아밀로이드 백신 치료제 개발이 이어지고 있다. 환자에게 치료 타깃에 대한 항체 생성 성공률을 높이면서, T세포 활성화 면역 부작용을 줄이는 방향으로 개발되고 있다. 비슷한 실패를 겪지 않으려면 에피토프와 아주반트(adjuvant) 선정에 신경을 써야 한다. 또한 능동 면역에서는 같은 펩타이드 서열을 사용하더라도 여러 종류의 항체가 만들어질 수 있다는 점도 주의할 필요가 있다. 2019년 1월, 유나이티드 뉴로사이언스(United Neuroscience)가 임상2상에서 경도인지장애 알츠하이머 병 환자 42명에게, 아밀로이드 베타 단백질에 대응하는 항체 생성 유도 펩타이드 백신인 UB-311(Aβ 1-14서열)을 투여하자 96%의 환자에게 항체가 생성되었다는 발표도 있었다.

    2019년 현재, 타우 면역 백신으로 두 가지 신약 후보물질이 임상시험 단계에 있다. 2013년 엑손 뉴로사이언스(AXON Neuroscience)가 임상2상을 시작했다. 엑손 뉴로사이언스의 AADvac-1는 타우 응집을 막는 타우 294-305 서열을 이용한다. 면역을 활성화하기 위해 알루미늄 하이드록 사이드 겔(aluminum hydroxide gel) 아주반트를 함께 투여했다. 임상1상에서 경증과 중등도 알츠하이머 병 환자에게 AADvac-1을 12주 동안 3회 투여했다. 임상시험에 참여한 30명 가운데 29명 환자에게 항원에 대한 항체를 형성하는 이뮤노글로블린 생성 반응이 나타났고, 알츠하이머 병 백신 치료제 개발에서 나타나는 대표적인 부작용인 뇌염(encephalitis)과 부종(edema)은 발생하지 않았다. 그러나 환자 2명에게 다른 부작용으로 발작이 일어났고, 바이러스 감염이 발생해 약물 투여를 중단했다. 2019년 현재 엑손 뉴로사이언스는 경증 알츠하이머 병 환자를 대상으로 AADvac-1을 4주 간격으로 6회, 이후 3달 간격으로 5회 총 11회 투여하는 임상2상을 진행하고 있다(NCT02579252). 안전성과 인지손상 변화는 첫 약물 투여 후 24개월부터 관찰한다. 이는 혈액과 뇌척수액에서 인산화 타우, 독성 아밀로이드 베타 단백질, 신경퇴행 등 다양한 바이오마커로 평가한다.

AC이뮨이 발굴해 2015년 얀센에 라이선스 아웃한 ACI-35는 경증과 중등도 알츠하이머 병 환자 35명을 대상으로 임상1b상(ISRCTN13033912)을 진행하고 있다. ACI-35는 잘못 응집된, 인산화 형태의 타우인 pSer396/404 에피토프를 2중 지질막으로 이뤄진 구체 리포좀(liposome) 기반 아주반트로 전달하는 약물이다. 인산화 타우에 대한 항체를 생성하지만 동시에 T세포 면역은 일으키지 않도록 설계했다.

여러 시도가 있지만 타우 면역 백신 접근법에는 아직 풀어야 할 문제들이 남아 있다. 앞서 소개한 AN-1792와 다른 아밀로이드 면역 백신은 임상시험에서 충분한 효능을 나타내지 못했다. 타우는 아밀로이드보다 덩치가 크고 복잡한 병리 메커니즘을 가진 단백질이다. 또한 타우는 세포 안에 주로 쌓인다. 세포 밖에서 문제를 일으키는 아밀로이드 베타 단백질보다 까다로운 타깃이다.

또한 능동면역 치료제는 통제 가능한 의약품이 아니다. 환자의 면역 상태에 따라 효능이 달라질 수 있다. 유나이티드 뉴로사이언스의 UB311 알츠하이머 병 환자 대상 임상시험 결과를 보면 90%가 넘는 항체 반응률이 나온다. 90%면 높은 것 같지만 항체를 직접 투여했을 때와 비교하면 높은 수치는 아니다. 왜냐하면 환자마다 면역 상태가 달라 항체가 100% 생성된다고 해도, 치료 효과를 낼 만큼의 충분한 양인지는 다른 문제이기 때문이다. 예를 들어 환자 맞춤형 치료제 컨셉의 유전자·세포 치료제 CAR-T인 노바티스(NOVATIS)의 킴리아®(KYMRIAH®, 성분명: tisagenlecleucel)의 성공률은 97%인데, 이는 개선되어야 할 점으로 지적된다. 백신, 유전자 치료제 등 맞춤형 치료제는 환자의 몸속에서 원하는 효과를 100% 유도할 수 있어야 한다. 예상치 못한 부작용의 우려도 있다. 부작용이 생겨도 원인을 모르는 대처가 어렵고, 환자의 면역 체계에서 발생한 부작용이라 대응도 어렵다.

수동면역 치료제

병리 타우를 인지하는 항체를 주입해 없애는 수동면역(passive immunotherapy) 방법도 연구 중이다. 2016년 바이오테크인 타우알엑스(TauRx)는 타우 단백질 응집을 저해하는 저분자 화합물 LMTM(leuco methylthioninium)가 경증과 중등도 알츠하이머 병 환자를 대상으로 하는 임상3상(NCT01689246 / 2012-002866-11)에서 대조군과 비교해 유의미한 차이를 보여주지 못했다고 발표했다. LMTM는 메틸렌블루(methylene blue)가 타우 응집을 저해하는 것에서 아이디어를 얻었다. 메틸렌블루는 보통 조직을 염색할 때 쓰는 물질로 알려져 있다.

타우알엑스는 현재 알츠하이머 병의 표준 치료 요법인 메만틴(memantine)이나 아세틸콜린에스테라제 억제제(acetylcholinesterase inhibitor)를 병용하지 않은 LMTM 단일요법 그룹의 약

15%에서 유의미하게 병기진행을 늦어진 것을 확인했다. 하루에 두 번, 75mg 혹은 125mg의 LMTM를 15개월이 이상 동안 복용한 결과 대조군과 비교해 인지손상이 늦춰졌고, 신경세포사멸로 뇌가 위축(atrophy)되는 현상도 적었다. 또한 임상2상에서 4주 동안 LMTM를 하루에 최대 250mg까지 복용해도 안전하다는 것을 확인했다.

그러나 이는 LMTM가 경증과 중등도 알츠하이머 병 환자를 대상으로 하는 임상3상(NCT01689246)의 일부 하위 그룹에서 확인한 결과다. 또한 위약군 설정이 정확하지 않았고, 통계적 분석도 정확하지 않아 신뢰성이 떨어졌다. 타우알엑스는 약물이 타우 단백질에 결합해 병리 현상에 관련된 신호전달을 바꾼다는 것을 증명하지는 못했다. 생체 바이오마커로 표적 참여(target engagement)를 밝히지 못해, LMTM는 환자 뇌척수액(cerebrospinal fluid, CSF) 안의 타우, 인산화 타우, Aβ42 지표를 개선시키지 못했다(doi: 10.1016/S0140-6736[16]31275-2).

타우알엑스는 다시 임상시험을 진행하고 있다. 타우알엑스는 LMTM을 개선한 물질로 임상3상에서 대조군 참여자에게 저용량(4mg/kg)을 플라시보 약물로 하루에 두 번 투여했다. LMTX를 복용하면 소변과 대변이 초록색(이나 파란색)으로 바뀌기 때문에 환자가 투여받은 약물을 구별하지 못하게 하는 활성 플라시보(active placebo)를 쓴 것이다. 그런데 임상3상을 분석한 결과, 경증 환자에게 LMTX 4mg/kg을 단일 투여한 그룹에서 인지 지표인 ADAS-Cog, ADCS-ADL와 FDG-PET 촬영에서 포도당 대사가 줄어드는 속도를 늦췄다는 내용을 발견할 수 있었다(doi:

[표 6.2] 타우알엑스가 진행한 LMTM 임상3상에서 뇌척수액 바이오마커 분석 결과
출처: Prof Serge Gauthier, *et al.*, Efficacy and safety of tau-aggregation inhibitor therapy in patients with mild or moderate Alzheimer's disease: a randomised, controlled, double-blind, parallel-arm, phase 3 trial, *The LANCET*, (published online) p.6, 2916.12.

뇌척수액 바이오마커 (단위: ng/L)			
대조군 4mg LMTM / 1일 2회 투여 (354명)	75mg LMTM / 1일 2회 투여 (267명)	125mg LMTM / 1일 2회 투여 (264명)	총 885명
총 타우 (t-Tau) 143·9(68·4; n=19)	156·4(72·5; n=15)	113·2(54·7; n=5)	144·8(68·2; n=39)
인산화 타우 (p-Tau) 59·2(25·3; n=20)	61·2(20·3; n=15)	58·1(12·8; n=5)	59·8(21·9; n=40)
Aβ1-42 264·7(96·6; n=20)	276·0(85·9; n=15)	235·8(62·1; n=5)	265·3(88·0; n=40)

10.3233/JAD-170560). 이를 바탕으로 타우알엑스는 경증 알츠하이머 병 환자 375명을 목표로 LMTX 8mg/kg이나 16mg/kg(하루 기준, 4mg/kg 하루 2회, 1개씩 혹은 2개씩 복용)을 복용하는 임상 2/3상을 2020년 6월까지 진행할 예정이다(NCT03446001).

인산화 타우 타깃 항체

로슈(Roche)의 RG7345는 타우가 인산화되는 세린422(S422)를 타깃하는 인간화 항체다. S422 부위의 인산화는 타우 응집에 관여한다고 알려져 있다. 세린422 에피토프는 초기부터 후기 단계 알츠하이머 병까지 나타나는 특징도 있다. 로슈는 타우 병리 현상을 나타내는 THY-Tau22 모델(*MAPT G272V*, *MAPT P301S* 변이)에서 능동면역 치료법으로 인산화 세린422를 포함하고 있는 11개 펩타이드 서열 항원과 아주반트를 1:1로 섞고 피하투여해 효과를 관찰했다. 인산화 세린422 항체가 만들어진 쥐에서 병리

타우 단백질이 줄었고, 쥐의 공간 기억 능력 저하가 개선되었다. 그러나 능동면역 접근법으로는 면역반응 특이성이 떨어지는 것이 문제였다. 쥐에서 여러 종류의 항체가 만들어졌고, 인산화 세린422 자리가 포함되지 않고 주변부만 표적하는 항체도 만들어졌다.

2014년, 로슈 연구진은 알츠하이머 병 발병률을 높이는 세 가지 유전자 변이(*APP*, *PSEN2*, *MAPT*)를 가지는 TauPS2APP 알츠하이머 병 동물 모델에서 인산화 세린422 에피토프를 타깃하는 항체가 작동하는 메커니즘을 밝힌 연구 결과를 발표했다(doi: 10.1093/brain/awu213). 인산화 세린422 에피토프를 타깃하는 항체가 세포 안으로 들어간 다음 세포 소화기관 리소좀에서 분해되며, 그 결과 해마의 인산화 세린422 수치와 세포사멸 현상이 줄어들었다. 항체가 세포 안의 타깃 타우와 결합해 없어지는 메커니즘이었다.

로슈는 임상1상에서 48명의 건강한 피험자를 대상으로 약물의 안전성과 약동력학적 프로파일을 테스트했지만 임상을 멈췄다. 이유를 구체적으로 밝히지는 않았지만, 안전성 문제가 없었던 것으로 보아 약동력학적 특성에 문제가 있었던 것으로 예측해볼 수도 있다.

AC이뮨과 제넨텍(Genentech)의 RO7105705는 타우의 N-터미널에 결합하는 항체다. RO7105705는 Fcγ 매개 미세아교세포(microglia) 면역 반응을 피하려고 IgG4 백본(backbone)을 사용했다. 미세아교세포 활성화로 분비되는 사이토카인 면역 부작용을 고려한 것이다. 제넨텍이 전임상과 임상1상에서

RO7105705가 6개의 타우 동형 단백질에 모두 결합하는 것을 확인했다. 모노머(monomer)나 올리고머 타우, 인산화 타우에 모두 결합하는 타우 항체(pan-Tau)였다.

임상1상은 건강한 피험자와 경증~중등도(MMSE: 16~28, PET 촬영 이미지상 아밀로이드 양성) 알츠하이머 병 환자 74명이 참여했다. 단일 투여에서 정맥주사로 225~16,800mg의 약물을 주입했고, 혈청 안에서 약물 반감기는 평균 32일이었다. 제넨텍은 2~3시간이 걸리는 정맥투여보다 편리한 피하주사로 1,200mg의 RO7105705를 주입했을 때 70%의 생체 이용률을 확인했다.

임상1상에서 심각한 약물 부작용은 없었다. 2017년 제넨텍은 전구, 경증 알츠하이머 병 환자에게 RO7105705를 투여하고 73주째 인지 및 안전성을 평가하는 임상2상을 진행하고 있다(NCT03289143). 2019년 1월, 제넨텍은 알츠하이머 병이 더 악화된 중등도 알츠하이머 병 환자를 대상으로 RO7105705를 투여하고 49주째 인지 및 일상생활 능력을 평가하는 새로운 임상2상을 추가했다(NCT03828747). 두 임상에서 제넨텍은 약물 투여에 따라 뇌에 축적된 타우가 어떻게 변하는지 살펴보기 위해 자체 개발하고 있는 타우 PET 추적자인 ^{18}F-GTP1(RO6880276)로 촬영을 함께 진행한다.

N-터미널 타깃 타우 항체

바이오젠: BIIB092(이전 BMS-986168, IPN007)

2017년 바이오젠은 BMS로부터 알츠하이머 병과 진행성 핵상 마비 치료제로 BMS-986168의 개발권과 전 세계 판권을 가져왔다.

BMS-986168은 BMS가 2014년 아이피에리언(iPierian)이 전임상 개발을 하던 IPN007을 가져와 개발하던 프로젝트였다. 바이오젠은 BMS에 계약금 3,000만 달러, 마일스톤과 로열티로 4,100만 달러를 지급하고 BMS-986168를 가져와 BIIB092를 시작했다.

BIIB092는 세포 밖 타우를 타깃하는 IgG4 단일클론항체다. BIIB092는 가족성 알츠하이머 병(familial AD)의 *PSEN1*, *PSEN2* 유전자 변이를 가진 환자들에게 얻은 역분화 줄기세포에서, 세포 밖 타우 절편 N-터미널의 9-18 아미노산 서열을 인식했다 (doi: 10.1016/j.neurobiolaging.2014.09.007). 알츠하이머 병 쥐에서 BIIB0902는 뇌척수액 안에서 검출되는 세포 밖 타우의 양을 낮추고, 병리 형태의 아밀로이드 베타 단백질의 생성과 축적도 낮췄다. 전두측두엽 치매 모델에서는 타우 병리 증상을 낮췄다.

기존의 *APP*, *PSEN1*, *PSEN2* 변이를 이용한 쥐 모델에서는 타우 병변이 보이지 않았다. 그런데 BIIB092에서는 환자에게 얻은 역분화 줄기세포에서 유도한 뉴런을 이용했다. 시간이 지나면서 사람 뇌에서 일어나는 알츠하이머 병 병리 현상이 쥐의 뇌에서도 비슷하게 일어났다. 알츠하이머 병 쥐 모델보다 알츠하이머 병 환자의 역분화 줄기세포 뉴런에서 찾은 치료 타깃이 실제 환자의 뇌에 있는 형태에 더 가까울 수 있다.

2017년 BMS는 CTAD(Clinical Trials on Alzheimer's Disease)에서 48명의 진행성 핵상 마비 환자를 대상으로 12주 동안 BIIB092(1회/4주)를 투약한 임상1상 결과를 발표했다. 최대 2,100mg까지 약물을 투약했으며, 투여량이 늘어나자 뇌척수액에 있는 항체 농도가 높아졌다. 뇌척수액에서 세포 밖 타우 양을 확인했을 때, 약물 투여에 따라 모든 그룹에서 90% 이상의 타우가 감소했다. 첫 약물 투여 후 39일이 되는 시점에 타우 감소 정도는 90~96%였고, 85일 시점에 타우 감소 정도는 91~97%였다. 부작용은 대부분 1등급 경증이었고 약물을 중단한 사례도 없었다.

바이오젠은 진행성 핵상 마비 환자를 대상으로 하는 임상2상에서 50mg/ml의 BIIB092를 52주간 투여한다. 2018년 5월에는, 전구나 경증 알츠하이머 병 환자를 대상으로 하는 임상2상도 시작했다(NCT03352557).

애브비(C2N): ABBV-8E12(C2N-8E12)

애브비가 임상2상을 진행하고 있는 ABBV-8E12는, N-터미널의 타우 25-30 아미노산 서열을 인식하는 IgG4 단일클론항체다. 세포 밖에서 응집한 타우를 타깃하는 항체로 세포주 실험에서 타우 시딩(seeding) 현상을 저해해, 이웃 병리 타우 단백질이 이동하는 것을 막았다. 타우 병리 쥐 모델(P301S)에서 항체를 투여해 타우 응집과 인산화를 낮췄고, 공포 기억 시험에서 인지손상이 개선됐다(doi: 10.1016/j.neuron.2013.07.046).

애브비는 2015년, 2016년 각각 FDA와 EMA로부터 진행성 핵상 마비 치료제로 ABBV-8E12의 희귀의약품 지정을 받았다. 애브비는 초기 진행성 핵상 마비 환자(PSP scale score: 20~50)를 대상으로 한 임상1상에서 2.5, 7.5, 15, 25, 50mg/kg의 약물을 투여했다. 약물 부작용은 없었고, 3등급 불안감 부작용이 1건 있었다. 혈청 안에서의 항체 반감기는 27~37일, '뇌척수액/혈청의 항체 농도'는 0.18~0.35로 긍정적인 수준이었다. 2016년 애브비는 초기 알츠하이머 병 환자 400명을 대상으로 임상2상을 시작했다(NCT02880956).

일라이릴리: LY3303560

3차원 구조의 에피토프(conformational epitope)란, 선형 에피토프(linear epitope)와 구별되는 개념이다. 선형 에피토프 항체가 일렬로 늘어선 아미노산을 인지한다면, 입체적인 구조의 에피토프 항체는 울퉁불퉁하게 생긴 항원을 잡는다. 예를 들어 아미노산 2-3과 15-17부위를 동시에 인식하는 등 서로 떨어진 에피토프를 인지한다.

　　LY3303560은 3차원 구조 에피토프를 인식하는 서열로, 타우의 7-9와 312-322 서열에 결합한다. N-터미널에 속하는 7-9 서열이 주요 에피토프다. 312-322는 타우가 미세소관에 붙는 MBD에 속한다. LY330560은 응집체에 특이적으로 붙는 인간화 항체로, 결합력(Kd)을 비교하면 LY330560가 응집체에 220pM, 모노머에는 235nM로 약 1,000배 더 잘 결합했다. 원숭이에 0.15 ml/h/kg을 투여했을 때 혈청 안 반감기는 13일이며, 피하투여했을 때 약물이 노출된 정도는(AUC)는 79%였다. 토끼에 항체를 정맥투여한 후 24시간이 된 시점에서 뇌척수액 안에서의 농도는 0.1% 수준이었다. 일리아릴리는 2017년 전구, 경증 알츠하이머 병 환자를 대상으로 하는 임상1상(NCT03019536)을 시작했으며, 바이오마커로 아밀로이드 PET와 타우 PET 촬영을 함께 진행한다.

중간 부분 타깃 타우 항체

바이오젠, 애브비 등 선발 주자들이 개발하는 타우 시딩과 전파를 막는 타우 항체는 주로 N-터미널을 타깃하는 항체였다. 이에 얀센, UBC 바이오파마 등 후발 주자들은 N-터미널보다 중간 부위에 있는 에피토프를 타깃하는 것이 타우 시딩과 전파를 효과적으로 막는다고 주장한다. 임상시험에서 초기 데이터가 나오지 않았기 때문에, 실제 환자에게 효과가 어떨지는 알 수 없다. 다만 타우의 중간 부분을 막는 접근법은 앞서 임상시험에 들어간 1세대 타우 항체와는 구별할 필요가 있다. 2세대 항체는 이제 임상1상에 들어갔거나 막 임상1상이 끝나는 단계다. 앞으로 3~4년 후에 알츠하이머 병 환자를 대상으로 한 초기 데이터를 지켜볼 필요가 있다.

얀센: JNJ-63733657

JNJ-63733657은 정확한 에피토프가 공개되지 않았다. 타우의 중간 부분을 타깃한다고만 알려졌다. 얀센은 세포주와 타우 동물 모델에서 JNJ-63733657가 타우 시드를 없애고, 병리 형태의 타우 전파를 막은 것을 확인했다고 발표했다. 연구진은 재조합 응집 타우와 알츠하이머 병 환자 뇌의 인산화 타우가, 긴 두 줄로 꼬인 형태의 불용성 섬유(paired helical filament, PHF)에서 얻은 항원으로 항체를 선별했다. 2017년 JNJ-63733657의 임상1상이 시작되었다. 임상시험은 둘로 나누어 진행된다. 파트1에서는 건강한 피험자에서 약물의 단일 투여에 따른 안전성 및 내약성을 확인한다. 파트2에서는 전구, 경증 알츠하이머 병 환자를 대상으로

8주간 용량 증량 시험을 한다.

UCB 바이오파마: UCB0107

UCB0107는 타우에서 MBD 도메인 앞부분의 프롤린 농축 부위(proline-rich region) 235-246 아미노산에 결합하는 항체다. UCB 연구팀이 중간 부분 서열을 고른 이유는 N-터미널 타우를 타깃하는 항체와 비교해, 중간 부위를 표적하는 항체가 뉴런 사이로 응집된 타우가 전파하는 것을 더 높게 억제한다고 보기 때문이다. 또한 UCB0107는 타우 모노머에도 결합한다.

UCB 연구팀은 알츠하이머 병 환자의 뇌에서 얻은 PHF를 포함해, 여러 형태의 전사 후 변형을 가진 타우 피브릴을 동물모델에 주입해 94개의 항체를 얻었다. 이 가운데 타우 결합 부위를 살펴보고 51개 항체를 골라 HEK293 세포주에 인간 타우 병증 변이(P301S)를 일으켰다. 이후 타우 응집을 유도하기 위해 알츠하이머 병 환자의 뇌에서 분리한 독성 형태의 타우를 처리했다. 이 상태에 타우 항체를 함께 처리한 다음 이틀이 지나고 세포 안 피브릴 타우 양을 측정했다. UCB0107 서열을 가진 항체만 타우 응집을 효과적으로 억제했다. 300nM 농도까지 높였더니 타우 응집을 거의 100% 억제했다. 이 시스템에서 N-터미널을 타깃하는 타우 항체는 타우 시딩을 거의 억제하지 못했다. UCB는 진행성 핵상 마비, 전두측두엽 치매 조직 샘플에서도 같은 효과를 확인했다. 2018년 UCB 바이오파마는 건강한 피험자에게 UCB0107를 투여하는 임상1상을 마쳤다.

바이오젠-뉴리뮨: BIIB076

BIIB076은 3차원 구조의 에피토프를 가진 항체다. 정확한 서열을 비롯해 세포주과 동물모델 자료는 공개되지 않았다. 2017년 바이오젠이 '알츠하이머 병/파킨슨 병 학회'(AD/PD)와 AA-IC(Alzheimer's Association International Conference)에서 발표한 내용에 따르면, BIIB076는 원숭이(cynomolgus monkey)와 인간 타우에 나노몰 보다 작은(subnanomolar) 결합력을 가진다. 모노머와 피브릴 형태, 정상 타우와 알츠하이머 병 환자에게서 얻은 타우에 모두 결합한다. 즉 pan-타우 항체의 특성을 가진다.

2010년 뉴리뮨은 Reverse Translational Medicine™(RTM™) 플랫폼을 고안했다. 건강한 노인의 체내 기억 B세포(memory B cells)에서 얻은 cDNA에서 병리 타우에 특이적인 항체 후보물질을 골랐다. 사람 면역 시스템에서 얻은 인간 항체라면, 낮은 면역원성을 기대할 수 있을 것이었다. 참고로 뉴리뮨은 아두카누맙도 같은 방식으로 찾았다.

100mg/kg의 BIIB076를 원숭이에 투여했을 때 혈액 내 반감기는 8~11일이었다. 약물 투여 후 24~48시간이 지나 최대 농도에 도달했으며, '뇌척수액/혈청 농도'는 0.1% 수준이었다. BIIB076을 투여함에 따라 뇌척수액 안의 총 타우 양은 변하지 않았지만, 24시간이 된 시점에서 약물과 결합하지 않은 타우는 75% 수준이었으며, 3주 후 원래 수준을 되찾았다. 이는 실제 몸 속에서 항체가 타우에 결합하는 정도를 평가한 것으로, 약물 투여 빈도를 결정하는 근거다.

바이오젠은 필리핀 원숭이(cynomolgus monkey, 평균 2.4살

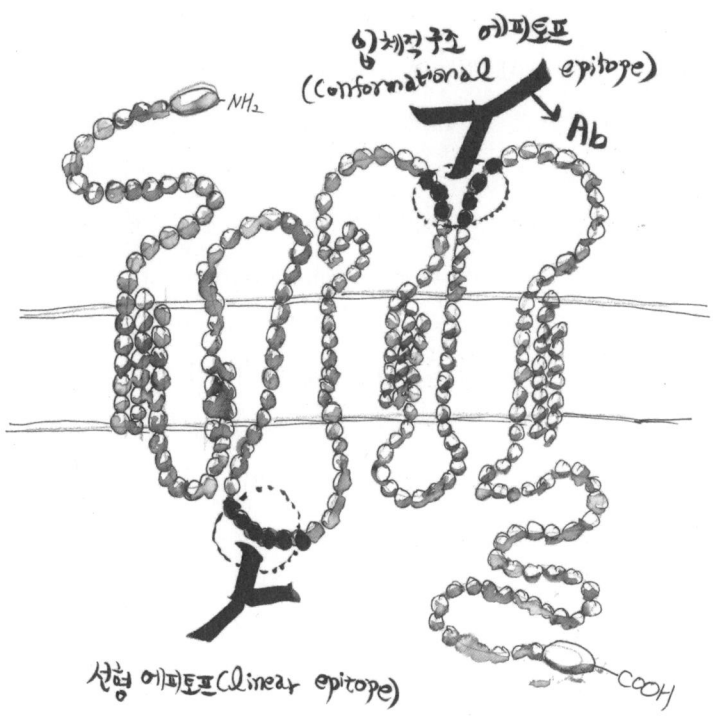

[그림 6.8] 3차원 구조의 에피토프와 선형 에피토프

로 젊은 원숭이) 48마리에 BIIB076을 정맥투여와 피하투여해 독성 용량을 확인했다. 고용량 투여에서 뇌척수액에 있는 타우를 효과적으로 줄였다고 발표했다(doi: 10.1016/j.jalz.2017.06.1903). 바이오젠의 임상1상은 2019년 종료를 목표로 진행하고 있다(NCT03056729). 임상1상에서는 타우를 타깃하는 항체인 BIIB076을 정상인과 알츠하이머 병 환자 대상으로 투여한다. 바이오젠은 56명의 건강한 피험자와 초기 알츠하이머 병 환자에게 BIIB076을 정맥투여한 다음 20주 후 약물 안전성, 내약성 및 약동력학적 특징을 평가한다. 바이오젠은 인지검사와 함께 뇌척수액 안에 Aβ42, 총 타우, 인산화 타우가 확인되는 알츠하이머 병 환자를 선별했다.

안티센스 올리고뉴클레오타이드(ASO)

바이오젠과 아이오니스는 타우 단백질 저해 약물인 IONIS-MAPTRx(BIIB080)를 알츠하이머 병 환자와 전두측두엽 치매 환자에게 한 달에 한 번, 척추강 내 주사(intrathecal injection)로 투여하는 연구를 하고 있다. 경증 알츠하이머 병 환자 44명을 대상으로 하는 IONIS-MAPTRx의 임상1/2a상도 진행하고 있다(NCT03186989). IONIS-MAPTRx는 뇌 전체에서 다양한 형태의 타우 생성 자체를 줄이는 설계다. 타우 병리 쥐(PS19)에 IONIS-MAPTRx를 투여하자 병리 타우 생성/축적과 시딩이 억제되었다(doi: 10.1126/scitranslmed.aag0481). 신경손상이 멈췄으며, 타우 병리 쥐의 생존기간이 연장됐다. 영장류(cynomolgus monkey) 대상의 실험에서도 IONIS-MAPTRx 투여는 뇌와 뇌척수액에 있는 타우 양을 줄였고, 안전성 문제도 없었다. 타우 동형 단백질 여섯 개를 모두 분해했고, 이는 부작용에 대한 걱정 없이 타우 병증에 적용해볼 수 있는 여지를 마련해주었다.

다만 실제 치료제가 되려면 풀어야 할 문제는 있다. 척추강내 주사는 환자의 척수 주변을 둘러싸고 있는 뇌척수액에 직접 주사하는 것이다. 환자가 느끼는 불편함과 부작용을 최소화해야 한다. 바이오젠-아이오니스가 상업화에 성공한 희귀신경질환인 척수성 근위축증(spinal muscular atrophy, SMA) 치료제인 스핀라자®(SPINRAZA®, 성분명: nusinersen sodium)도 2~4달에 한 번 투여 하는 것이 불편함으로 지적된다.

타우의 mRNA 유전자 발현을 낮추는 핵산 치료제도 투여 횟수를 줄이거나 투여가 편리한 방향으로 개선되어야 한다. 핵산 치료제로 타우 생성을 막는 접근법은 이미 형성된 타우는 제거하지 못하므로, 이미 생성된 타우 단백질을 제거할 수 있는 약물을 병용투여하는 방법도 고려해볼 수 있다.

바이오젠과 아이오니스는 이외에도 근위축성 측삭경화증(amytrophic lateral sclerosis, ALS) 병리 단백질인 SOD1(superoxide dismutase 1)을 타깃하는 IONIS-SOD1Rx(BIIB067) 약물 임상2상, C9ORF72 변이로 걸리는 근위축성 측삭경화증 환자에게 유전자 발현을 낮추는 IONIS-C9Rx로 임상2상을 진행하고 있다.

ASO를 적용한 퇴행성 뇌질환 치료제 개발이 초기 단계지만, 바이오젠은 2019년 9월에 끝나는 아이오니스와의 치료제 공동 개발 파트너십을 10년 연장했다. 보통 이런 종류의 파트너십은 계약한 물질이 임상시험 단계에 들어가 목표를 달성하거나, 임상시험이 실패했을 때 마무리된다. 그런데 아이오니스가 개발한 척수성 근위축증 치료제 스핀라자®의 효능과 안전성이 입증되었고 ASO 플랫폼의 가능성도 인정되어 파트너십 10년 연장이 가능했던 것으로 보인다.

바이오젠과 아이오니스는 치매, 신경근육질환, 운동 장애, 안과, 내이질환, 신경정신질환 치료제를 개발하고 있다. 바이오젠이 타깃을 선택하면 아이오니스는 해당 타깃을 겨냥한 ASO 신약 후보를 발굴하고, 임상시험과 제조나 판매는 바이오젠이 맡는다. 2020년 중반까지 최대 7개의 신약 후보물질에 대해 임상시험을 시작하는 것이 목표다.

2018년, 다케다도 신경질환을 타깃하는 뉴클레오타이드 약물 연구에 투자를 시작했다. 다케다는 웨이브 라이프 사이언스(Wave Life Sciences)와 헌팅턴 병 치료제를 함께 개발한다. 근위축성 측삭경화증, 전두측두엽 치매를 치료하는 *C9ORF72* 유전자 변이 타깃 ASO, 척수소뇌성 운동실조 타입3(SCA3) 등 중추신경계 질환 치료제 개발 프로그램 4개에 대한 파트너십을 맺었다. 다케다는 웨이브 라이프 사이언스에 계약금 1억 1,000만 달러를 지급하고, 6,000만 달러 규모의 주식도 샀다. 또한 다케다는 웨이브 라이프 사이언스에 4년 동안 연구 자금으로 6,000만 달러를 지원하면서, 전임상 단계에서 알츠하이머 병과 파킨슨 병을 포함한 중추신경계 질환 타깃 구매에 대한 우선협상권을 확보했다.

분해 시스템
알츠하이머 병 환자의 뇌 속에서 타우가 적절히 분해되지 못하고, 다른 부위로 퍼져 병을 악화한다. 병리 타우는 생성을 막는 것과 더불어 적절하게 분해되는 것도 문제다. 보통 몸속에서 물질을 분해하는 메커니즘은 유비퀴틴-프로테아좀 시스템(ubiquitin-proteasome system, UPS)과 자가포식 리소좀(autophagylysosome) 시스템 두 가지다. UPS 시스템은 핵과 세포질에 있는 수명이 짧거나, 손상을 입거나, 잘못 접힌 단백질을 선택적으로 분해한다. 자가포식은 수명이 긴 단백질, 세포 소기관(organelle), 비정상적인 단백질을 비특이적으로 대량 분해한다(doi: 10.1016/j.neurobiolaging.2013.03.015). 자가포식 가운데 '응집포식(aggrephagy)'은 타우와 같은 응집된 형태의 단백질을 제거하는 방식이다(doi: doi.org/10.1016/j.nbd.2010.08.015).

이 두 시스템은 서로 영향을 주며 조절된다. 물질에 따라 주로 이용하는 분해 시스템이 다른데, 타우는 두 가지 경로 모두로 분해될 수 있다. 보통 야생형 타우에 유비퀴틴기가 붙으면 미세소관과의 결합력이 약해지는데, 이때 유비퀴틴 시스템으로 분해될 수 있다. 유비퀴틴 시스템이 과인산화된 타우나 잘못 응집된 타우까지 분해하는지 명확하지 않지만, 뇌 속의 용해성 타우 모노머를 주로 제거하는 것으로 보인다. 유비퀴틴 시스템은 불용해성의 PHF나 신경엉킴 같은 응집 형태의 타우를 분해하지 못하는데, 이 경우는 자가포식에 의해 주로 분해되는 것으로 보인다.

알츠하이머 병 환자의 뇌에서 각각의 분해 시스템이 망가진다는 단서는 있다. 알츠하이머 병 환자의 뇌에서 프로테아좀 활성이 떨어지며, 알츠하이머 병 후기 단계에서 자가포식 기능이 떨어진다. 이러한 메커니즘이 치료제 개발로 어떻게 이어질 수 있을까? 프로테아좀 활성을 높이거나 자가포식 활성 자체를 높여주는 약물이 가능하다. 응집 형태의 독성 타우를 제거하는 데는 자가포식 활성을 높여주는 방식을 쓸 수 있을 것이다. 한편 병리 타우와 분해 시스템을 직접 연결해 분해시키는 방법이 있다. 치료 타깃의 분해를 유도하는 프로탁(proteolysis targeting chimera, PROTAC) 플랫폼이 바로 그것이다. 프로탁은 항암제 분야에서 활발하게 적용되고 있다. 퇴행성 뇌질환 분야에 프로탁을 적용하는 회사로는 셀진이 있다. 2018년 셀진은 프로탁 전문회사인 비비디온(Vividion)과 암, 염증, 퇴행성 뇌질환에 걸쳐 신약 후보약물을 발굴하기로 협약을 맺었다. 아비나스(Arvinas)도 타우 분해 프로탁을 개발하고 있다.

크기가 큰 응집 단백질을 없애기 위해 기존 프로탁이 UPS 시스템을 끌어들여 질환을 일으키는 분자를 분해하는 것처럼, 퇴행성 뇌질환에서는 앞선 타우 분해 메커니즘을 고려했을 때 저분자 화합물로 응집 단백질에 자가포식, 나아가 응집포식을 유도하는 접근법도 가능할 것이다. 실제 치료 타깃과 분해 시스템을 저분자 화합물로 거리가 가까워지게 만들어 분해하는 프로탁의 컨셉은 리소좀, 자가포식 등 다른 분해 시스템에도 적용되기 시작하고 있으며 아주 초기 단계다.

이밖에 타우와 분해 시스템을 연결하는 것은 항체 혹은 이중항체 플랫폼으로도 가능하다. 2017년 『셀(*Cell*)』에 발표된 'Trim-Away' 항체 기술로, 세포 안에서 항체 Fc 부위를 인지해 분해하는 시스템인 TRIM21를 매개로 항체와 결합한 항원을 없애도록 유도하는 컨셉이다. 실제 타우 항체가 세포 안에서

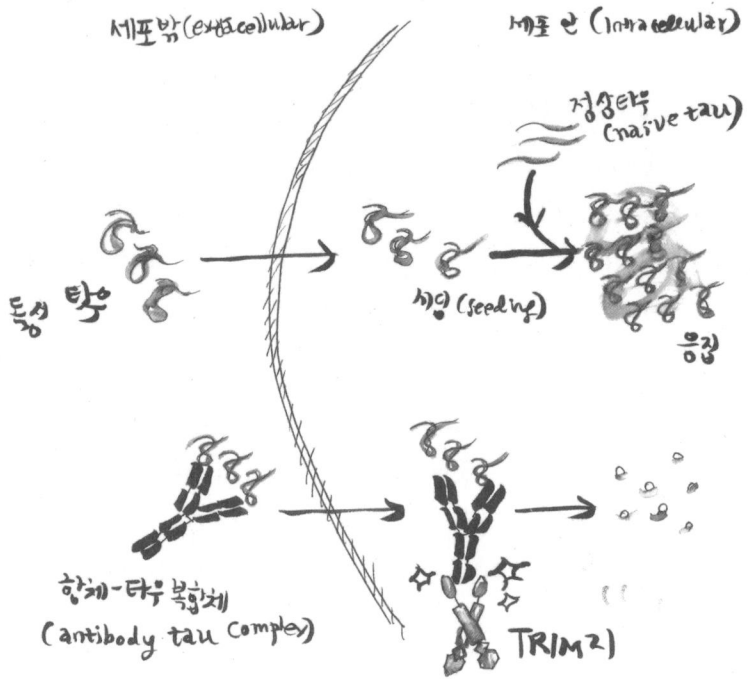

[그림 6.9] 응집된 세포 밖 타우가 세포 안으로 들어가 시딩(seeding)과 응집을 유도한다. 이때 만약 항체가 세포 밖 타우를 잡으면 세포 안으로 들어가 TRIM21에 의해 인식되면 타우 시딩을 억제한다.
출처: William A. McEwan, *et al.*, Cytosolic Fc receptor TRIM21 inhibits seeded tau aggregation, *PNAS*, suppelment fig S7, 2017.01. 재작성

TRIM21에 의해 분해돼 치료 효과를 발휘하는 연구결과도 있다. 2017년 『PNAS(Proceeding of the National Academy of Science of the United States of America)』에 발표된 논문을 보면 타우 항체가 세포 안으로 유입된 다음, 세포질에 있는 TRIM21이 항체의 Fc 부위를 인지해 세포 밖 독성 타우 분해를 유도하고 타우 시딩을 억제했다는 결과가 있다(doi: 10.1073/pnas.160721511). 즉 이 경우에는 타우 항체의 세포 내 섭취를 높여, TRIM21 항체로 제거하는 방향으로 접근할 수 있을 것이다.

 2016년 셀진은 에보텍(Evotec)의 역분화 줄기세포 신약 스크리닝 플랫폼을 이용해 알츠하이머 병, 파킨슨 병, 근위축성 측삭경화증 등 퇴행성 뇌질환 치료제 후보물질 발굴, 연구 개발 독점 협약을 맺었다. 셀진은 에보텍에 계약금 4,500만 달러를 지급하고, 에보텍 컴파운드 라이브러리에서 발굴한 프로그램에 대한 전 세계 라이선스 인 옵션을 확보했다. 셀진은 5년 동안 에보텍의 역분화 줄기세포 시스템에서, 셀진이 자체 보유한 CELMoD 화합물을 테스트할 수 있다. CELMoD는 E3 리가아제 복합체를 형성하는 세레브론(cereblon, CRBN) 분해 시스템을 바탕으로 하는 프로탁 저분자 화합물이다. CELMoD는 세레브론과 치료 타깃과의 거리를 가까워지게 연결해 분해를 유도한다. 셀진은 아밀로이드 베타 단백질, 타우 단백질, 알파시누클레인 등을 타깃해 이를 제거할 수 있는 프로탁을 찾고 있다.

 다만 프로탁은 아직 임상에서 입증되지 않은 약물 플랫폼이다. 2019년 4월, C4테라퓨틱스가 경구용 안드로겐 수용체(androgen receptor, AR)를 분해하는 프로탁 약물 ARV-110로 임상

'단백질 분해 (Protein degradation)' 시스템

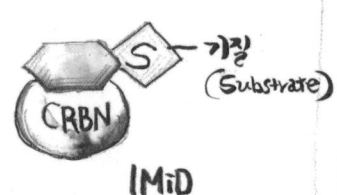

기질 (Substrate)

IMiD

IMiD 약물? 레날리도마이드, 포말리도마이드
적용분야 (다발성골수종, 림프암, MDS)

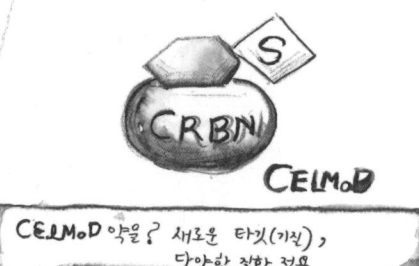

CELMoD

CELMoD 약물? 새로운 타깃(기질),
다양한 질환 적용

Ligase modulator

CRBL을 넘어서... 다른 E3 ligase 응용
염증, 면역항암제, 함께

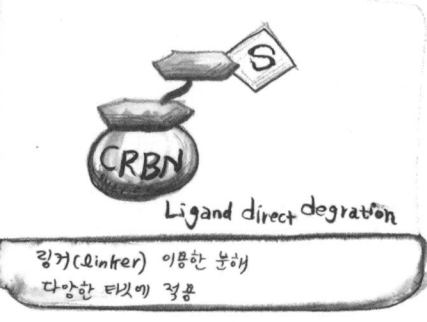

Ligand direct degration

링커(Linker) 이용한 분해
다양한 타깃에 적용

[그림 6.10] 셀진의 네 가지 단백질 분해 시스템
출처: *Welcome to the R&D Deep Dive Series*, p.25, 2018.05.

시험에 들어가는데, 이것이 실질적인 첫 시도다. 몸속 병리 단백질을 분해할지, E3 분해 시스템을 건드려 새로운 부작용을 나타낼지 지켜봐야 한다.

프로탁의 덩치도 해결해야 하는 문제다. 기존 케미컬 의약품의 분자량이 300~500Da 정도라면, 프로탁은 결합 부위와 링커를 가지고 있어 분자량이 700~1,000Da 정도다. 체내 흡수가 쉽지 않으니 경구투여에는 적절하지 않다. 물론 복강투여나 피하투여 방식을 이용할 수 있다. 그러나 투여 경로는 환자 편의성으로 이어지는 문제다. 결정적인 장애물은 혈뇌장벽 통과다. 퇴행성 뇌질환 환자 뇌의 응집된 단백질을 없애는 용도의 프로탁을 도입할 때 분자량이 너무 크다.

그럼에도 프로탁, 더 넓게는 새로운 메커니즘의 단백질 분해 약물(protein degrader)은 관심을 기울일 가치가 있다. 단백질 분해 약물의 가능성은 두 가지다. 첫째, E1은 2개, E2는 60여 개에 이르지만, E3는 경우에 따라 600~1,000개에 이르며, 아주 복잡한 과정을 통해 E1/E2/E3가 조합돼 질환 특이적인 특징을 갖는다. 아직까지 단백질 분해를 위해 이용하는 E3 리가아제 종류는 많지 않지만, 연구가 진행되면 특정 질환의 E3 리가아제를 타깃해 단백질을 분해하는 약물을 만들 수 있을지 모른다. 둘째, 다른 단백질 분해 시스템인 자가포식, 리소좀 등을 쓰는 약물도 개발되고 있다. 단백질 종류나 메커니즘에 따라 주로 이용하는 분해 시스템은 각각 다르다. 따라서 여러 분해 시스템을 이용할 수 있다면 치료할 수 있는 질병의 적용 범위도 넓어질 것이다.

[표 6.3] 1세대, 2세대 타우 항체 개발 현황(2019년 6월 기준)

회사	후보물질	에피토프	임상 프로토콜	시기	NCT
1세대 타우					
로슈	RG7345	Tau-pS422	P1: 건강한 일반인(n=48)	2015-중단	NCT02281786
바이오젠 (BMS로부터 2017년 인수)	BIIB092 (BMS-986168)	extracellular Tau 9-18 (N-term)	P1: 건강한 일반인(n=65)	2014-2016	NCT02294851
			P1: PSP(n=48)	2015-2017	NCT02460094
			Extension study(n=48)	2016-2019	NCT02658916
			P2: PSP(n=396)	2017-2020	NCT03068468
			P2: early AD(n=528)	2018-2021	NCT03352557
			P1(연구자): 1차 타우병증(CBS, nfvPPA, sMAPT, TES)	2018-2020	NCT03658135
C2N-애브비	ABBV-8E12 (C2N-8E12)	extracellular Tau 25-30 (N-term)	P1: PSP(n=32)	2015-2016	NCT02494024
			Extension study(n=3)	2018-2020	NCT03413319
			P2: PSP(n=378)	2016-2020	NCT02985879
			Extension study(n=378)	2018-2022	NCT03391765
			P2: early AD(n=400)	2016-2020	NCT02880956
			Extension study(n=360)	2019-2026	NCT03712787
AC Immune-제넨텍	RO7105705	Tau-pS409	P1: 건강한 일반인, mild~moderate AD(n=74)	2016-2017	NCT02820896
			P2: prodromal~mild AD(n=360)	2017-2020	NCT03289143
			P2: moderate AD(n=260)	2019-2021	NCT03828747

회사	후보물질	에피토프	임상 프로토콜	시기	NCT
2세대 타우					
일라이릴리	LY3303560	Tau 7-9, 312-322	P1: 건강한 일반인, mild~moderate AD(n=90)	2016-2017	NCT02754830
			P1: MCI, mild~moderate AD(n=132)	2017-2020	NCT03019536
			P2: early symptomatic AD(n=285)	2018-2021	NCT03518073
얀센	JNJ-63733657	Tau middle site target	P1: 건강한 일반인, prodromal~mild AD(n=64)	2017-2019	NCT03375697
			P1: 건강한 일반인 (일본인, n=24)	2018-2019	NCT03689153
바이오젠-뉴리뮨	BIIB076	mid site, conformational epitope	P1: 건강한 일반인, AD(n=52)	2017-2019	NCT03056729
UCB Biopharma	UCB0107	Tau 235-246	P1: 건강한 일반인(남자, n=52)	2018-2018	NCT03464227
			P1: 건강한 일반인 (일본인, n=24)	2018-2019	NCT03605082
에자이	E2814	MTBR(R2, R4)	임상1상 준비	2019?	

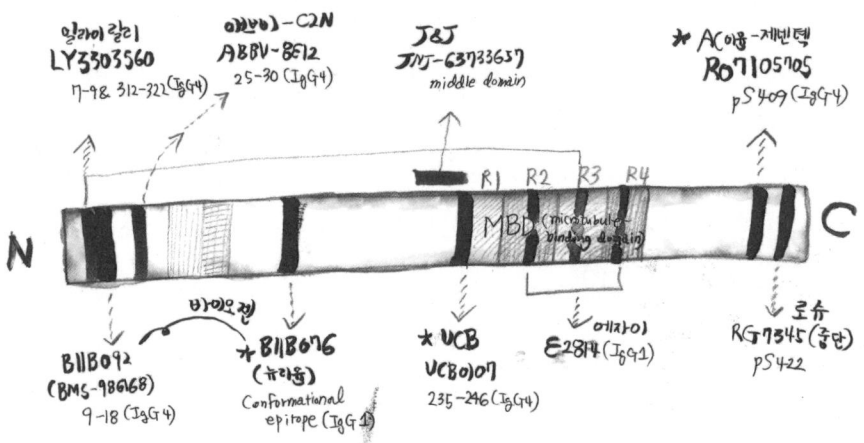

[그림 6.11] 타우 항체 후보물질이 타우 단백질에서 결합하는 위치.

스펙테이터

전 세계적 규모의 대형 제약기업들이 개발하고 있는 타우 타깃 후보물질은, 타우가 이웃하는 뉴런으로 이동해 병기 진행을 시작하는 시딩과 전파되는 것을 막는 치료제들이 많다. 인산화 등 하나의 전사 후 변형 에피토프만 타깃해서는 충분한 치료 효과를 기대하기는 힘들겠다는 판단이다. 예를 들어 인비트로 시딩 어세이(in vitro seeding assay)에서 S202/T205 인산화 자리를 타깃하는 항체를 처리하면 부분적으로는 타우 응집을 시작하는 시딩을 억제하지만, 억제능이 약 60% 이상 도달하자 플래토(plateau)를 형성했다. 타우 시딩에 관여하는 인산화 자리가 여럿이며, 한 자리만 막아서는 일정 수준 이상의 치료 효과를 내기가 힘들다.

한편 전사 후 번역 과정은 타우 응집 초기 단계에 일어나는 현상인데, 이는 뉴런 안에서 벌어지는 일이다. 세포막을 통과하지 못하는 항체로 접근하기 힘들다. 이를 극복하기 위해 항체가 Fc-매개로 세포 안으로 들어가는(internalize) 메커니즘을 이용하기도 한다. 이는 항체-약물 접합체(antibody-drug conjugate, ADC)가 세포 내로 들어가는 것과 비슷하다. 앞서 예로 든 로슈의 RG7345도 항체가 세포 안으로 들어가 병리 타우를 잡은 다음, 세포 내 소화 기관인 리소좀에서 분해되는 메커니즘이다.

이는 세포 밖에 있는 타우를 타깃하는 항체 치료제 개발에도 검토해야 한다. 세포 밖 타우를 타깃하는 경우, 항체의 Fcγ-매개 미세아교세포 대식작용이 타우를 없앨 수 있기 때문이다. Fcγ-매개 미세아교세포 대식작용은 염증반응 부작용 우려가 있어, 이 메커니즘을 적용하는 것이 맞는가에 대한 논쟁이 있다. 실제 아밀로이드 베타 단백질 플라크를 없애는 항체 신약들은 IgG4 백본으로 작용 기능을 없애거나, IgG1 백본을 이용해 Fcγ-매개 미세아교세포 대식작용으로 아밀로이드 베타 단백질 플라크를 없애는 두 가지 방향으로 나뉘었다. 물론 에피토프 차이가 있지만 Fcγ-매개 미세아교세포 대식작용을 이용하는 아두카누맙, BAN2401 등은 임상시험에서는 아밀로이드 베타 단백질 플라크를 효과적으로 없앴다. 뇌에서 염증 부작용이 보고됐지만, 용량이나 프로토콜 조정으로 방법을 찾을 수 있을 것으로 보인다.

2019년 현재 임상시험 단계에 있는 후보물질 가운데 바이오젠의 BIIB092, 애브비의 ABBV-8E12, 로슈의 RO7105705 등 IgG4 백본으로 연결해 Fcγ 수용체가 미세아교세포를 활성화하는 효과를 약화시켰다. 아밀로이드 베타 단백질을 타깃하는 항체 임상시험에서 중요한 문제는 뇌에서 과다한 염증반응에 따른 ARIA(amyloid-related imaging abnormalities) 부작용이다. 그런데 타우 항체 임상시험에서 ARIA와 같은 심각한 부작용은 아직 보고되지 않았다. 다만 뇌 안에 타우가 있는 환자는 다를 수 있어 아직 주의해야 한다.

이중항체

Bispecific Antibody

초기 환자일수록 혈뇌장벽이 튼튼하다.
뇌를 치료하려는 약물이라면, 뇌로 들어가는 것이 먼저다.

통과

2000년대 초반부터 항체를 퇴행성 뇌질환 치료제로 활용하려는 움직임이 시작했다. 뇌에 아밀로이드 베타 단백질이 쌓이고 이것이 알츠하이머 병을 일으킨다는 아밀로이드 가설에도 힘이 실리기 시작한 때다. 알츠하이머 병이 아밀로이드 베타 단백질 때문이라면 면역 체계를 이용해 아밀로이드 베타 단백질을 없애면 될 것이었고, 이와 관련된 약물 개발이 활발해졌다.

처음에는 능동면역(active immunotherapy) 방법으로 시작했다. 독성을 일으키는 아밀로이드 베타 단백질 절편을 환자 몸 속에 투여한다. 환자의 면역 체계는 이를 항원으로 인식해 항체를 만들 것이고 항체가 뇌 속에 아밀로이드 베타 단백질을 없애면 알츠하이머 병을 치료할 수 있을 것이라는 가설이었다. 얀센(Janssen)과 화이자(Pfizer)는 이를 바탕으로 알츠하이머 병 백신 프로젝트인 AN-1792를 시작했다. Aβ42와 면역보조제인 QS-21(아주반트)을 함께 투여하는 방식이었다. 그러나 한 가지 펩타이드에도 여러 종류의 항체가 만들어지고, 또 각각 얼마나 만들어지는지 예측할 수도 없다. 역시나 환자의 면역 상태가 저마다 달라 몸속에서 무슨 일이 어떻게 일어나는지 결과를 내다보기 어려웠다. 한편 약물을 투여받은 환자의 6%에게서 수막뇌염(meningoencephalitis)이 일어났고, 심한 경우 뇌 백질 손상과 뇌 피질 수축 현상이 나타나기도 했다(doi: 10.1212/01.wnl.0000073623.84147.a8). 프로젝트는 임상2상에서 멈추었다.

능동면역 방법이 막히자 수동면역(passive immunotherpay) 방식이 제안되었다. 뇌에서 독성 아밀로이드 베타 단백질을 제거할 수 있는 항체를 만들고, 이를 환자에게 투여하는 방식이다. 비슷한 시기인 1997년, 허셉틴®(Herceptin®, 성분명: trastuzumab)이 항체 의약품으로는 처음으로 FDA 승인을 받아 시장에 나오면서 아밀로이드 베타 단백질을 잡는 항체 의약품의 가능성도 높아 보였다.

얀센과 화이자는 바피네주맙(bapineuzumab)을 이용해 아밀로이드 베타 단백질을 없애려는 프로젝트를 시작했고, 로슈(Roche)는 간테네루맙(gantenerumab)을 퇴행성 뇌질환 치료제로 개발하려 시도했다. 바피네주맙과 간테네루맙 모두 항체가 뇌 속 아밀로이드 베타 단백질에 붙으면, 뇌 면역세포인 미세아교세포(microglia)가 항체 끝 부분을 인식해 아밀로이드 베타 단백질을 없애는 컨셉이었다. 더 발전된 기술이 사용되었고 기대를 모았지만, 임상시험에서 바피네주맙과 간테네루맙이 만족스러운 결과를 낸 것은 아니다.

결정적인 문제는 항체가 혈뇌장벽(blood-brain barrier, BBB)을 효과적으로 통과하지 못한다는 점이었다. 환자에게 약물을 투여하면, 약물은 혈관을 돌아다니다 뇌 속 모세혈관에 도착한다. 신경세포도 살아가려면 다른 세포와 마찬가지로 산소와 영양분이 필요하다. 뇌는 전체 몸무게에서 2% 남짓이지만, 전체 산소와 포도당의 20%를 쓴다. 산소와 영양분을 공급하는 역할을 모세혈관이 하니, 뇌 속 1,000억 개의 신경세포에 산소와 영양분을 공급하려면 모세혈관도 많아야 한다. (뇌 속 모세혈관을 한 줄로 늘어놓으면 644km에 정도의 길이라고 한다.) 뇌 속 모세혈관과 신경세포는 서로 산소와 영양분, 이산화탄소와 폐기물을 교환한다. 이때 산소와 이산화탄소, 영양분과 폐기물만 이동하는 것은 아니다. 혈액 속에 있던 다양한 물질도 함께 이동하는데, 약물도 이때 함께 이동해야 한다.

그런데 뇌에 있는 모세혈관은 다른 곳에 있는 모세혈관과 구조가 다르다. 가장 큰 차이는 혈관내피세포(endothelial cell)다. 보통의 혈관내피세포는 헐겁게 이어져 있어 안팎으로 크기가 작은 물질이 비교적 자유롭게 확산하며 이동할 수 있다. 그러나 뇌혈관내피세포(brain endothelial cell, BEC)는 밀착연접(tight junction)을 이루고 있어 이웃한 세포끼리 틈이 없이 빽빽하게 붙어 있다. 여기에 주변세포(pericyte)와 성상교세포의 발 끝(astrocyte endfoot)이 이를 다시 둘러싼다. 이것이 혈뇌장벽이다.

혈뇌장벽으로 뇌 속 모세혈관이 완벽하게 코팅되는 것은 아니지만, 차단 효과는 매우 높다. 물 분자, 산소, 작은 지질 분자 정도만 혈뇌장벽을 통과할 수 있다. 혈액에 있는 알부민, 트랜스페린(transferrin), IgG 등도 뇌척수액에서 발견되지만, 혈액과 비교하면 0.1~0.7% 수준이다. 이렇게 뇌 속 모세혈관이 혈뇌장벽으로 한 번 더 코팅되어 있기 때문에, 아주 작은 물질만 통과할 수 있다. 아무 물질이나 뇌로 들어갈 수 없고, 뇌 속 신경세포는 보호받으며, 항상성이 유지된다.

어떤 물질이 혈뇌장벽을 통과하려면 500달톤(Da)보다 작아야 한다. 그런데 항체는 보통 150,000달톤(Da) 정도다. 따라서 항체가 혈뇌장벽을 통과해 뇌까지 가기 어렵다. 그래서 사람의 혈액 안에 1,000개의 항체가 있다면, 혈뇌장벽을 뚫고 1개 정도의 항체가 뇌로 들어갈 수 있다. 항체가 아밀로이드 베타 단백

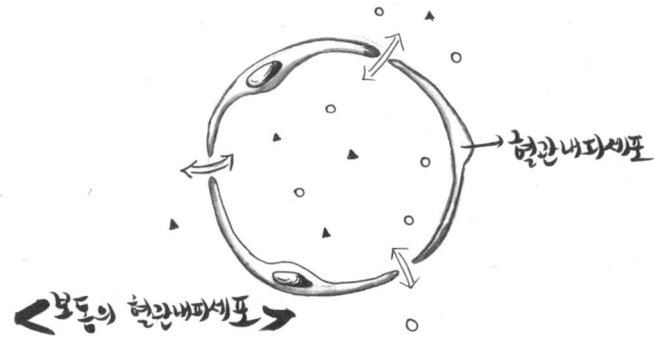

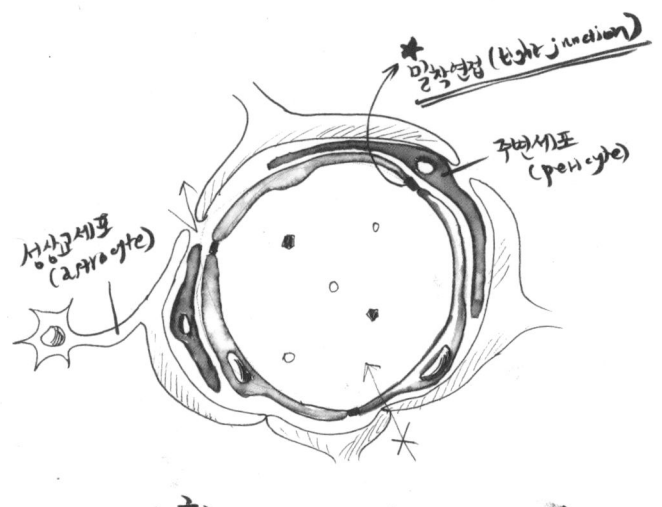

[그림 7.1] 혈뇌장벽의 구조.

질을 잡으면 알츠하이머 병이 고쳐질 것인가에 대한 논란이 여전히 많지만, 그런 논란보다는 우선 항체를 뇌로 들여보내는 일부터 해결하는 것이 우선이다.

항체로 퇴행성 뇌질환 치료제를 개발하려는 노력은 20여 년 동안 계속되고 있지만, 아직 한 개의 약물도 성공하지 못했다. 그럼에도 항체로 퇴행성 뇌질환, 그중에서도 알츠하이머 병 치료제를 만들 수 있을 것이라는 기대가 계속되는 이유는, 어떻게든 뇌로 들어가기만 하면 아밀로이드 베타 단백질을 효과적으로 없앨 수 있기 때문이다. 바이오젠(Biogen)은 아두카누맙(aducanumab)으로, 에자이(Eisai)-바이오젠은 BAN2401으로 사람의 뇌에 쌓인 아밀로이드 베타 단백질을 줄이는 데 성공했다. 만약 혈뇌장벽을 뚫고 항체를 뇌로 보낼 수만 있다면, 1,000개 가운데 1개보다 더 많은 항체를 뇌로 보낼 수 있다면, 치료 효과를 낼 수 있는 농도에 수월하게 도달할 수 있어 퇴행성 뇌질환 치료제 개발에 있어 새로운 장이 열릴지도 모른다.

그런 점에서 이중항체로 혈뇌장벽을 통과하는 시도가 주목받는다. 1,000개의 항체 가운데 1개가 들어가던 것을 10개 정도까지 더 넣어보자는 것이 목표다. 이중항체의 한 팔은 혈뇌장벽을 통과하는 데 쓰고, 다른 한 팔은 뇌 속에서 아밀로이드 베타 단백질에 결합하는 컨셉이다.

도전

이중항체(bispecific antibody, bsAb)를 암 치료에 적용하는 연구가 활발하다. 의약품으로 쓰는 단일클론항체(monoclonal antibody, mAb)는 하나의 타깃에만 결합하지만, 이중항체는 두 종류의 타깃에 결합할 수 있다. 예를 들어 T세포에 결합하면서 암세포에도 결합하는 항체(T cell engager bi-specific antibody)를 만드는 것이다. 2019년 현재 유일하게 이중항체 기술을 이용한 항암제로 승인된, 암젠(AMGEN)의 블린사이토®(Blincyto®, 성분명: blinatumomab)가 같은 원리다. 블린사이토®는 T세포에 결합한 상태로 암세포의 암항원에도 결합하므로, T세포가 원하는 암세포를 좀더 효과적으로 공격할 수 있게 돕는다.

이중항체가 퇴행성 뇌질환 치료에서 활용될 수 있는 부분은 혈뇌장벽 통과다. 혈뇌장벽이라고 해서 덩치가 큰 물질을 모두 통과시키지 못하는 것은 아니다. 뇌 혈관내피세포에 있는 특정 수용체에 결합하면 크기가 커도 혈뇌장벽을 통과할 수 있다. 이중항체의 한쪽 팔을 이 수용체에 결합할 수 있게 만들고, 다른 쪽 팔에는 아밀로이드 베타 단백질을 잡는 물질을 달아서 환자에게 투여한다. 이중항체는 덩치가 커도 혈뇌장벽을 통과해 뇌 안으로 빨려 들어가는데, 아밀로이드 베타 단백질을 잡는 물질도 함께 뇌 안으로 들어갈 수 있다. 대표적으로, 철(Fe)을 세포로 운반하는 트랜스페린 수용체(transferrin receptor TfR)에 결합하는 이중항체 플랫폼이 있다. 트랜스페린은 모든 생체 조직, 특히 간, 내분비기관, 신장, 심장, 뇌에 필요한 당단백질이다. 유전정보인 DNA 합성, 산소 운반 등 다양한 일에 관여한다. 보통 트랜스페린의 30~40%에 철이 결합해 있다. 트랜스페린에는 철 외에도 구리, 아연, 마그네슘, 알루미늄 등 다양한 금속 이온이 결합한다 (doi: 10.4155/tde.13.21).

[표 7.1] 치료제를 개발할 때 확인해야 할 단일클론항체와 저분자 화합물의 특징 비교.
출처: Stanimirovic D, et al., Engineering and pharmacology of blood-brain barrier-permeable bispecific antibodies, *Advances in Pharmacology*, p.303, 2014.06.

단일클론항체	저분자 화합물
150,000Da	200-500Da
생물학적 생산 과정-이질성(번역 후 변형; 당질화)	화학적 생산 과정-동질성
높은 선택성	일반적으로 낮은 선택성
다중기능-타깃 결합, Fc 효과 기능, FcRn 결합	한 가지 타깃
긴 혈장 반감기(FcRn-매개 재활용)	짧은 혈장 반감기
타깃이 PK에 영향(타깃-매개 약성)	거의 선형 PK
독성(주로 on-target)	독성(주로 off-target)
혈관 외 유출 적고, 조직에 제한적 확산	혈관외유출 쉽고, 조직에 넓게 확산
약물 간 상호작용(DDI)-적음(대부분 PD 연관)	DDI-많음; 대사물질, PD 연관
면역원성 관찰)	면역원성 드묾

혈뇌장벽에도 TfR가 있다. TfR과 아밀로이드 베타 단백질에 모두 결합하는 이중항체를 만든다. 이중항체를 환자에게 투여하면 먼저 혈뇌장벽에 있는 TfR과 결합해 혈뇌장벽을 통과할 수 있다. 이렇게 통과한 이중항체는 뇌 속으로 들어가 독성 아밀로이드 베타 단백질에 결합해, 아밀로이드 베타 단백질을 없앤다. 혈뇌장벽을 통과할 수 있는 항체라면 여러 방식을 적용해볼 수 있다. 그리고 이중항체에서 독성 아밀로이드 베타 단백질과 결합하는 부위의 아미노산 서열을 바꾸면, 타우나 알파시누클레인 등 다른 병리 단백질도 잡을 수 있을 것이다. 2019년 현재 기준으로 이중항체 플랫폼이 퇴행성 뇌질환 치료제 컨셉으로 임상시험에 들어간 사례는 없다. 다만 디날리테라퓨틱스(Denali Therapeutics), 에이비엘바이오(ABL Bio) 등 퇴행성 뇌질환 치료제 개발 선두 그룹은 2021년에 혈뇌장벽을 통과하는 이중항체로 임상시험에 들어가겠

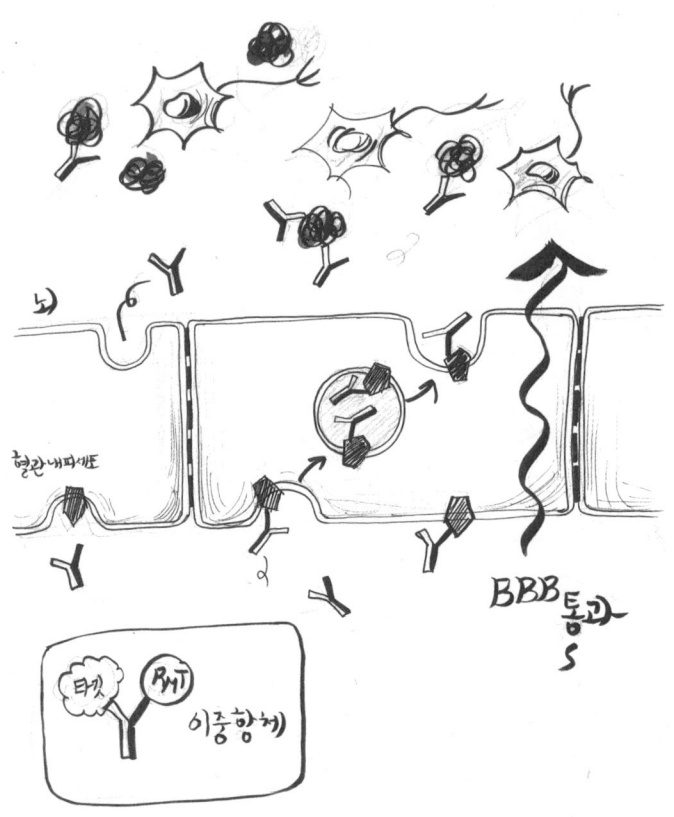

[그림 7.2] 혈뇌장벽을 통과하는 여러 메커니즘과 RMT 타깃 컨셉(이중항체)

다고 발표했다.

알부민은 흡수 매개 내포작용(absorptive-mediated endocytosis)으로 혈뇌장벽을 건넌다(doi: 10.1208/s12248-008-9055-2). 흡수 매개 내포작용은 양이온을 띠는 펩타이드나 단백질이 혈뇌장벽을 건너 뇌로 이동하게 한다. 즉 특정한 특징을 가진 물질을 보내지만 어떤 물질만을 선택적으로 전달하는 것은 아니다.

RMT 타깃

혈뇌장벽을 통과하는 운반체는 캐리어 매개 운반체(carrier mediated transporters, CMT), 능동적 배출 운반체(active efflux transporters, AET), 혈관내피세포 발현 수용체 매개 운반체(receptor mediated transporters, RMT) 등으로 나뉜다. 이중항체의 RMT 타깃으로는 트랜스페린 수용체(TfR), 인슐린 수용체(IR), 지질운반체(LRP1) 세 가지 수용체가 주로 이용된다.

기본적으로 CMT와 AET는 포도당, 아미노산, 뉴클레오시드(nucleoside) 등 크기가 작은, 몸을 이루는 기본 물질을 통과시킨다. RMT는 인슐린(크기: 5,080Da), 트랜스페린(크기: 약 80,000Da), 저밀도 지단백(low-density lipoprotein, LDL), 인슐린 유사 성장인자(insulin-like growth factor, 여러 타입이 있으며 IGF-1 경우 크기: 7,649Da) 등 덩치가 큰 물질을 옮긴다.

따라서 덩치가 큰 항체가 혈뇌장벽을 통과하려면 RMT를 이용한다. RMT는 물질을 선택적, 능동적으로 운반한다는 장점도 있다. 특정 물질에 선택성을 가지는 수용체가 물질을 운반하는 것이다. 예를 들어 인슐린은 혈액을 떠돌다 세포막에 발현하는 인슐린 수용체에 결합한다. 이 둘이 짝을 이뤄 결합(receptor-ligand complex)하면 세포 안으로 들어가게 된다(receptor-mediated endocytosis). 이런 일은 혈뇌장벽에서도 일어난다. 혈뇌장벽 표면에 있는 인슐린 수용체가 인슐린을 잡아 혈뇌장벽 안쪽으로 끌고 들어간다. 혈뇌장벽을 통과한 인슐린과 인슐린 수용체는 뇌 쪽으로 이동해 뇌 신경세포 표면에 닿는데, 이때 인슐린 수용체는 인슐린을 방출한다. 인슐린이 선택적으로 뇌로 들어가게 되는 원리다. 물질의 안팎 농도 차이에 따라 수동적으로 물질이 이동하는 것과 비교해 능동적 운반이다.

뇌에서 인슐린 수용체는 중요한 기능을 수행하지만, 이 사실이 알려진 지는 얼마 되지 않는다. 1978년 방사능 사진 촬영(autoradiography)으로 뇌에도 인슐린과 인슐린 수용체가 있다는 사실을 처음 알게 됐다(doi: 10.1073/pnas.75.11.5737). 뇌에는 인슐린이 꼭 필요하다. 인슐린이 에너지를 어떻게 쓸지 조절하기 때문이다. 단백질 합성, 병든 세포소기관을 청소하는 자가포식(autophagy), 세포사멸(apoptosis), 세포 증식(proliferation), 세포 보호(neuro protection), 유전자 발현 조절 등 맡은 일이 다양하다. 뇌에서는 혈장 안보다 인슐린 농도가 25배 높았고, 뇌 부위에 따라 최대 100배까지 높은 지역이 있었다.

뇌 속 인슐린은 학습, 먹는 행동(feeding behavior) 등 행동 수준에도 영향을 준다. 특히 뇌에서 인슐린 수치가 떨어지고 인슐린 관련 신호전달이 망가지면, 세포사멸·신경염증·병리 단백질 축적 등 일련의 병리 증상이 일어난다. 인슐린 신호전달 이상이 퇴행성 뇌질환의 원인이라는 가설도 주목을 받고 있는데, 퇴행성 뇌질환을 '제3형 당뇨병'이라고 부르기도 한다. 이런 이유로 당뇨병 치료제인 GLP-1(글루카곤 유사 펩타이드 1)을 여러 퇴행성 뇌질환 동물 모델에 투여했을 때, 세포 사멸을 억제하고 항염증을 반응을 일으키는 등 치료제로서의 가능성을 확인했다. 이를 바탕으로 파킨슨 병, 알츠하이머 병 환자에게 GLP-1 계열 약물을 투여하는 임상시험도 진행 중이다.

RMT에는 지질운반체(low density lipoprotein receptor-related protein 1, LRP1)도 있다(doi: 10.1194/jlr.R075796). LRP1은 지질단백질 대사 조절에 관여한다. LRP1에는 콜레스테롤을 조절하는 ApoE나, 아밀로이드 베타 단백질 등 40여 개 단백질이 결합한다. 뉴런에는 콜레스테롤이 필요한데, 뉴런에 있는 LRP1 수용체가 ApoE를 세포 안으로 들여온다. 또한 뇌 혈관내피세포에 있는 LRP1은 뇌에 있는 아밀로이드 베타 단백질을 혈뇌장벽 밖으로 내보내 없애는 역할도 한다. 이 두 가지 기능에 이상이 생겨도 알츠하이머 병이 빨리 진행된다.

현황

이중항체로 혈뇌장벽을 통과하는 기술에 대한 연구는 1990년대부터 시작되었고, 중요한 특허들이 2010년대 초중반 사이에 등록되었다. 가장 빠른 곳은 제넨텍(Genentech)로 TfR/BACE1 타깃 이중항체를 개발했다. 제넨텍는 TfR에 강하게 결합하는 항체를 사용했는데, 동물실험 과정에서 이중항체가 TfR과 너무 강하게 결합해 혈관내피세포 수용체에 붙은 채로 멈추는 바람에 뇌로는 이동하지 못했다. 대신 세포 안 리소좀(lysosome)에 빨려 들어가

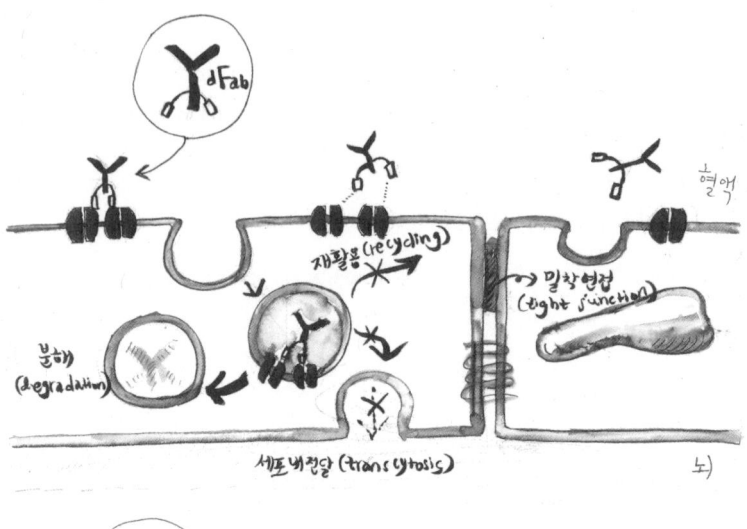

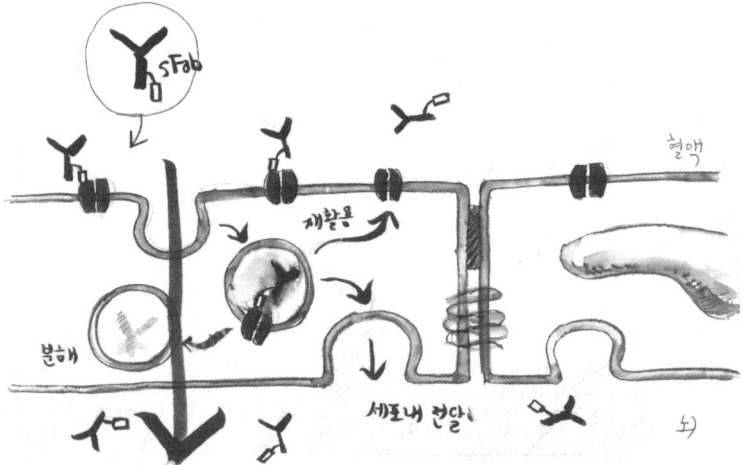

[그림 7.3] 아밀로이드 베타 단백질과 결합하는 항체에, TfR에 결합하는 Fab 개수가 한 개일 때와 두 개일때 혈뇌장벽 통과에서 차이점.
출처: Ulrich H. Weidle, *et al*., The Blood-Brain Barrier Challenge for the Treatment of Brain Cancer, Secondary Brain Metastases, and Neurological Disease, *CANCER GENOMICS & PROTEOMICS*, p.172, 2015.07-08. 재구성.

분해되는 타깃-매개 고갈(target-mediated depletion) 현상이 일어났다. 물론 치료 타깃인 BACE1(β-secretase 1)까지 가는 데 실패했다. 2011년 제넨테크는 TfR과 좀더 약하게 결합하는 이중항체를 이용했고, 전보다 효과적으로 타깃에 전달되는 것을 확인했다(doi: 10.1126/scitranslmed.3002230).

2014년 로슈는 TfR에 강하게 결합하지만 항체 C-터미널에 한 개(monovalent)의 TfR Fab(fragment antigen binding)를 붙이는 방법을 찾았다(doi: 10.1016/j.neuron.2013.10.061). 두 개(bivalent)의 Fab를 가지는 이중항체는 수용체의 복합체(complex)를 형성해 리소좀과 만나 분해되는 경향을 보인다. 그러나 한 개를 붙이면 이렇게 될 위험이 줄어든다. Fab가 이중항체에 결합하는 개수에 따라 효과가 달라지는 이유는 아직 정확히 모른다. 다만 뇌 혈관내피세포에서 Fab가 두 개 있으면 TfR 두 개가 모이면서 리소좀을 따라 분해되고, Fab가 한 개 있으면 TfR 두 개가 합쳐지지 않고 세포 안에서 이동하는 경로가 달라져 분해되거나 뇌로 들어간다. 단 이런 일이 모든 RMT에 적용되는 것은 아니다. 혈뇌장벽에 결합하는 부분은 RMT 시스템 종류에 따라 최적화되어야 한다. 예를 들어 로슈의 이중항체는 C-터미널에 붙인 TfR Fab 한 개로 혈뇌장벽 투과성을 높였지만, 다른 RMT에서도 같은 결과를 보장하지는 않는다. 사용하는 RMT 타깃에 따라 정반대의 결과가 나오기도 했다.

한편 뇌 혈관내피세포 안의 엔도좀(endosome) pH도 영향을 준다. 로슈 연구진은 pH 환경에 따른 이중항체의 결합력 변화에 따른 혈뇌장벽 통과 정도를 연구했다. 항체 가운데 엔도좀 안의 pH5.5 환경에서는 결합력이 낮을 때, 혈뇌장벽을 더 많이 통과하는 세포 내 이동(transcytosis) 비율이 높았다(doi: 10.1371/journal.pone.0096340).

다른 RMT 타깃을 이용한 혈뇌장벽 투과 이중항체도 있다. 예를 들어 인슐린 수용체도 주목받고 있다. 미국 바이오테크인 아르마젠(ArmaGen)은 인슐린 수용체에 결합하는 항체 Fc 부분에 치료 효소를 붙여, 리소좀 축적 질환(lysosomal storage disease, LSD) 환자를 대상으로 임상2상을 진행한다. 리소좀 축적 질환은 세포 안에 있는 찌꺼기를 제거하고 재활용을 담당하는 세포 기관인 리소좀이 망가지면서 발생한다. 망가진 리소좀을 구성하는 단백질이나 효소에 따라 질병의 증상은 실명, 치매, 운동장애 등으로 다양하게 나타난다. 발병 시기와 환자가 고통을 느끼는 정도도 마찬가지로 다양하다.

안지오켐(Angiochem)은 뇌종양 치료를 위해 LRP1을 타깃한다. 파크리탁셀(paclitaxel)을 19개의 아미노산으로 이뤄진 Angiopep-2(펩타이드)에 결합시키고, 다시 LRP1을 거쳐 혈뇌장벽을 통과시켜 항암 효능을 보는 ANG1005 프로젝트를 진행했다. 2012년부터 ANG1005는 암이 뇌로 전이된 환자에게 여러 임상2상을 진행하고 있다. 같은 방식으로 HER2 항체를 이용하는 프로젝트(ANG4043)의 전임상시험 결과가 2014년 ASCO(American Society of Clinical Oncology)에서 발표되었다.

이밖에도 LRP2, TMEM30A, HB-EGF(heparin-binding epidermal growth factor) 등 다양한 RMT 타깃과 리간드로 트렌스페

린, 인슐린, MTf(melanotransferrin 혹은 p97), 렙틴(leptin), RAP 등이 지속적으로 발굴되고 있다. 뇌를 투과하는 이중항체로 파킨슨 병 치료제를 개발하는 한국 바이오테크도 있다. 에이비엘바이오는 파킨슨 병 환자 뇌에서 알파시누클레인 응집체가 발견되는 것에 집중했다. 알파시누클레인 응집체를 타깃하는 항체의 C-터미널에, 두 개의 scFv가 결합한 이중항체를 개발하고 있다. 이것은 새 RMT를 타깃한다. 다른 RMT 타깃 이중항체와 비교해 같은 양을 투여하면 뇌로 더 많이 갈 것으로 기대한다. 질병에 걸리거나 노화가 진행되었다고 해도 발현이 변하지 않으며, 원래 신호전달 과정에도 영향을 주지 않는다. 마우스, 래트, 영장류, 사람 사이 유사성이 98%로, 항체가 다양한 종에 걸쳐 타깃에 결합하는 효과를 기대할 수 있다. 따라서 사람에게 투여하기 전에 메커니즘을 검증해볼 수 있다. 수용체의 신호전달 과정에 영향을 주는 새로운 RMT 타깃에 결합하는 항체로 암 환자 임상을 진행했을 때, 항체가 암 조직이 아닌 다른 조직에서 타깃을 억제하면서 나타나는 독성은 발견되지 않았다.

2019년 현재, 혈뇌장벽 통과 항체 플랫폼에 가장 가까이 다가간 곳은 디날리테라퓨틱스다. 2018년 디날리테라퓨틱스는 에프스타(F-star)로부터, 혈뇌장벽 통과 항체 기술을 이용해 3개의 퇴행성 뇌질환 신약 후보물질 개발 권리를 사들였다. 에프스타는 Fc 부분이 항원과 직접 결합하는 Fcabs™(Fc-domain with antigen binding sites™) 기술을 개발한 상태였다. 디날리테라퓨틱스는 이 기술로 항체 운반체(antibody transport vehicle, ATV)와 효소 운반체(enzyme transport vehicle, ETV) 시스템을 만들었다. 기술의 핵

CSF Aβ

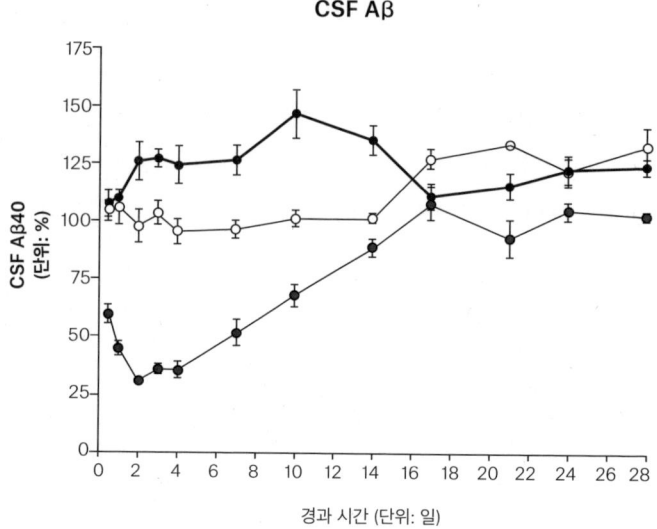

CSF sAPPα/sAPPβ

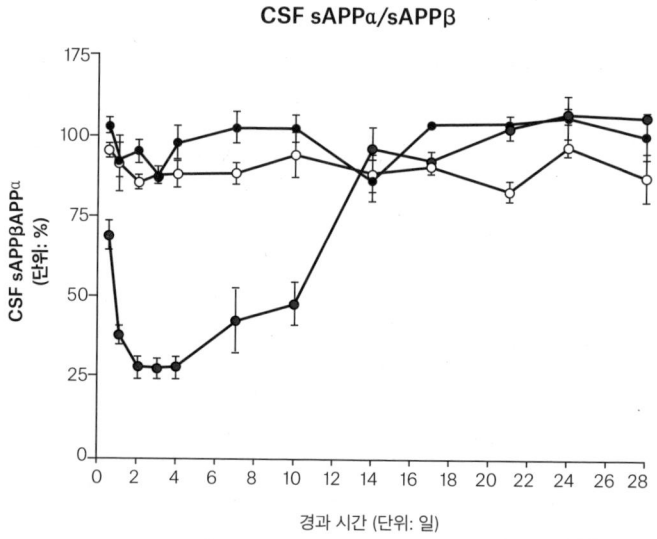

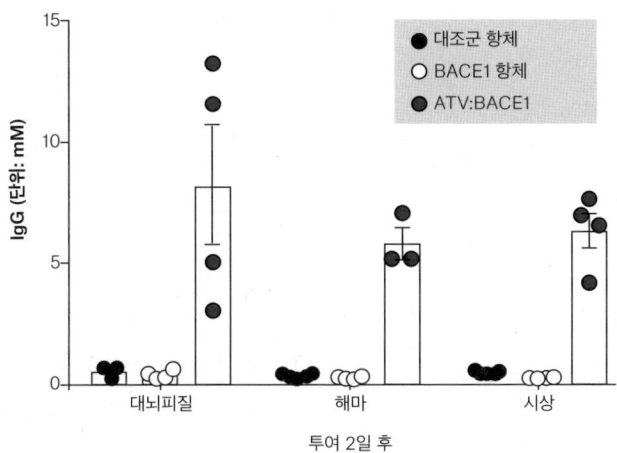

[그림 7.4] 디날리테라퓨틱스가 공개한 전임상 자료. ATV:BACE1 항체 후보물질을 영장류에 투여해(30mg/kg, 정맥 투여), 뇌척수액에서 아밀로이드 베타 단백질과 APP를 줄이는 효과가 대조군에 비해 큰 것을 확인(왼쪽). 실제 뇌 조직에서 ATV:BACE1 농도가 더 높았다(오른쪽).

심은 항체 운반체 시스템이다. 항체 Fc 말단에 TfR가 결합해 혈뇌장벽을 통과하고, 다시 항체에 붙은 Fab가 치료 타깃인 알파시누클레인이나 TREM2(triggering receptor expressed on myeloid cells 2) 등에 결합한다. 각각 후보물질은 파킨슨 병 환자의 뇌에서 병기 진행을 빠르게 하는 병리 단백질을 막고, 알츠하이머 병 환자의 뇌에서 면역세포가 병리 단백질을 먹어 치우게 한다.

디날리테라퓨틱스는 혈뇌장벽 통과 항체에 결합하는, 인간 TfR를 뇌에 발현시킨 쥐를 이용한 전임상 동물모델 실험을 진행했다. ATV 시스템이 적용되지 않은 대조군 항체(anti-BACE)와 ATV:BACE1 항체를 비교했는데, 투과율이 20배 이상 높은 것을 확인했다. 이 쥐에 50mg/kg ATV:BACE1 항체를 투여하자, 대조군 항체는 뇌에서 3일 만에 없어졌지만 ATV:BACE1 항체는 7일까지 뇌에 남아 있었다. 오랫동안 남아 있었으므로 아밀로이드 베타 단백질을 없애는 효과도 더 컸다. 이러한 효과는 원숭이 실험에서도 확인되었다. ATV:BACE1 항체는 대조군에 비해 더 많은 수가 뇌에 머물면서 아밀로이드 베타 단백질을 없앴다. 이 전임상 결과를 바탕으로 디날리테리퓨틱스는 2018년에 Fcabs[TM] 기술을 인수하기로 결정했다. 디날리테라퓨틱스는 빠르면 2021년에 퇴행성 뇌질환을 겨냥한 혈뇌장벽 통과 항체로 임상시험을 시작할 예정이다. 퇴행성 뇌질환을 겨냥한 혈뇌장벽 투과 항체 후보물질이 임상시험에 들어가는 첫 사례다.

새로운 접근

새로운 타깃을 찾는 길은 크게 두 갈래다. 첫 번째는 항체 라이브러리에서 뇌 혈관내피세포만 선택적으로 통과하는 물질을 찾는 방식이다. 2014년 캐나다 국가 연구 위원회(National Research Council, NRC)의 다니카 스타니미로비크(Danica Stanimirovic) 연구팀은 이 방법으로 FC5, FC44 타깃과, IGF1R(insulin-like growth factor 1 receptor)을 찾았다(doi: 10.1096/fj.14-253369; doi: 10.1096/fj.01_0343fje).

사람의 항체는 경쇄-중쇄로 이루어져 있는데, 남아메리카에 서식하는 라마(Lama glama)의 항체는 중쇄만 있는 구조(VhH antibody)다. 연구팀은 이중항체 컨셉은 그대로 가지고 가면서 혈뇌장벽을 더 쉽게 통과하려면, 경쇄 구조가 없어 크기가 작은 라마 항체의 항원 결합 부위를 이용하는 것이 유리하다고 봤다. sdAb(single domain antibodeies)는 13~14kDa의 크기가 작은 절편으로 일반적인 항체와 비교하면 약 1/10 크기다. 보통의 항체보다 조작하기도 쉬워, 의약품으로 생산하고 개발하기도 쉬울 것이라 판단했다. 연구팀은 라마의 VhH가 단백질 분해효소(protease), pH 등 외부 환경에서 잘 견딘다고 보는데, sdAb를 기본 단위체로 10억 종의 항체 라이브러리를 구축하고 있다.

연구팀은 FC5 플랫폼을 활용해, 라마 FC5 항체의 C-터미널에 치료 타깃이 결합하는 부위를 연결한 90kDa 크기의 이중항체로 약을 개발하는 것으로 예상된다. 치료 타깃은 독성을 띠는 올리고머(oligomer) 아밀로이드를 잡는 펩타이드 물질이다. FC5를 이중항체에 적용하자, 대조군 대비 10배 이상 많은 양의 항체가 뇌로 들어갔다. 뇌에 쌓이는 아밀로이드 베타 단백질 플라크의 양이 줄었고, 기억 기능을 핵심적으로 수행하는 해마의 신경

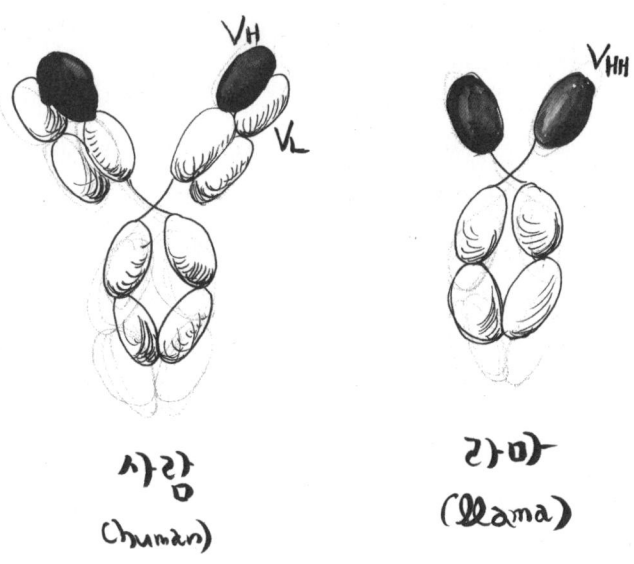

[그림 7.5] 라마와 사람 항체의 비교

퇴행도 줄었다. 치료제는 2015년부터 칼진 파마슈티컬(KalGene Pharmaceuticals)과 공동 개발하고 있다. 2019년 다니카 연구팀의 공개된 특허를 보면 인간화된 FC5 혈뇌장벽 항체를 개발했다.

FC5의 높은 혈뇌장벽투과성을 가지고 캐나다 국가 연구 위원회(NRC)와 메드이뮨(MedImmune)은 통증 치료제도 개발하고 있다. 후보물질은 mGluR1 항체의 N-터미널에 FC5 scFv를 결합한 이중항체다. 연구팀은 약물 투여 후 24시간이 되는 시점에서 뇌척수액에서 약물 농도를 쟀다. mGluR1 항체만 투여한 대조군에 비해 역시 10배 이상 농도가 높았다.

2015년에 공개된 특허에 따르면, 다니카 스타니미로비크 연구팀은 IGF1R도 찾았다. IGF1R은 뇌 혈관내피세포에 많이 발현하며 선택적이다. 연구팀은 IGF1R sdAb를 항체의 Fc의 C-터미널이나 N-터미널에 붙이는 연구를 진행하고 있다. IGF1R VhH과 Fc 융합체를 래트의 혈관내피세포(svARBEC)에서 실험했을 때, IGF1R의 자연 리간드로 알려진 IGF-1나 인슐린의 IGF1R 결합에 따른 하위 신호전달인 Akt 인산화에 영향을 주지 않는 것을 확인했다. 또한 시험관(in vitro) 수준에서 혈뇌장벽 투과성을 시험할 수 있는 혈뇌장벽 모델(transwell assay)에서 FC5과 비교했을 때, 비슷하거나 그 이상의 혈뇌장벽 투과성을 보여주었다. 생체 내(in vivo) 동물모델에서 IGF1R sdAb를 C-터미널에 융합한 이중항체가 IGF1R sdAb를 N-터미널에 결합한 항체보다 혈뇌장벽 투과율이 높았다. 혈뇌장벽으로 물질을 옮길 수 있는지 확인하고 행동 수준에서 확인하는 작업도 진행되었다. 연구팀은 염증으로 통각이 민감해진 하그리브스(Hargreaves) 통증 모델 쥐에서

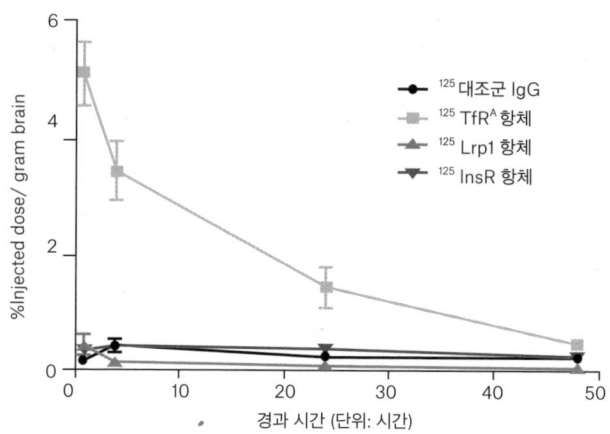

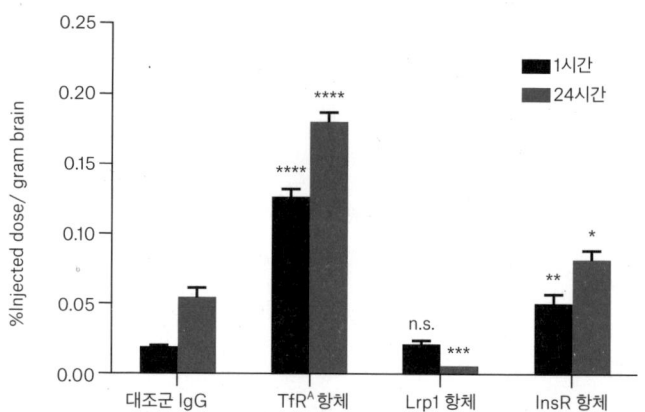

[그림 7.6] 아이오딘125(I125) 동위원소 세 가지 RMT(TfR, Lrp1, InsR)를 항체에 적용해 뇌로 들어가는 것을 추적(위). TfR은 뇌로 충분히 들어갔고, Lrp1과 InsR는 그렇지 못해 치료 효과를 나타낼 수 있는 농도에 도달하지 못했다(아래).
출처: Y. Joy Yu Zuchero, *et al.*, Discovery of Novel Blood-Brain Barrier Targets to Enhance Brain Uptake of Therapeutic Antibodies, *Neuron*, (published online) p.2, 2016.01.

신경펩타이드인 갈라닌(galanin, 크기: 3kDa)을 그냥 투여하거나, IGF1R sdAb 혹은 FC5 sdAb에 결합한 후 행동 변화를 확인했다. 뇌, 척수 등에 있는 갈라닌은 신경 펩타이드로, 뇌 신경세포의 통각 수용체를 조절해 통증을 낮춘다. 그런데 혈뇌장벽을 투과하는 sdAb를 갈라닌에 결합하자, 크기가 80kDa으로 커졌음에도 혈뇌장벽을 통과해 뇌로 들어가 통증을 완화했다. 대조군으로는 갈라닌만 투여했지만 혈뇌장벽을 투과하지 못했다. IGF1R sdAb를 이용했을 때, FC5 sdAb를 이용했을 때보다 진통 효과가 더 우수했다. FC5의 혈뇌장벽 투과성이 기대를 받고 있는 점을 생각하면, IGF1R에도 주목할 만하다.

두 번째는 단백질체학(proteomics)와 유전체학(genomics)처럼 큰 데이터베이스에서 적합한 혈뇌장벽 RMT 타깃을 찾는 방식이다. TfR 이중항체를 개발하는 제넨텍은, 2013년 『사이언스 트랜스래셔널 메디슨(Science Translational Medicine)』에 항체 엔지니어링으로 TfR에 결합하는 세기를 낮추면 이중항체가 뇌로 나오지 못하고 분해되는 문제를 극복할 수 있지만, 여전히 TfR 이중항체에 안전성 문제가 있음을 밝혔다(doi: 10.1126/scitranslmed.3005338). 2016년에는 『뉴런(Neuron)』에 다른 종류의 핵심 RMT 타깃인 LRP1, IR에 대해 LRP1/BACE1이나 IR/BACE1 이중항체를 만들어 쥐에서 약동학적(pharmacokinetics, PK)/약력학적(pharmacodynamics, PD) 평가 결과 치료 가능 농도에 도달하기에는 발현양이 부족했다(doi: 10.1016/j.neuron.2015.11.024). 뇌로 약물을 전달하기 위한 추가 RMT 타깃이 필요했다.

항체 Fc 엔지니어링

항체 Fc 엔지니어링으로 뇌질환 치료제를 개발할 때는 암과 다르게 접근해야 한다. Fc 엔지니어링은 크게 두 부분이다. FcRn(neonatal Fc receptor) 결합 부위와, Fc-매개 작용 기능(effector function)에 관한 부분이다.

FcRn 엔지니어링에서는 반감기가 문제다. FcRn은 뇌에 들어온 항체를 재활용해 다시 뇌 혈관내피세포 밖으로 배출한다. 반감기가 길어지면 약물이 오랫동안 몸속에 머물면서 약효를 낼 수 있는 측면에서 긍정적일 수 있다. 보통 FcRn은 항체가 혈액 속에 오래 남아 치료 효능을 발휘할 수 있도록 돕기 때문에, FcRn 엔지니어링은 이런 차원에서 고려된다. 그런데 뇌 혈관내피세포에서 FcRn은 작용하면 항체 의약품이 뇌로 들어가는 것을 방해하는 셈이 된다. 저분자 화합물로 퇴행성 뇌질환 치료제를 만들 때 어려운 점은 P-glycoprotein(P-gp) 수용체가 약물이 뇌로 못 들어오게 밖으로 퍼 나르는 것이다. 뇌 혈관내피세포에서 FcRn도 비슷하다. 항체 의약품의 반감기가 길어지도록 FcRn에 대한 결합력을 강화하면 항체가 혈뇌장벽 밖으로 퍼 날라 뇌에서 빠르게 사라지니, 항체 의약품이 충분히 기능을 발휘할 시간을 확보하지 못할 수 있다. 때문에 FcRn에 대한 적절한 결합력을 설정한 혈뇌장벽 투과 항체를 만들어야 한다. 반면 FcRn이 혈뇌장벽 투과 항체의 뇌 유입에 큰 영향을 주지 못하며, 긴 반감기로 인해 몸속을 떠도는 시간을 늘려 결과적으로 뇌 유입을 증가시켜야 한다는 의견도 있다. 또한 FcRn은 래트, 마우스, 원숭이, 사람 사이의 교차 반응성(cross-activity)이 낮다는 점도 고려해야 한다.

Fcγ매개 작용 기능(effector function)을 살릴지도 고민해야 된다. Fcγ매개 작용 기능은 타깃에 따라 선택이 달라진다. 예를 들어 암세포 타깃 항암제는 면역세포를 끌어들여 종양세포를 공격하는 항체의 작용(antibody-dependent cytotoxicity, ADCC)이 높을수록 치료 효과가 커진다고 본다. 허셉틴®에서는 Fcγ매개 작용 기능을 강화하면 HER2 발현 암세포를 더 잘 죽일 수 있어 좋다. 그런데 면역세포에 결합해 작용하는 면역항암제에서 Fcγ매개 작용 기능을 강화하면 면역세포가 죽을 수 있기 때문에 이 기능을 없앤다. 퇴행성 뇌질환에서는 어떻게 해야 할까? 퇴행성 뇌질환에서는 항체의 작용 기능을 살려 뇌 면역세포가 활성화되는 것이 치료에 유리한지 불리한지 아직 결론이 내려지지 않았다. 메커니즘에 따라 뇌 면역세포가 병리 단백질을 제거하기도 하지만 염증 부작용을 일으키기도 한다. 이론적으로 Fcγ-매개 작용을 낮춘 IgG4 백본을 쓰는 것이 이상적이다. 그러나 실제로 뇌로 들어간 항체가 Fcγ-매개로 미세아교세포가 응집 단백질을 제거하는 유용성을 지닌다는 보고가 있다.

> 이런 사례는 아두카누맙(aducanumab), BAN2401 등의 임상시험에서도 관찰되었던 것이다.
> 한편 혈뇌장벽 투과 항체는 RMT 타깃을 매개로 작용 기능이 뇌를 제외한 다른 장기를 공격해 부작용을 나타낼 위험이 있는지도 고려해야 한다. TfR 결합 이중항체가 일으키는 급성 망상적혈구 부작용을, 항체가 가진 작용 기능을 저해해 줄인 사례는 참고할 필요가 있다.

제넨텍은 단백질체 분석으로 마우스 혈관내피세포에서 많이 발현하는 순서대로 Glut1, CD98hc, TfR, basigin(CD147)를 찾았다. 또한 기존의 혈관내피세포 RMT의 유전자 발현 정도만 판단하는 방법으로 충분치 않다고 판단했다. 마이크로어레이(microarray) 법으로 측정한 mRNA 데이터와, 단백질체학 질량분석법으로 혈관내피세포에서 높게 발현한 수용체를 확인한 결과 LRP1, IR은 다른 장기에는 발현이 높지만 뇌에서 발현이 낮았다. 제넨텍은 각 타깃에 대한 항체를 만들어 정상 쥐에 투여하고, 24시간이 되는 시점에서 약물 농도를 쟀다. CD98hc가 가장 많이 남아 있었다. CD98hc는 LAT1(large neutral amino acid transporter)의 구성 인자로 인테그린(integrin) 신호전달에 관여해 세포 성장을 조절하고, 종양에서 활성화되면 종양화(tumorigenesis)를 돕는다. 제넨텍은 CD98hc/BACE1 이중항체가 원래 신호전달에도 영향을 주지 않는다는 점을 추가 실험으로 확인했다.

제넨텍 연구팀은 CD98hc/BACE1 하이브리드형 이중항체를 제작해 약물을 쥐에 정맥투여했을 때 혈액과 뇌에서 아밀로이드 베타 단백질이 남아 있는 정도를 쟀다. 약물 투여 후 4일째, 대조군(IgG)에 비해 이중항체를 투여한 쥐의 뇌에서 아밀로이드 베타 단백질 축적이 30~45% 줄어들었다. CD98hc 타깃이 RMT 타깃으로 쓰일 수 있다는 가능성이 확인되었다. 제넨텍은 사람의 혈관내피세포에서 CD98hc 발현 실험을 진행할 예정이다.

CD98hc 타깃은 안정성 검증을 거쳐야 한다. 단 CD98hc 타깃 약물이 인체에 들어가도 안전하다는 것을 보여주는 간접 증거는 있다. 아이제니카(Igenica Biotherapeutics)가 급성 골수성 백혈병(acute myeloid leukemia, AML) 환자에게 CD98hc 항체인 IGN523를 투여한 임상1상에서 별다른 부작용이 없었다.

바이오마커

전임상시험과 임상시험에서 혈뇌장벽 투과 이중항체는 어떤 항목을 평가해야 할까? 전임상시험에서 이중항체를 평가하는 항목은 다음과 같다. 건강한 쥐에서 약물이 혈관내피세포를 통과하는 비율(transcytosis rate), 약물 투여 후 시간에 따른 혈청 대비 뇌척수액의 약물 농도 변화를 보는 약동학적 특징(pharmacokinetic profile), 원하는 타깃에 가서 작동하고(target engagement), 질환 모델에서 약물 흡수에 따른 효능을 평가하는 약물 작용평가(pharmacodynamics)이다.

전임상시험에서는 쥐, 원숭이 모델로 PK/PD를 예측해 적절한 임상투여량을 결정해야 한다. 더불어 임상에 들어갔을 때 환자에게 얻을 수 있는 것들로, 예를 들어 혈액 샘플, 뇌척수액으로 실제 약물 농도, 약물 효능을 예측할 수 있는 바이오마커를 고안해야 된다. 임상시험 개발에는 두 가지 표지 마커(surrogate)가 필요하다. 뇌로 어느 정도 약물이 들어갔는지 평가하는 수치, 중추신경계에서 이중항체가 실제 치료 타깃에 작용해 병리 메커니즘을 바꾸는지에 대한 평가다. 환자의 뇌에 들어간 약물 농도를 알 수 있는 좋은 방법은 뇌척수액에서 이중항체 농도를 재는 것이다. 그러나 단순히 약물이 뇌로 들어온 양만으로는 치료 효과를 예측할 수 없다. 치료항체가 약물 투여량이 따라 효능이 높아지는 것을 설명할 수 있는 PK/PD 모델링이 필요하다.

이는 사실 당연한 이야기지만 퇴행성 뇌질환 치료제 개발과 관련해서는 당연하지 못했던 면이 있다. 알츠하이머 병 환자에서 흔히 사용되는 질환 모델에서 약물 흡수에 따른 효능을 확인하는 방법은 양전자 방출 단층 촬영(positron emission tomography, PET) 이미지로 병리 단백질인 아밀로이드 베타 단백질과 타우 단백질이 쌓인 정도를 재는 것이다. 디날리테라퓨틱스는 ATV 플랫폼을 적용한 TREM2 이중항체를 개발하고 있는데, 임상 프로토콜을 살펴보면 뇌에서 치료 타깃의 효능을 검증하기 위한 바이오마커로 뇌척수액에서 수용성 TREM2(용해성 TREM2)와 전이체 단백질(translocator protein, TSPO) PET을 개발하고 있다. TSPO는 미토콘드리아 막단백질로 신경면역 기능 이상을 평가하는 지표다. 이처럼 퇴행성 뇌질환 신약개발에서 여러 바이오마커가 이용될 수 있지만, 이 모든 것은 2010년대 이후부터 가능해진 일이다. 비교적 최근의 일이며, 그전까지는 마땅한 대안이 없었다.

스펙테이터

알츠하이머 병 신약개발은 점점 초기 환자로 대상을 옮겨가고 있

[표 7.2] 혈뇌장벽 투과 이중항체 플랫폼 연구 현황 (작성일: 2019.06. / 특허 등 공개 자료 참조)

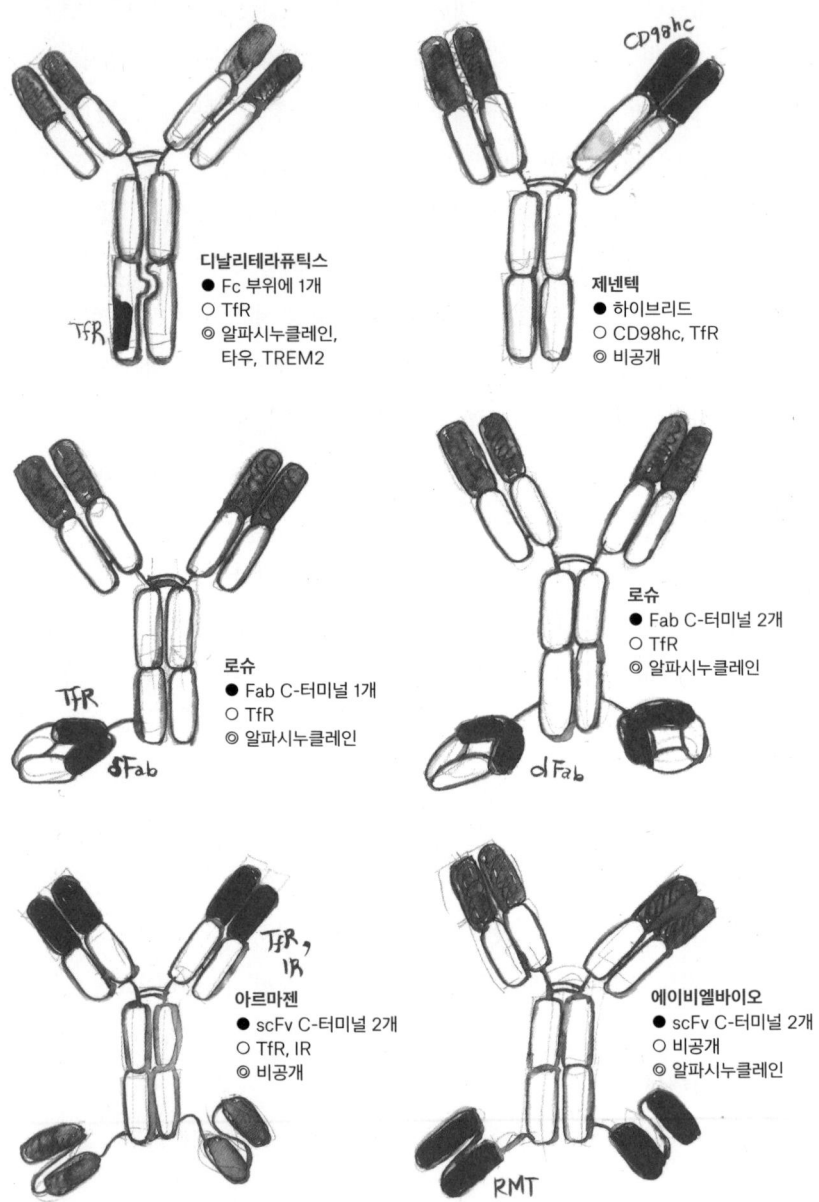

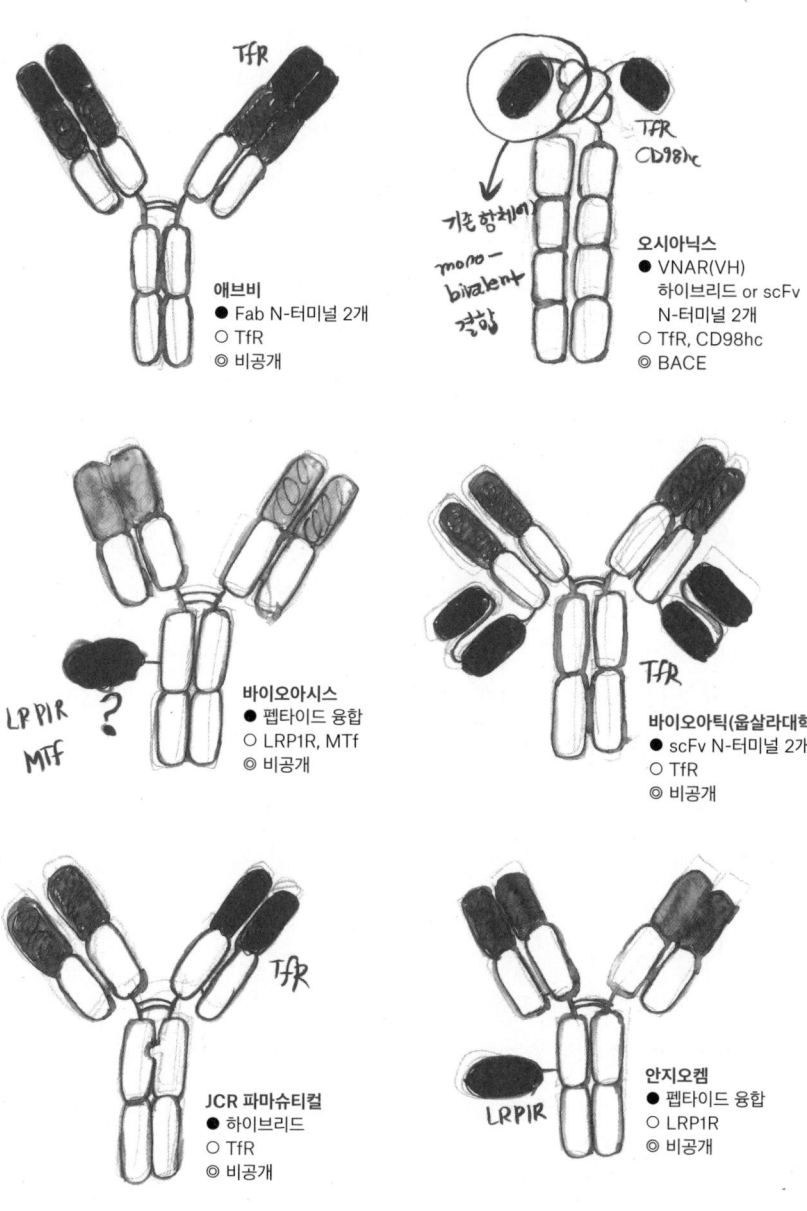

다. 그런데 초기 환자일수록 혈뇌장벽이 튼튼하다. 항체 의약품을 뇌 안으로 들여보내 뇌를 치료하려는 약물이라면, 타깃은 둘째치고 일단 뇌로 들어가야 한다. 신약개발의 경향이 바뀐다면, 혈뇌장벽 통과에 대한 부분도 함께 관심을 기울여야 한다. 이미 혈뇌장벽이 망가진 환자도 마찬가지다. 좀더 많은 약물이 들어갈 수 있을지 모르지만, 여전히 치료의 관점에서 보면 낮은 수준이다.

임상시험 실패가, 환자에 따른 약물에 대한 반응성 차이가 크기 때문인 경우가 있다. 집단 내 다양성이 크면 유의미한 통계가 나오기 어려워진다. 퇴행성 뇌질환 환자를 대상으로 하는 항체 신약개발에서도 마찬가지다. 임상시험에 참여한 환자들에게 비슷한 양이 들어갈 수 있어야 하고, 비슷한 치료 농도에 도달할 수 있어야 한다. 이는 뇌 투과성이 높은 항체일 때 가능한 일이다.

아두카누맙이나 BAN2401 임상시험 결과는, 일단 뇌로 들어가기만 하면 아밀로이드 베타 단백질을 없앴을 수 있다는 것을 보여주었다. 일부 환자에게 한정되기는 했지만 인지 기능을 좋아지기도 했다. 혈뇌장벽을 통과할 수 있다면, 항체 신약은 다른 질환에서처럼 퇴행성 뇌질환에서도 좋은 치료제가 될 가능성이 있다. 항체 의약품은 케미컬 의약품이 비해 투여 횟수는 적고, 타깃에만 결합해 효능은 우수하면서, 안전성이 높다는 것은 이미 상식이기 때문이다.

여러 바이오테크들은 뇌종양이나 뇌 희귀질환, 리소좀 축적 질환을 겨냥한 프로젝트를 동시에 진행하기도 한다. 바이오아시스(Bioasis)는 MTf의 펩타이드 일부분을 항체의 N-터미널이나 MTf 전체를 항체의 C-터미널에 결합한 형태의 이중항체를 개발하고 있다. xB3 peptides라고 부르는 혈뇌장벽 투과 플랫폼이다 (doi: 10.1016/j.bbadis.2004.06.002). MTf는 당화된 글리코실 포스파티딜이노시톨(glycosyl phosphatidylinositol, GPI)로 금속 이온을 세포 표면에 결합시키는 트랜스페린과 37~39%의 서열 유사성을 가져 트랜스페린 슈퍼 패밀리에 속하며, 트렌스페린처럼 철을 운반한다. 바이오아시스는 이 플랫폼으로 뇌종양, 뇌전이, 퇴행성 뇌질환을 타깃하는 프로그램을 진행하고 있다. 다만 최근에는 새로운 RMT 타깃은 LRP1에 집중하고 있다.

　　TfR는 몸속에서 철을 보관하는 간세포, 망상적혈구(reticulocytes), 위장관 상피세포 등 대부분의 장기와 세포에 발현한다. 그런데 망상적혈구는 덜 성숙한(immature) 적혈구로 다른 세포보다 세포막에 더 많은 TfR을 발현한다. 이런 이유로 동물실험에서 낮은 용량(1mg/kg)의 TfR 이중항체를 투여하자 1시간 만에 혈액을 도는 망상적혈구 수가 10% 아래로 떨어지는 급성 망상적혈구 고갈증(reticulocyte depletion)이 관찰됐다. 쥐는 전신 경련과 같은 이상 행동을 일으켰다. 이런 현상은 적갈색 오줌을 싸는 혈색소뇨증(hemoglobinuria) 등 적혈구가 파괴돼 생기는 용혈(hemolysis)과 증상이 비슷했다(doi: 10.1126/scitranslmed.3005338). 뇌가 아닌 부위에서 부작용에 대한 고려가 필요하다.

　　한편 TfR는 종간 유사성(cross-reactivity)이 낮다. 쥐와 인간은 TfR에 결합하는 항체가 달라 전임상시험이 어렵다. 그러니 동물실험용 항체를 따로 만들어야 한다. 게다가 TfR 발현이 인간보다 쥐에서 높기 때문에, 이중항체가 쥐에서 TfR로 혈뇌장벽을 잘 통과했어도 사람의 혈뇌장벽도 잘 통과할 것이라는 보장이 없다.

TfR을 포함해 IR, LRP1이 RMT 타깃으로 가지는 근본적인 문제는 뇌에서만 발현하는 단백질이 아니라는 데 있다. 다른 장기인 간이나 폐에서도 발현이 잘 되니, 항체 약물을 환자에게 투여했을 때 목표 지점인 뇌가 아닌 간과 폐 등 다른 장기로 더 많이 들어가 제대로 된 치료 효과를 볼 수 없을지 모른다. 결정적으로 IR, LRP1가 RMT 타깃으로 가지는 문제는 발현 양이다. 항체를 조금만 투여해도 운반체 포화(saturation)가 일어나면서 항체가 치료 농도에 이르지 못한다. 항체를 많이 투여해도 혈액에서 녹을 수 있는 항체의 최대 양은 정해져 있다. 치료 효과를 발휘하려면 일정한 양보다 많은 항체가 혈뇌장벽을 통과해 뇌로 들어가야 하는데, 항체가 지나갈 수 있는 문의 숫자가 너무 적다면 충분한 양의 항체가 통과할 것이라고 보장하기 어렵다.

그럼에도 제약기업과 바이오테크들은 RMT 타깃을 찾고 있다. 새롭게 찾는 RMT 타깃은 첫째, 다른 조직의 내피세포, 장기, 뇌 조직보다 혈뇌장벽 혈관내피세포에 많이 발현해야 한다. 둘째, 약물이 뇌에서 적절한 치료 농도에 도달하려면 충분한 수의 운반체가 있어야 한다. 셋째, 항체로 RMT를 타깃하는 것이 RMT가 가진 고유한 생물학적 특성에 영향을 끼치면 안 된다. 동시에 RMT를 타깃하면서 나타나는 부작용 우려도 적어야 한다. 넷째, 퇴행성 뇌질환이 발병하거나 진행되면서 RMT 발현이 달라지지 않아야 한다. 그밖에도 몸속에 있는 수용체의 리간드와 경쟁, 결합력에 따른 RMT의 분해 메커니즘 등에 대한 연구도 필요하다.

신경면역

Neuroimmunology

중요한 것은 관점을 바꾸고,
개념을 새롭게 정의하는 일이다.

프레임

신경염증(neuroinflammation)이 퇴행성 뇌질환에 이로운가 해로운가에 대한 논쟁은 진행 중이다. 신경염증은 뇌 조직의 항성성을 유지해 죽은 세포를 없애고 상처 입은 뇌 조직을 회복시킨다. 그러나 신경염증은 뇌 조직에 염증 인자를 내뿜어 면역세포가 모이게 만들고, 싸우는(?) 환경으로 바꾸기도 한다. 전자는 조직을 보호(neuroprotective)하지만 후자는 신경 독성(neurotoxic)을 나타낸다.

그동안은 신경염증이 퇴행성 뇌질환을 악화시킨다는 의견에 무게를 두고 연구가 진행되었다. 2000년대 초부터 COX-2 저해제인 로페콕시브(rofecoxib), 세레콕시브(celecoxib) 등 여러 비스테로이드 항염증제(non-steroidal anti-inflammatory drugs, NSAIDs)를 알츠하이머 병 환자에게 투여하는 대규모 임상시험이 진행되었지만 성과를 보지 못했다. 2019년에도 캐나다 맥길대학교(McGill University) 존 브레이트너(John Breitner) 연구팀은 증상이 없지만 알츠하이머 병 발병 위험을 가진 60대 정상인에게 COX 저해제 나프록센(naproxen)을 투여해 발병률을 낮추려 시도했지만 실패했다. 나프록센을 2년 동안 투여했지만 인지 저하를 늦추지 못했으며, 뇌척수액(cerebrospinal fluid, CSF) 속 병리 단백질(Aβ42, 총 타우 단백질[total Tau, t-Tau], 인산화 타우[phosphorylation Tau, p-Tau]) 바이오마커에서도 차이를 보지 못했다. 부작용으로는 위장장애, 고혈압, 호흡곤란 등이 있었다(doi: 10.1212/WNL.0000000000007232). 단순히 전반적인 염증을 낮춰 알츠하이머 병을 치료하려는 시도는 힘을 잃어가고 있다.

그래서 지금부터는 신경 '염증'이었던 프레임을 신경 '면역'이라는 프레임으로 바꾸려는 시도를 살펴보려 한다. 신경염증은 뇌와 척수(spinal cord)에서 일어나는 염증반응이다. 즉 뇌를 포함한 중추신경계(central nervous system, CNS) 전반에 걸쳐 광범위하게 일어나는 '현상'이다. 신경면역은 뇌에서 면역세포, 특히 미세아교세포(microglia)가 하는 일에 초점을 맞춘다. 면역항암제 분야에서 T세포, 대식세포 등 면역세포를 이용해 암을 고치듯, 미세아교세포의 작용으로 알츠하이머 병 치료에 도전하는 컨셉이다.

물론 암 면역과 뇌 면역은 다르다. 뇌는 몸에서 가장 특수한 면역 시스템이 움직이는 기관 중 하나다. 미세아교세포는 뉴런 등 뇌조직을 보호하는데, 뇌에서만 산다. 배아 시기에 만들어진 미세아교세포가 뇌로 들어가 평생 뇌에서만 분열·증식하면서 뇌를 보호하는 것이다. 현재 미세아교세포를 대체할 수 있는 면역세포는 없어 보인다.

미세아교세포는 위험인자를 인지하고 대응하는 방식의 선천면역(innate immunity)에 가까운데, 적응면역(adaptive immunity)도 수행하는 것으로 밝혀졌다. 한편 미세아교세포가 보호하는 뉴런은 재생 능력이 거의 없다. 손상된 뉴런을 원래 상태로 복구한다는 것은 불가능하다. 또한 뇌 질환에 따라 관여하는 면역세포 종류와 역할은 각각 다르다. 질환 별로 시스템을 별도로 이해할 필요가 있다. 그러나 이런 복잡한 구조는, 오히려 알츠하이머 병 치료제 개발에서 의외로 답을 보여줄지도 모른다.

가능성

뇌 면역 시스템으로 알츠하이머 병을 치료하는 컨셉은, 아밀로이드 베타 단백질이나 타우 단백질 하나만 없앤다고 해서 병이 치료되기 어렵다는 점에 주목한다. 퇴행성 뇌질환 환자 뇌에는 여러 병리 단백질이 뒤섞여 있다. 알츠하이머 병 환자 뇌에는 아밀로이드 베타, 병리 타우 단백질 말고도 TDP-43나 알파시누클레인도 있다. 응집 단백질 말고도 죽어가거나 손상된 뉴런, 세포 찌꺼기 등 독성 물질도 있다. 지금까지는 이런 것들 가운데 하나를 잡아서 없애는 방식이었다. 문제는 하나를 없애도 나머지 것들이 비슷한 문제를 계속 일으킨다는 점이다.

80대 이상 노인에게 주로 발병하는 알츠하이머 병이 산발성 (sporadic)이라는 점도 문제다. 지금까지 알츠하이머 병 신약 연구는 50~60대에 주로 발병하는 가족성(familial) 알츠하이머 병에 집중되어 있었다. 환자가 가진 유전자 변이에 집중했고 *APP*, *PSEN1*, *PSEN2* 유전자 변이를 가진 쥐 모델에서 아밀로이드 베타 단백질이 유발되는 메커니즘 연구를 주로 했다. 그런데 알츠하이머 병의 99%는 산발성 알츠하이머 병이다. 이렇게 산발성 알츠하이머 병을 앓고 있는 환자에게는 신경염증이 지나치게 일어난다. 그리고 산발성 알츠하이머 병에 걸린 뇌에서는 공통적으로 면역세포 기능이 망가지는 현상이 나타난다.

뇌 면역 시스템이 '닫힌 시스템'이 아니라는 점도 주목받는다. 퇴행성 뇌질환 치료제 개발에서 혈뇌장벽(blood-brain barrier, BBB) 통과는 늘 결정적으로 치워지지 않는 장애물이다. 그런데 뇌 면역 시스템에 대한 연구가 깊어지면서 면역세포가 혈뇌장벽을 통과해 드나들고, 응집 단백질이 빠져나오기도 하는 배출 경로가 있다는 것이 밝혀졌다.

보편적 치료법에 대한 고민도 있다. 면역 결핍 상태의 환자가 아니라면, 환자 자신의 면역 시스템으로 암을 치료하는 면역항암제가 현실화되고 있다. 암에서 성공했다면 퇴행성 뇌질환에서도 가능할지 모른다.

2010년대 중반부터 신경면역으로 퇴행성 뇌질환을 잡으려는 시도가 주목받기 시작했다. 마이크로소프트사의 창업자 빌 게이츠가 투자한 바이오테크 알렉토(Alector)는 약물로 뇌 면역 기능을 회복시켜 퇴행성 뇌질환을 치료하는 연구를 하고 있다. 알렉토는 퇴행성 뇌질환에서 일어나는 병리 증상과, 아밀로이드 베타 단백질과 타우 단백질 등 병리 단백질이 잘못 접히고 응집되는 현상이 서로 독립적이라고 본다. 퇴행성 뇌질환은, 노화가 진행되면서 유전자 변이가 일어나고, 뇌에서 면역 기능을 담당하는 미세아교세포 기능이 망가지면서 면역 시스템이 오작동해 뉴런 세포가 죽는 결과라는 가정이다.

뇌 면역

뇌에서는 면역 활동이 제한적으로 일어날 것이라고 생각되었다. 뇌를 포함한 중추신경계가 면역특권 지역(immuneprivileged)일 것이라는 생각에는 이유가 있었다. 장기나 조직을 이식하면 면역 시스템이 비(非)자기 항원을 인식하고, 빠르게는 수분에서 수일, 길게는 수년 안에 면역거부반응을 일으킨다. 심하면 면역거부반응으로 이식받은 사람이 죽기도 한다. 따라서 장기를 이식할 때는 면역반응을 예측하고 면역관용을 유도해야 한다. 1948년 영국의 생물학자 피터 브라이언 메더워(Peter Brian Medawar)는 토끼의 피부세포를 다른 토끼의 여러 장기에 이식(homografts, 동종이식)하는 실험을 했다. 이식한 기관들에서 세포 괴사가 일어나 조직이 파괴되는 등 면역거부반응을 살펴보기 위해서였다. 그런데 뇌에서는 면역거부반응이 일어나지 않았다. 메더워는 '뇌에서는 면역반응이 잘 일어나지 않으며, 림프관 배출구도 보이지 않는 기관'일 것이라고 말했다. 메더워는 뇌가 면역관용조직이라고 결론을 냈다. 메더워는 이어지는 실험에서 후천성 면역관용(acquired immunological tolerance)을 발견한 공로로 프랭크 M. 버넷(Frank Macfarlane Burnet)과 함께 1960년 노벨 생리의학상을 받기도 했다.

뇌의 독특한 구조는, 뇌가 면역특권 지역이라는 생각을 뒷받침해주었다. 뇌는 두개골 말고도 단단한 보호막이 있다. 두개골 → 두꺼운 섬유조직인 경막(dura mater) → 얇은 거미줄 모양을 닮은 거미막(arachnoid membrane) → 뇌척수액 → 산소와 영양분을 공급하는 모세혈관이 흐르는 연질막(pia mater) 순으로 뇌 조직을 둘러싸고 있다. 두터운 보호를 받고 있어 뇌 조직까지 갈 수 있는 물질은 많지 않다. 면역세포도 뇌로 들어갈 수 없을 것이니, 뇌는 당연히 면역특권 지역일 것이라는 생각이 힘을 받을 수밖에 없었다.

그런데 2000년대 들어서면서 뇌가 면역특권 지역이라는 생각은 조금씩 허물어지기 시작했다. 뇌 속에서 여러 면역세포가 꽤 역동적인 메커니즘으로 활동하고 있다는 것이 밝혀졌다. 말초

(peripheral) 면역세포가 혈뇌장벽을 통과해 뇌 신경세포와 소통하고, 미세아교세포는 보통의 대식세포와 일정 부분에서만 다른 방식으로 뇌를 보호한다는 연구 결과가 발표되었다. 2015년 독립된 두 연구팀이 쥐에서 뇌 림프관을 각각 찾는 일이 발생했다. 2018년에는 미국 국립보건원(NIH) 신경질환연구소(NINDS) 다니엘 라이히(Daniel S. Reich) 연구팀이 사람 뇌에서 림프관을 찾았다.

이전까지는 뇌가 닫혀 있는 시스템이라고 생각했다. 닫힌 시스템이라면 노폐물이 쌓이고 제거되는 것을 설명하기 어렵다. 그런데 뇌 림프관이 있다면 이야기가 달라진다. 노폐물이 배출되는 경로가 될 수 있는 것이다. 라이히 연구팀의 발견 이후 스위스 취리히 연방 공과대학 스티븐 프루(Steven T. Proulx) 연구팀은 쥐의 뇌척수액으로 투여한 형광 추적자(tracer)가, 뇌 림프계에서 경부림프절(cervical lymph node)로 배출된다는 것을 밝혔다(doi: 10.1084/jem.20142290).

새로운 사실의 발견은 기존 개념을 새 개념으로 바꾼다. 진행성 다초점 백질 뇌병증(progressive multifocal leukoencephalopathy, PML)은 뇌 백질 지역이 마치 녹아내리는 듯한 현상을 보이며 심각한 병증이 나타나는 질병으로, 다발성 경화증과 증상이 비슷하다. 보통 때는 크게 문제가 되지 않는 JC바이러스가, 환자의 면역력이 낮아졌을 때 뇌로 이동해 질병을 일으키는 것으로 알려졌다. 이런 이유로 PML 환자에게는 증상을 기준으로 해서 다발성 경화증 치료제가 처방되거나, 원인을 기준으로 해서 항 바이러스 약물을 처방했다. 그러나 환자는 치료되지 않았다. 이런 처방은 뇌가 면역특권 지역이라는 프레임에서 나왔을 것이다. 즉 PML은 면역력이 낮아졌을 때 발병했지만, 뇌가 면역에서 자유로운 곳이니 관계가 없을 것이라는 생각이었다. 그런데 NIH 신경과의 아빈드라 나스(Avindra Nath)와 다니엘 라이히 연구팀은 PML 환자의 뇌척수액과, 말초혈액에 있는 CD4+, CD8+ 림프구에 PD-1 발현이 높아진 것을 발견했다. 연구팀은 PD-1, PD-L1 신호전달로 JC바이러스에 대항하는 림프구의 능력이 저해되었다고 가정했다. 그래서 림프구의 면역 활성을 높일 수 있는 키트루다®(Keytruda®, 성분명: pembrolizumab)를 투여했다. 8명의 환자 가운데 5명에게 PML의 진행이 멈추거나, 임상적인 효능을 확인했다. 뇌도 면역 관계로 문제가 발생할 수 있다는 프레임에서는 가능한 접근법이었고, 효과를 보았다(doi: 10.1056/NEJMoa1815039).

뇌 림프관은 독성 단백질이 쌓이면서 생기는 퇴행성 뇌질환의 원인을 밝히고, 치료제 개발에 단서를 줄 수 있다. 미국 버지니아 대학 제니퍼 먼슨(Jeniffer Munson) 연구팀은 쥐가 늙으면 뇌 속 유체(fluid)의 움직임도 느려지는 것을 확인했다. 유체의 움직임은 젊었을 때의 반 정도 수준으로 떨어졌다. 연구팀은 노화로 인지손상이 나타난 쥐에 림프관 내 유체 속도를 빠르게 하는 혈관내피세포성장인자C(VEGF-C)를 주입했더니 쥐의 인지손상은 회복되었다. 또한 알츠하이머 병에 걸린 쥐(5xFAD)의 뇌막 림프관을 망가뜨리자, 뇌 조직 안의 아밀로이드 베타 단백질 플라크 축적이 늘어난 것도 확인했다.

한편 림프관은 퇴행성 뇌질환 치료제를 전달하는 길이 될 수 있다. 퇴행성 뇌질환 치료제는 효과가 아무리 좋아도 혈뇌장벽을 통과하지 못하면 끝이다. 그런데 림프관이 있다면, 길을 뇌 림프관으로 잡는다면 약물을 뇌로 보낼 수 있을 것이다.

'뇌 면역'이라는 개념에 대한 기대는 시장의 반응으로 짐작할 수 있다. 파이프라인 가운데 뇌 면역을 이용해 알츠하이머 병 치료제를 개발하기도 하는 디날리테라퓨틱스(Denali Therapeutics)는 2017년 기업공개(IPO)로 2억 5,000만 달러를 모았다. 2017년에 있던 기업공개 가운데 가장 큰 투자금 유치였다. 2019년 2월, 뇌 면역을 이용한 알츠하이머 병 치료제 개발을 하는 알렉토(Alector)도 1억 7,600만 달러를 기업공개로 유치했다.

미세아교세포

건강한 뇌 안에는 독성 단백질, 사멸세포, 세포 찌꺼기 등을 먹어 치우는 면역세포가 있다. 이 가운데 대표적인 것이 미세아교세포(microglia)다. 전체 뇌 세포가 100개라면 10~15개는 미세아교세포다. 적지 않은 비중이지만 미세아교세포는 다른 뇌 세포와 태생이 다르다. 뉴런 같은 뇌 세포나 성상교세포 같은 뇌 면역세포는 뇌줄기세포(neural stem cells, NSCs)에서 만들어진다. 그런데 미세아교세포만 뇌 밖에 있는 골수 전구체에서 만들어져 들어온다.

골수의 조혈모세포는 보통의 면역세포가 만들어지는 장소다. 그래서 미세아교세포는 대식세포와 비슷한 특성이 있다. 미세아교세포는 배아 시기(배아 8.5~9.5일) 난황낭(yolk sac)에서 만들어진다. 그리고 혈뇌장벽이 아직 만들어지기 전에 혈액을 타고 뇌로 이동한다. 이렇게 뇌 속으로 미세아교세포가 들어간 다음 혈뇌장벽이 만들어진다(배아 13일경). 미세아교세포는 평생 뇌에만 머무르며, 일정한 수를 유지한다. 배아 시기 뇌로 미세아교세포가 들어온 다음, 평생 동안 96%가 넘는 미세아교세포가 새로운 세포로 바뀐다. 미세아교세포의 긴 수명과 줄기세포처럼 스스로 복제(self renewal)할 수 있는 특징 덕분에 가능한 일이다. 인간 뇌 속 미세아교세포의 평균 나이는 4.2년으로, 오래 살면 20년이 넘게 살 수 있다고 한다. 매년 전체 미세아교세포 가운데 약 28%(중간값)가 새 것으로 바뀐다(doi: 10.1016/j.celrep.2017.07.004). 참고로 기억 작용을 수행하는 면역세포를 빼고 나면, 조혈모세포에서 만들어지는 NK세포, B세포, T세포 등의 면역세포는 혈액에서 보통 몇 일에서 몇 주 동안 살 수 있다. 그런데 미세아교세포는 뇌 안에서 CSF-1, IL-34, IL-4 등의 자극을 받아 증식한다.

미세아교세포는 선천면역세포로 여러 가지 일을 한다. 우선 청소다. 미세아교세포는 뇌 안을 돌아다니면서 잘못 접힌(misfolded) 바람에 독성을 띠는 뇌 속 단백질, 세포 찌꺼기, 망가지거나 더 이상 쓸모없어진 뉴런, 기능이 없어진 시냅스, 외부에서 들어온 감염원 등을 먹어 없애는 대식작용을 한다.

미세아교세포는 당장 없애기 힘든 독성 단백질을 신경독성을 띠지 않는 형태로 바꾸는 작용도 한다. 예를 들어 아밀로이드 베타 단백질 플라크를 둘러싸고 있는 프로토피브릴(protofibrils) 상태의 아밀로이드 베타 단백질의 독성을 줄이고, 아밀로이드 베타 단백질 플라크가 더 이상 커지지 않도록 막는다(doi: 10.1038/ncomms7176).

미세아교세포는 뉴런과 시냅스가 만들어지고 난 다음, 사용하지 않는 시냅스를 제거하도록(synaptic pruning) 돕는다. 이 기능이 고장나면 미세아교세포가 시냅스를 과도하게 먹어치우고, 시냅스가 비정상적으로 연결돼 신경회로가 망가진다.

미세아교세포는 여러 신경영양인자(neurotrophic factor)와 사이토카인을 분비해 성상교세포(astrocyte)와 희소돌기아교세포(oligodendrocyte)의 생존과 기능에 영향을 미친다. 이 기능이 망가지면 미세아교세포가 내뿜는 사이토카인이 성상교세포도 활성화시키고, 과도한 신경염증을 불러일으킨다. 마지막으로 미세아교세포는 감염원이 들어왔을 때 위험 신호분자를 내뿜고 혈관내피세포에 접착 분자가 발현되도록 유도해 혈뇌장벽 투과성을 조절한다. 이렇게 하면 뇌로 들어가지 못했던 몸속 다른 면역세포들이 뇌로 들어올 수 있어, 침입한 감염원을 함께 없앨 수 있다.

이는 미세아교세포가 뇌의 항상성 유지와 방어라는 두 가지 임무를 수행하는 방식이다. 미세아교세포는 환경 변화를 감지하는데, 항상성이 달라지고 해로운 신호가 발견되면 빠르면 몇 초 단위에서 몇 분 내에 반응한다(doi: 10.1016/j.conb.2010.07.002). 즉 뇌 환경 변화를 감지하는 미세아교세포는 뇌에서 가장 역동적인 세포다. 이론적으로 몇 시간 안에 전체 뇌를 순찰할 수 있으며, 손상 부위는 약 1시간 안에 미세아교세포에 의해 완전히 포위되며, 이후 더 악화되지 않는다.

미세아교세포는 외부 위험인자를 인지했을 때, 적절한 신호전달 과정을 활성화해야 한다. 그런데 면역 수용체나 신호전달인자와 관련된 유전자에 변이가 생기면 문제가 생긴다. 알츠하이머 병 발병률을 높인다고 알려진 TREM2(triggering receptor expressed on myeloid cells 2), CD33, CR1 등도 위험인자를 찾아내고 면역 반응을 매개하는 세포막 수용체다.

미세아교세포가 일을 제대로 하지 못하면 뉴런의 기능이 망가지고 사멸로 이어진다. 이렇게 뉴런이 죽는 신경퇴행은 퇴행성 뇌질환에서 공통적으로 벌어지는 일이다. 미세아교세포가 없애지 못한 물질이 뉴런 사이의 신호전달을 막고, 응집 단백질이나 세포 사멸 찌꺼기는 과다한 염증반응을 일으킨다. 활성산소 같은 독성 물질이 만들어지고, 주변 뇌 세포와 세포 소기관의 기능이 망가진다. 일련의 과정이 반복되면서, 뇌 조직 손상이 악화된다.

아이디어 1. 리셋(reset)

정상 뇌 속에는 미세아교세포만 있다. 그런데 병리 상태의 뇌에는 뇌 밖에서 혈액을 돌아다니던 면역세포도 뇌로 들어온다. 알츠하이머 병에 걸린 뇌에는 단핵구에서 유래한 대식세포(monocyte-derived macrophage)가 들어와 있다. 미세아교세포와 대식세포 모두 골수에서 만들어진 골수성세포(myeloid cells)지만 미세아교세포가 뇌 속 원주민이라면, 대식세포는 주변(peripheral) 혈액을 타고 돌아다니다가 맥락막망(choroid plexus)을 타고 뇌에 들어온 이주민이다. 만약 병리 상태 뇌에 미세아교세포가 부족하다면 골수에 있는 대식세포를 뇌로 보내 미세아교세포로 분화시킬 수 있을까? 가능하다면 미세아교세포를 보충하는 방식으로 알츠하이머 병 치료제를 개발할 수 있을 것이다. 아직 결론은 나지 않았지만, 미세아교세포는 다른 세포로 대체할 수 없다는 쪽으로

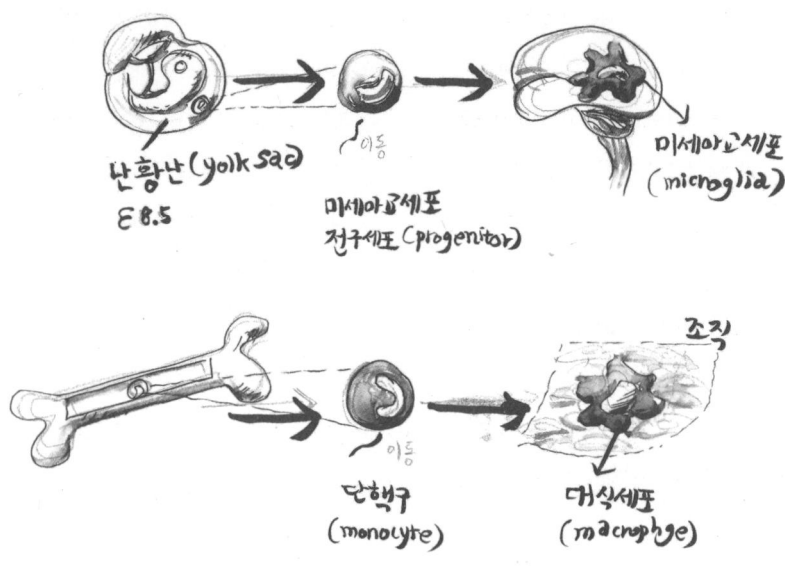

[그림 8.1] 미세아교세포와 대식세포는 다른 곳에서 만들어진다. 기원은 같지만, 배아 시기 미세아교세포가 만들어져서 이동하고, 그 다음에 골수가 생성되고 단핵구가 만들어진다.

의견은 기울고 있다.

2018년, 심천 중국과학원 보 펭(Bo Peng) 연구팀은 『네이처 뉴로사이언스(Nature Neuroscience)』에 논문을 발표한다. 뇌에 미세아교세포 분화를 전담하는 전구세포가 있다기보다 주변 미세아교세포 증식으로 보충될 수 있다는 내용이었다(doi: 10.1038/s41593-018-0090-8). 즉 미세아교세포 수를 늘려 알츠하이머 병을 잡으려면, 이미 뇌에 있는 미세아교세포를 타깃해야 한다. 2018년, UCI(University of California Irvine) 킴 그린(Kim N. Green) 연구팀은 미세아교세포 증식과 생존에 필수적인 CSF-1R 저해제를 처리해 일시적으로 미세아교세포를 제거하고, 다시 미세아교세포를 증식시키며 '리셋'하는 개념의 실험을 했다. 미세아교세포는 28일 후 원래 수로 늘어났으며, 미세아교세포의 모양도 정상 형태를 되찾았다. 연구팀은 미세아교세포 특이적인 TMEM119와 P2RY12 마커로, 늘어난 미세아교세포가 뇌 밖에서 유래한 단핵구가 아닌 뇌에 있던 미세아교세포에서 증식한 것임을 확인했다. 유전자 분석 결과 염증 관련 유전자에는 큰 변화가 없었지만 세포 골격 리모델링과 시냅스 생성 관련 유전자 발현이 높아졌다. 그밖에 기억 생성 장소인 해마에서 뉴런 생성(neurogenesis, dentate gyrus에서 확인)이 늘었고, 시냅스 가소성이 높아졌다. 늙은 마우스(24개월)에서 손상된 공간 기억 능력이 젊은 마우스(4개월)와 비슷한 수준으로 회복된 것도 확인했다(doi: 10.1111/acel.12832).

아이디어 2. CCR2

알츠하이머 병에 걸린 뇌에는 정상 뇌에는 없는 단핵구, 호중구, T세포 등이 쌓여 있다. 병리 상태에서 미세아교세포가 내뿜는 IL-1β, INF-γ, TNF-α 등의 사이토카인과 케모카인이 단핵구, 호중구, T세포 등을 유인하고, 혈관내피세포 기저막(endothelial basement membrane)에서 발현한 여러 종류의 세포부착분자(adhesion molecule)에 결합해 뇌로 들어오는 것이다. 혈액 속 면역세포가 뇌로 들어와 긍정적인 영향을 미치는지, 병을 악화하는지는 아직 연구 중이다. 현재까지 연구 결과에 따르면 면역세포의 종류에 따라 다르다는 것 정도가 밝혀졌다(doi: 10.1016/j.nbd.2016.07.007; doi: 10.1038/nri.2017.10).

단핵구에 발현하는 CCR2, CX3CR1, CCR5 등 케모카인 수용체는 미세아교세포, 성상교세포가 분비하는 케모카인을 인지해 뇌 안으로 들어갈 수 있다(doi: 10.3389/fneur.2018.00549). 이때 알츠하이머 병 쥐 모델에서 CCR2가 결핍되거나, 알츠하이머 병 쥐 모델 단핵구에서 CCR2 발현을 낮추면 아밀로이드 베타 단백질 플라크가 쌓이고, 기억력 저하가 심해진다는 연구 결과가 있다. 만약 CCR2+ 단핵구를 뇌로 보낼 수 있다면, 유용한 작용을 할지 모른다.

호중구는 병을 악화하는 것으로 보인다. 호중구 표면에 있는 인테그린(integrin) 분자가 혈관내피세포 ICAM(intercellular adhesion molecule)에 결합하면, 혈뇌장벽 투과성이 증가하면서 뇌로 들어간다. 알츠하이머 병 환자 뇌에서 인지손상이 시작하는 초기부터 호중구는 쌓인다. 사망한 알츠하이머 병 환자의 뇌 조직에서는 활성화된 호중구가 많이 쌓여 있는 것이 발견된다.

아이디어 3. 후성유전학

뇌가 면역특권 지역이라는 개념에는 중추신경계와 말초신경계가 분리된 독립된 기관이라는 전제도 포함된다. 그러나 뇌 밖 면역세포가 뇌로 이동하는 것을 알게 되고, 뇌 림프관을 발견하면서 중추신경계와 말초신경계의 경계는 무너지고 있다. 그렇다면 말초신경계에서 일어나는 염증반응이 중추신경계, 뇌 면역에도 영향을 미칠 수 있을까? 2018년 독일 튀빙겐 퇴행성 뇌질환 센터 요나스 네허(Jonas Neher) 연구팀은 이런 가능성을 보여주는 연구를 『네이처(Nature)』에 발표됐다.

연구팀은 골수성세포의 한 종류인 미세아교세포의 기억 작용이 알츠하이머 병에 미치는 영향을 연구했다. 연구팀은 말초 염증반응을 일으키기 위해 특정 박테리아가 보유하고 있는 구성 패턴인 지질분자(lipopolysaccharide, LPS)를 쥐의 복강 안으로 투여했다. 그 결과 정상 쥐에 LPS를 두 번 투여했을 때 큰 면역 반응이 일어났다. 연구팀은 이러한 현상에 첫 번째 LPS 자극에 미세아교세포가 '훈련(trained)' 받은 듯한 반응이라고 설명했다. LPS를 네 번 투여했을 때는 면역관용이 일어났다. LPS를 투여하는 횟수가 늘어나자 염증분자인 IL-1β, TNF, IL-6 분비가 줄어들었고, 항 염증인자인 IL-10은 늘어나거나 비슷한 정도를 유지했다. 종합적으로 보면 LPS 노출 횟수에 따라 미세아교세포의 표현형이 달라졌다.

연구팀은 뇌에 독성을 띠는 아밀로이드 베타 단백질이 쌓

미세아교세포의 형태

미세아교세포는 뇌 환경에 따라 모양(morphology), 기능, 수를 바꾸면서 여러 역할을 한다. 미세아교세포 모양 변화는 뚜렷해 생김새만으로도 어떤 단계에 있는지 알 수 있다. 보통 때 미세아교세포는 세포체(cell body)를 중심으로 긴 가지(branch)를 뻗은 형태다(ramified). 미세아교세포 가지는 환경 변화에 민감하게 반응하는데, 끊임없이 가지가 움직이면서 주변을 감시한다. 이때 감염원이 나타나거나 뇌 조직에 상처를 입는 등 환경 변화를 인지하면 미세아교세포가 활성화된다. 세포체는 커지고, 가지는 통통해지면서 짧은 형태로 바뀐다. 이 단계를 반응성 미세아교세포(reactive microglia)라고 부른다. 뇌 조직상에서 면역 관련 단백질인 Iba1 양성(Iba1+) 마커로 확인할 수 있다. 반응성 미세아교세포는 항원을 제시하는 기능과 함께 면역 인자를 분비하고, 숫자를 늘리기 위해 빠르게 증식한다.

반응성 미세아교세포에서 활성이 더 증가하면 아메바 모양(amoeboid)과 비슷한 형태로 바뀌는데 미세아교세포 가운데 운동성이 가장 크다. 아메바 모양의 미세아교세포는 활발한 대식작용을 한다. 또한 사이토카인, 케모카인, 활성산소 등 다양한 신호 인자를 분비한다. 결과적으로 미세아교세포는 위험 물질을 없애지만, 활성 상태가 지나치면 뇌 조직이 손상당하기도 한다.

미세아교세포의 모양과 기능을 바꾸는 중요한 인자, 미세아교세포 모양 변화에 중요한 영향을 미치는 인자는 노화다. 노화된 뇌에서 미세아교세포는 형태가 망가지고 기능이 떨어진다. '특징적으로 비정상적인 미세아교세포(dystrophic microglia)'인데 가지(branch)의 숫자가 줄어들고, 길이가 짧아지는 등 형태가 변한다. 대식작용이 줄어들고 이동성도 떨어지게 된다. 염증 관련 유전자 발현이 높아지고, 항상성 관련 유전자 발현은 줄어든다. 그러나 염증반응 자체가 늘어나는 것은 아니다. 노화된 미세아교세포는 '민감한(sensitized) 혹은 준비된 상태(primed)'로 같은 자극에 과도한 염증반응을 보인다(doi: 10.1038/npp.2016.185).

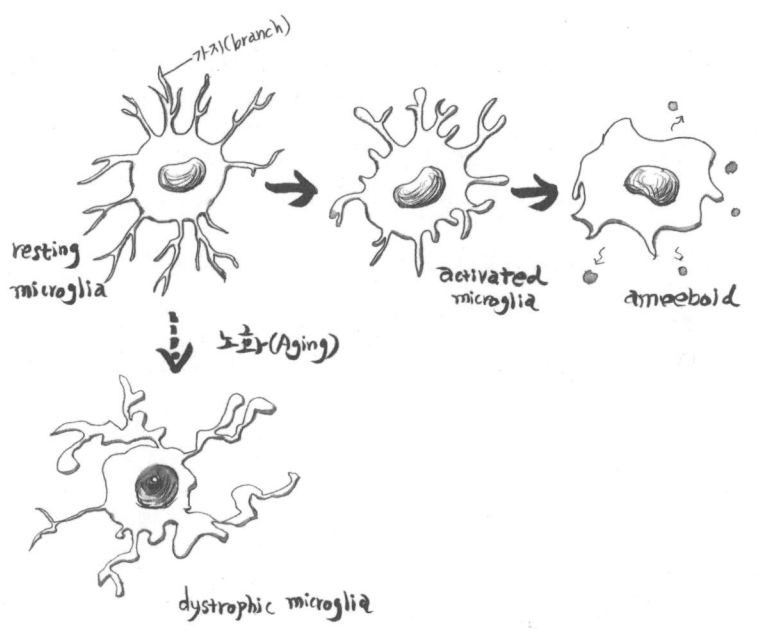

[그림 8.2] 미세아교세포의 활성화되고 노화된 형태

여 있는 알츠하이머 병 쥐 모델에서 같은 실험을 반복했다. 연구팀은 알츠하이머 병 쥐(APP23)에서 LPS 단회 투여로 면역 훈련이 유도되며, 4회 투여로 면역관용 반응이 일어나는 것을 확인했다. 연구팀은 정상 쥐와 비교해 APP23 모델에서 LPS 1회 투여로 기억강화가 일어난 이유를, 뇌의 독성 아밀로이드 베타 단백질이 어느 정도 수준의 염증반응을 일으키기 때문이라고 해석했다. APP23 쥐에서 미세아교세포의 면역 기억이 최소 6개월까지 지속되었다. 연구팀은 LPS를 처음으로 주입하고 6개월이 지난 시점에 쥐의 뇌 조직을 분석했다. 알츠하이머 병 쥐의 대뇌에서 면역훈련 작용은 아밀로이드 병리증상을 악화시켰지만, 면역관용은 증상을 완화했다. 또한 조직 절편에서 아밀로이드 베타 단백질 플라크를 둘러싸고 있는 미세아교세포의 수는 비슷하지만, 대식작용으로 아밀로이드 베타 단백질을 없애는 양에서 차이를 보였다. 연구팀은 미세아교세포 반응을 강화하는 기억훈련 메커니즘으로는, 후성유전학적 인자인 히스톤탈 인산화 효소(histone deacetylase, HDAC) 1/2가 필요하다는 것도 알아냈다. 미세아교세포가 환경에 따라 반응성, 작용하는 방향이 달라질 수 있다는 것을 보여준다.

아이디어4. RIPK1

RIPK1(receptor-interacting serine/threonine-protein kinase 1)이 활성화되면 염증 전(pro-inflammatory) 사이토카인(CCL2[MCP-1], IL-1b, IL-6 등)이 분비되고 뇌 조직이 손상된다. 알츠하이머 병 발병률을 높이는 고위험군 유전자 가운데, *APOE4*의 대립 유전자

를 가진 조기 발병 알츠하이머 병(early-onset Alzheimer' disease, EOAD) 환자에게는 인터루킨 6 수용체(IL-6R)에 유전적인 변이가 흔하다. RIPK1 활성에 의존하는 IL-6 신호전달 과정이 알츠하이머 병, 근위축성 측삭경화증(amytrophic lateral sclerosis, ALS), 다발성 경화증 같은 퇴행성 뇌질환에 치료 타깃이 될 수도 있다. 이전에도 전반적인 염증반응을 억제하는 항 염증 물질을 투여하는 아이디어와 임상시험이 있었지만, 미세아교세포가 해로운 염증반응을 일으키는 특정 메커니즘을 선택적인 약물로 타깃하려는 시도는 없었다.

신경면역 시스템이 망가짐에 있어 RIPK1는 중요한 만성 염증 질환 병리 메커니즘으로 받아들여진다. 디날리테라퓨틱스는 'DNL747'이라는 화합물로 RIPK1 인산화 활성을 억제해 신경염증을 낮추는 연구를 하고 있다. DNL747은 여러 측면에서 기대를 받고 있다. RIPK1은 TNFR1(tumor necrosis factor receport 1) 수용체 하위신호전달 인자로 알려져 있다. 퇴행성 뇌질환에서 TNF-α가 TNFR1에 결합하면서 하위신호전달 과정으로 RIPK1이 활성화되는 것이 관찰되었다. 현재 처방되고 있는 여러 면역 질환 치료제는 TNF-α를 저해하는 방식이다. 항 염증 치료제인 얀센(Janssen)의 레미케이드®(Remicade®, 성분명: infliximab), 애브비(AbbVie)의 휴미라®(Humira®, 성분명: adalimumab), 화이자(Pfizer)의 엔브렐®(Enbrel®, 성분명: etanercept) 등도 TNF-α 신호전달을 타깃하는 항체 의약품이다. (단 아직 혈뇌장벽을 통과해 TNF-α 신호전달을 효과적으로 억제하는 약물은 없다.)

TNF-α와 비교했을 때 RIPK1은 몇 가지 장점을 가지고 있

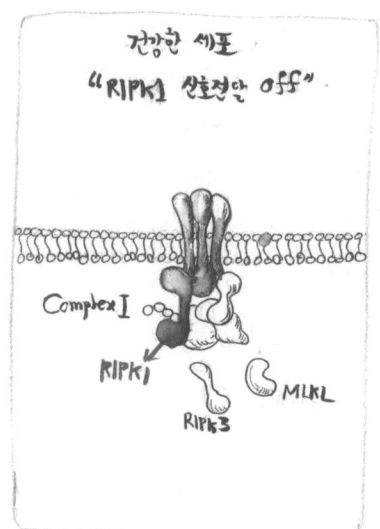
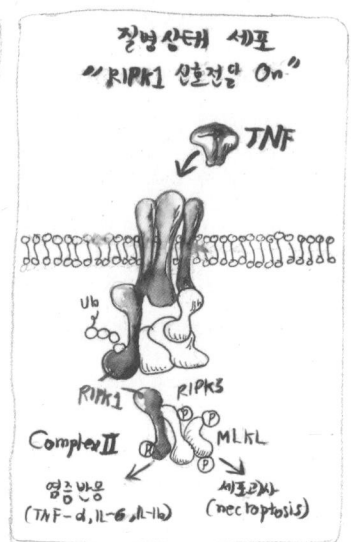
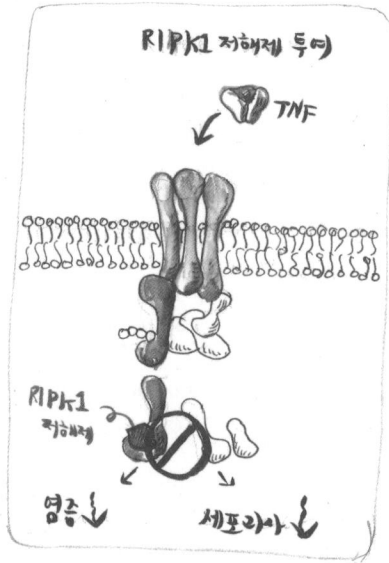

[그림 8.3] RIPK 신호전달 시스템을 저해하는 치료제 아이디어
출처: 2017.12. 디날리테라퓨틱스, 나스닥 증권거래위원회(SEC) 제출 IPO 자료 참조 재구성.

다. TNF는 TNFR2에도 결합하는데, 이는 뉴런이 수초화(myelination)되는 데 중요하게 작용한다. RIPK1 저해제로 TNFR1만 선택적으로 타깃하는 것이 안전하다. 또한 RIPK1은 세포 괴사(necrosis)에 관여하는 주요 조절인자다. RIPK1을 억제하면 신경세포의 괴사를 막아 알츠하이머 병 치료제로도 활용될 수 있을지 모른다.

디날리테라퓨틱스는 RIPK1에도 바이오마커를 적용한다. RIPK1 활성을 평가하는 바이오마커로 혈액 내 RIPK1의 세린(serine)166 자리의 인산화(pS166)를 선별했다. DNL747로 RIPK1을 억제했을 때 미세아교세포에서 사이토카인 분비가 줄어드는지 확인하기 위해서는, 뇌척수액(cerebrospinal fluid, CSF)에 있는 IL-1β, IL-18, MIP-1a, IL-6, MCP1 등의 사이토카인 수치를 측정한다. 2018년 디날리테라퓨틱스는 DNL747을 건강한 피험자 29명에게 투여하는 임상1상을 진행했다. DNL747을 투여하자 혈액에 RIPK1 pS166 수준이 약물을 투여하기 전과 비교해 90% 이상 줄어들었다. 또한 뇌척수액 안의 여러 사이토카인 수치도 감소했다. 디닐리테라퓨틱스의 임상1상은 건강한 피험자를 대상으로 한 것이었다. 이들은 퇴행성 뇌질환 환자와 같이 사이토카인이 증가하지 않은 상태였다. 디날리테라퓨틱스는 임상1b상에서 적절한 사이토카인 바이오마커를 고르기 위한 실험을 진행할 계획이다.

초기 단계지만 디날리테라퓨틱스는 RIPK1 저해제의 가능성은 시장에서 인정받고 있는 듯하다. 2018년 11월 디날리테라퓨틱스는 사노피(SANOFI)와 RIPK1을 공동 개발하는 파트너십을 체결했다. 계약금 1억 2,500만 달러를 포함해 앞으로의 마일스톤으로 10억 달러 이상을 받는 거래였다. 디날리테라퓨틱스와 사노피는 물질의 특성이 다른 2개의 RIPK1 저해제를 개발하고 있다. 알츠하이머 병은 디날리테라퓨틱스 주도로, 근위축성 측삭경화증은 사노피 주도로 환자 대상의 임상1b상을 진행하고 있다. 백업 물질로는 DNL758이 있으며, 사노피 주도로 전신성 염증 질환 치료제로 개발 중이다.

디날리테라퓨틱스는 알츠하이머 병 환자에게 DNL747 단독 투여, 아밀로이드 베타 단백질과 타우 단백질을 타깃하는 치료제와 DNL747의 병용투여를 함께 고려한다. 초기 알츠하이머 병 환자, 비정상적인 미세아교세포가 영향을 주는 경증에서 중간 단계 증상을 보이는 알츠하이머 병 환자에게서 DNL747이 치료 효과를 나타낼 것으로 예측하는 임상 디자인이다.

디날리테라퓨틱스의 DNL747 임상1b상과 더불어 사노피는 근위축성 측삭경화증 환자를 대상으로 임상1b상을 진행한다. 사노피는 2019년 하반기 다발성 경화증 환자에게도 약물을 평가하는 임상2상에 들어갈 계획이다. 디날리테라퓨틱스는 임상시험에서 타깃 참여를 평가하기 위한 바이오마커로 말초혈액(peripheral blood mononuclear cell, PBMC)의 RIPK1 인산화(pS166)을 평가하고, 탐색적 임상충족점으로 뇌척수액과 혈액에서 대사체(metabolomics), 신경미세섬유(neurofilament), 타우/Aβ42 비율, 사이토카인 등의 지표를 확인한다.

아이디어 5. 미세아교세포 감각체

2013년 하버드 의과대학 매사추세츠 종합병원(Massachusetts General Hospital) 조셉 엘 코우리(Joseph El Khoury) 연구팀은 『네이처 뉴로사이언스(Nature Neuroscience)』에 'RNA 시퀀싱을 통한 미세아교세포 감각체 규명(The Microglial Sensome Revealed by Direct RNA Sequencing)'이라는 논문을 발표한다(doi: 10.1038/nn.3554). 이 논문에서 연구팀은 '미세아교세포 감각체(microglial sensomes)' 개념을 제시했다.

연구팀은 미세아교세포 세포막에 발현한, 외부 물질과 감염원을 인지해 변화를 일으키는 단백질을 암호화하는 전사체 유전자 발현 패턴(transcriptomic signature)을 미세아교세포 감각체라 불렀다. 미세아교세포는 자기를 둘러싼 환경 변화를 감지하고 항상성 유지를 위해 케모카인, 사이토카인, ATP 등 핵산 물질을 포함하는 퓨린계 분자(purinergic molecules) 등을 감지할 수 있는 약 100개에 이르는 감각체를 늘 발현하고 있다. PCR, RNA-seq, 마이크로어레이 분석법 등으로 감각체를 유래하는 유전자의 종류와 유전자 발현 정도를 알 수 있다.

미세아교세포와 대식세포는 생체 조직에 있으면서 대식작용을 하고, 인지하는 물질의 종류와 반응이 유사하다는 공통점이 있다. 연구팀은 미세아교세포가 발현하는 특이적인 감각체를 파악하려고, 미세아교세포와 대식세포가 평소에 높게 발현하고 있는 상위 10%의 전사체를 비교했다. 총 2,102개 전사체 가운데 1,476개 전사체 발현이 겹쳤다. 미세아교세포만 발현하는 상위 25개 유전자를 분석하자 *P2RY12*, *P2RY13*, *TMEM119*, *GPR34*,

SIGLECH, TREM2, CX3CRL 등 감각체 유전자가 다수 포함됐다. 미세아교세포에서만 발현되는 감각체 유전자 22개가 밝혀졌고, 이 가운데 16개는 병원균이 아닌 내인성 리간드와 결합하는 인자였다. 미세아교세포가 뇌에서 주변을 둘러싸고 있는 환경을 인지하고, 상호작용할 수 있는 독자적인 전사체를 발현한다.

    미세아교세포 감각체는 질병 환경에 반응한다. 코우리 연구팀은 쥐가 노화하면서 31%의 감각체가 줄어들고, 13%는 발현이 늘어나는 것을 확인했다. 미세아교세포에 내재된 리간드를 인지하는 유전자 발현은 줄어들었지만, 외부 병원균을 인지하는 유전자 발현은 증가했다. 감각체는 알츠하이머 병에 걸렸을 때도 변한다. 후기 발병 알츠하이머 병 환자의 뇌에서 달라지는 미세아교세포 감각체로는 TREM2, CD33가 있다. TREM2와 CD33 모두 알츠하이머 병 병리 진행 과정에서 중요한 역할을 한다고 알려진 것들이다.

알렉토

2017년 이스라엘 와이즈만 연구소 미할 슈워츠(Michal Schwartz)와 이도 아미트(Ido Amit) 연구팀은, 미세아교세포 유전자 전사체를 분석해 알츠하이머 병에 걸린 뇌에서 이에 대항할 수 있는 하위 타입 미세아교세포를 찾았다는 내용을 『셀(Cell)』에 게재한다 (doi: 10.1016/j.cell.2017.05.018). 미세아교세포는 여러 종류인데, 단일세포 유전체 기술(single cell genomic technology)로 수천 개의 세포 각각의 전사체를 분석하는 것이 가능해졌다. 미세아교세포를 더 자세하게 들여다보았더니, 전에 몰랐던 새로운 타입의 미세아교세포를 찾은 것이다. 뇌 질환에 걸린 환경에서 특이적으로 발현하는 미세아교세포(disease-associated microglial, DAM) 가운데, 대식작용으로 병리 단백질을 없앨 수 있는 미세아교세포를 찾았다. 이 미세아교세포는 알츠하이머 병에 걸린 상황에서만 발현되는 타입이다. 미세아교세포가 알츠하이머 병에 대항할 수 있는 형태로 전환되기 위해서는 두 단계를 거쳐야 한다. 첫 번째 단계에서는 항성성 관련 유전자 발현은 낮아지고, 지질대사와 대식작용 등 퇴행성 뇌질환 관련 유전자 발현이 높아졌다. 연구팀은 이 작용을 매개하는 뇌의 면역관문분자(immune checkpoint molecule)가 있을 것으로 추정했다. 두 번째 단계는 TREM/DAP12(TYROBP) 신호전달 활성화가 필요했다. 미할 슈워츠는 뇌에서도 면역관문분자가 작용하는 컨셉을 확인해보려고, 아예 이뮤노브레인 체크포인트(ImmunoBrain Checkpoint ,IBC)라는 기업을 창업했다.

그러나 뇌 면역관문분자를 타깃하는 대표적인 기업은 현재까지 알렉토가 독보적이다. 알렉토는 미세아교세포의 생존, 증식, 이동, 기능을 조절할 수 있는 면역관문 단백질을 타깃하는 치료제를 개발하고 있다.

미세아교세포 이상으로 뇌 면역 시스템이 무너졌을 때, 주요 기능을 복구해야 신경퇴행을 막을 수 있다. 알렉토의 가설은 퇴행성 뇌질환 환자의 뇌에서 보이는 병리 단백질이 쌓이는 현상, 뇌에서 발생하는 시냅스 손상, 신경퇴행 등 현상이 서로 독립적이라는 것이다. 즉 한 가지 병리 단백질을 없애도, 서로 독립적으로 일어나는 다른 병리 현상은 잡을 수 없는 것이다. 또한 퇴행성 뇌질환은 유전자 변이가 일어나면서 뇌 면역 체계가 고장나거나, 노화로 면역 기능이 떨어지면서 시작된다고 본다. 면역세포가 유익한 보호 기능은 잃어버리고, 뇌에 해로운 작용을 하는 쪽으로 변한다는 가설이다. 알렉토는 뇌 면역 시스템을 정상적으로 되돌리는 방향으로 치료제를 개발하며, 이러한 접근법으로 여러 가지 병리 현상을 완화할 수 있을 것으로 기대한다.

알렉토는 연구 단계 회사를 지나 개발 단계 회사로 넘어가고 있다. 2013년에 설립한 알렉토는 2019년 현재 기준, 40개 이상의 신경면역 타깃을 찾았다. 알츠하이머 병, 파킨슨 병, 근위축성 측삭경화증 등을 타깃하는 10개 이상의 신경면역과 면역항암제 프로그램이 전임상에 들어갔고, 이 가운데 후보물질 2개는 2018년 임상시험에 들어갔다. 2019년, 미세아교세포에 발현하는 PD-1 분자인 SIGLEC3(sialic acid binding Ig-like lectin 3)을 저해하는 항체의 임상시험도 시작했다. 세 가지 후보물질은, 퇴행성 뇌질환 치료제 신약개발에서 도입된 적이 없었던 퍼스트 인 클래스(first-in-class) 약물이다.

알렉토의 접근법은 시장에서도 그 가치를 평가받고 있다. 알렉토는 2018년 시리즈E로 1억 3,300만 달러를 투자받은 것을 포함해 모두 1억 9,450만 달러의 투자를 받았다. 애브비, 암젠, 머크(MSD)가 알렉토에 투자했고, 오비메드, 릴리아시아벤처스, 디멘시아 디스커버리 펀드(Discovery Dimentia Fund) 등 다양한 기관이 참여했다. 아예 알렉토의 물질을 입도선매(立稻先賣)하는 경우도 있었다. 2017년, 애브비는 알츠하이머 병 치료제 개발의 위해 알렉토의 면역관문분자 타깃 물질 2개에 대한 옵션을 구매했다. 계약금 2억 5,000만 달러, 2,000만 달러 규모의 주식 직접 매입, 앞으로 개발과 상업화 마일스톤으로 9억 8,560만 달러를 더 내겠다는 조건이었다.

GWAS, WGS, WES

알렉토가 신경면역으로 퇴행성 뇌질환 치료제 개발에 도전할 수 있었던 것은, 2010년 초부터 유전자 시퀀싱 분석기술이 발달하면서 가능해진 전장 유전체 연관분석(genome-wide association studies, GWAS), 전체 염기서열 분석(whole genome sequencing, WGS), 전체 엑솜 분석(whole exome sequencing, WES) 연구 덕분이다.

GWAS는 유전체 분석 정보를 임상시험에 적용해보자는 아이디어에서 시작했다. 원인이 복잡한 질병에서 원인 인자를 찾기 위해, 알츠하이머 병 환자와 일반인 유전체 데이터를 대규모로 분석해 얻은 염기서열 상에서 차이(단일염기서열 변이)를 추린다. 다음으로 특정 유전자 자리(site)와 질병의 연관성을 분석했다. GWAS는 암, 당뇨, 희귀질환 등 다른 질환에서도 활발하게 사용되고 있었다. 알렉토는 퇴행성 뇌질환에 이를 적용하기로 했다. 퇴행성 뇌질환을 일으키는 유전자 변이를 찾고, 해당 유전자 변이로 기능이 망가지는 단백질이 퇴행성 뇌질환 진행에 중요한지 검증하고, 단백질의 활성을 정상화해 질병을 치료하는 방식이다.

2010년 전까지는 미세아교세포에서 발현하는 TLR, RAGE(receptor for advanced glycation end products), NLRP3 염증조절복합체(inflammasome) 등의 선천면역 수용체가 올리고 아

밀로이드 베타 단백질을 인지해 염증반응을 일으킨다는 점, 미세아교세포가 대식작용으로 독성 아밀로이드를 제거한다는 것 정도를 알고 있었다. 미세아교세포 상태가 질병이 진행되면 변한다는 것도 알고 있었지만, 뇌 속 면역 시스템과 퇴행성 뇌질환의 관계를 정확하게는 몰랐다.

2009년부터 GWAS 연구로 뇌 속 면역 시스템과 퇴행성 뇌질환의 직접적인 연관성이 조금씩 밝혀지기 시작했다. 2009년에 뇌 면역과 관련된 유전자 *CR1*, *CLU*를 찾았고, 2011~2013년에는 10여 개의 뇌 면역 관련 유전자를 찾았다. 이에 따라 퇴행성 뇌질환 유발 유전자(degenogene)라는 개념도 생겼다.

물론 GWAS 분석 결과는 인과 관계가 아니라 단순 연관성을 보여준다는 점, 알츠하이머 병은 표현형이 복잡하고 후천적 요인도 크게 작용한다는 점에 주의해야 한다. 즉 GWAS 결과에서 여러 뇌 면역 유전자와 알츠하이머 병이 높은 연관성을 갖는다는 결과가, 뇌 면역으로 알츠하이머 병을 고칠 수 있다는 것으로 바로 이어지지는 않는다. 그럼에도 GWAS 연구는 알츠하이머 병 치료제 개발에서 뇌 면역에 관심을 기울여야 한다는 점을 말해주었다.

2009년 영국 카디프 대학(Cardiff University) 줄리 윌리암스(Julie Williams) 연구팀과 프랑스 파스퇴르 연구소 필립 아무엘(Philippe Amouyel) 연구팀 등 유전학자들은 퇴행성 뇌질환과 연관성이 큰 신경면역 유전자 명단을 확보했다(doi: 10.1038/ng.440; doi: 10.1038/ng.439). 그리고 수만 명의 알츠하이머 병 환자를 대상 GWAS 분석으로 발병 위험을 높이는 25개의 유전자 가운데 22개가 뇌 속 면역을 조절하고 있다는 것을 알게 되었다. 중심은 미세아교세포 관련 유전자였다. 알렉토는 사람 유전체에서 검증된 신경면역 유전자를 타깃해, 이로 인해 발현된 감각체를 활성/억제, 발현을 낮출 수 있는 후보물질을 발굴하는 것으로 전략을 잡았다.

2019년 현재 알렉토가 임상시험을 하고 있는 AL001은 미세아교세포 기능을 조절하는 인자, 프로그레뉼린(progranulin, PGRN)을 타깃하는 후보물질이다. PGRN은 미세아교세포 활성, 뉴런 생존, 리소좀 기능 등 여러 세포 신호전달 과정을 바꾼다. PGRN이 모자라면 미세아교세포 기능이 망가지고, 미세아교세포가 뇌 조직을 망가뜨릴 수 있는 사이토카인(cytotoxic cytokine)과 보체물질을 내뿜어 신경퇴행을 빠르게 만든다. 사이토카인과 보체물질이 나오면 상황은 심각해지는데, 성상교세포가 함께 활성화되면서 뉴런을 망가뜨린다. 또한 뉴런의 세포 속 소화기관인 리소좀의 기능이 떨어지면서 응집된 독성 단백질이 적절하게 분해되지 못한다.

PGRN 수치는 퇴행성 뇌질환과 연결된다. 두 개를 이루는 염색체에 각각 *PGRN* 변이가 있으면, 어린 연령대에 나타나기 쉬운 신경 세로이드 리포푸신증(neuronal ceroid lipofuscinosis)이 발병한다. 치매 증상이 나타나고, 시력을 잃어버리며, 간질 증상도 함께 나타난다. *PGRN* 변이가 한 개 나타나면 뇌에서 PGRN 수치는 50~70%까지 떨어지고, 전두측두엽 치매(frontotemporal dementia, FTD)에 걸릴 확률은 90%로 올라간다. GWAS 연구 결과 *PGRN* 변이로 알츠하이머 병, 파킨슨 병 등이 발생하는 것을 확인했다.

PGRN 수치가 낮아져 퇴행성 뇌질환이 온다면 PGRN 수치를 올리면 되지 않을까? 알렉토는 환자의 PGRN 수치를 올릴 수 있는 분해 메커니즘을 찾았다. SORT1은 혈액과 뇌에서 PGRN 분해를 매개하는 수용체다. SORT1은 세포 안 단백질을 운반하고 적절하게 배치하는 수용체(sorting receptor)로, 세포막 표면과 세포 안에 있는 소포체-골지체(ER-Golgi)에 있다. 세포 밖을 돌아다니던 PGRN은 SORT1에 결합해 세포 안으로 들어오는데, 리소좀을 만나 분해된다. 결과적으로 뇌 안의 PGRN는 줄어든다. 쥐 모델에서 확인한 결과 SORT1이 결핍되면 PGRN 수치는 약 2~3배까지 늘어나는데, SORT1가 감소하는 유전자 변이를 가진 사람도 PGRN이 늘어난다는 연구 결과가 있다.

SORT1의 장점은 또 있다. 쥐 모델에서 SORT1을 없애거나 약물로 SORT1을 저해할 경우 부작용이 없었고, PGRN이 원래 기능을 수행하는 데도 문제가 없었다. SORT1을 약물로 막아도 부작용 우려가 없을 수도 있다는 데이터다.

알렉토는 SORT1이 PGRN을 분해하는 것을 막기 위해, SORT1에 결합하는 항체인 AL001을 디자인했다. 퇴행성 뇌질환 환자의 뇌에서 PGRN이 줄어들 때 AL001을 투여하면 PGRN 반감기가 늘어난다. 전임상에서 정상 영장류에 AL001을 투여하자 SORT1 기능이 원래보다 약 10%로 낮아졌으며, 혈장과 뇌척수액에서 PGRN 수치는 2~3배 높아졌다. 알츠하이머 병과 파킨슨 병 등 퇴행성 뇌질환 치료제로 설계한 AL101에서도 비슷하다. *PGRN* 변이를 가진 전두측두엽 치매(FTD-GRN) 모델 마우스에

AL101을 투여하자 혈장과 뇌척수액의 PGRN 수치가 올라갔고, 전두측두엽성 치매 모델에서 보이던 사회성 결핍 행동도 나아지는 것을 확인했다.

2018년 시작한 알렉토의 임상1상 결과는 인상적이다. 42명의 건강한 피험자에게 단일 용량 증량(single ascending dose, SAD)하는 임상1a상이었다(NCT03636204). 안전성 데이터로 약물 용량제한 독성(DLT)은 없었고, 대조군과 비교해 AL001을 투여하자 혈장과 뇌척수액에 있는 PGRN이 최대 2배까지 높아졌다. 임상1b~2상에서는 환자에게 약물이 메커니즘대로 작동하는지, 인지 기능이 망가지는 것을 막는 효능을 보여주는지를 확인할 예정이다.

개발

알렉토는 전두측두엽 치매 치료제부터 개발 중이다. 알렉토가 타깃하는 전두측두엽 치매도 다른 퇴행성 뇌질환처럼 마땅한 치료제가 없다. 전두측두엽 치매에 걸리면 반사회적인 행동을 보이고, 감정을 통제하기 힘들다. 언어 능력을 잃어버리기도 하는 등 증상은 복잡하고 심각하다. 전두측두엽 치매는 알츠하이머 병보다 진행이 빠르고 발병 시점도 이르다. 알츠하이머 병은 증상이 나타나 진단받는 시점이 보통 75~80세 정도라면, 전두측두엽 치매는 45~65세에 증상이 나타나며 평균 58세 즈음에 진단을 받는다. 전두측두엽 치매 진단받은 환자는 평균 10년 후 사망한다.

PGRN에 문제가 생긴 FTD-GRN 환자는 전체 전두측두엽 치매의 5~10% 정도다. 유전성 전두측두엽 치매의 약 22%가

FTD-GRN 환자다. 알렉토는 2019년 4월, FTD-GRN 환자에게 AL001을 주입하는 임상1b상을 시작했다. 알렉토는 2020년 상반기에 FTD-GRN 환자를 대상으로 개념입증(Proof of Concept, PoC) 임상2상에 들어갈 계획이다. 임상충족점으로는 뇌척수액 바이오마커, 뇌 수축을 측정하는 자기공명영상(magnetic resonance imaging, MRI) 등 다양한 뇌 이미지, 인지 행동 테스트를 사용할 계획이다. 동시에 2019년에 *C9ORF72* 변이를 가진 전두측두엽 치매(FTD-C9orf720) 환자도 포함해 AL001을 시험한다. *C9ORF72*는 '9번 염색체 오픈 리딩 프레임 72번(chromosome 9 open reading frame 72)'에 위치해 붙여진 이름이다. 뇌 뉴런의 세포질이나 시냅스 전 말단(presynaptic terminals)에 주로 있다. 2011년 *C9ORF72*에 GGGGCC 염기서열이 반복되는 반복 확장(repeat expansion) 유전자 변이가 전두측두엽 치매와 근위축성 측삭경화증을 일으킨다는 것이 밝혀졌다. *C9ORF72*는 가족성 전두측두엽 치매, 근위축성 측삭경화증에서 가장 흔한 변이 타입으로 알려져 있다. 알렉토는 다른 PGRN 후보물질(AL101)도 개발하고 있다. 적응증을 알츠하이머 병, 파킨슨 병으로 넓히기 위함이다.

알렉토는 뇌 속 면역세포의 관문 수용체(checkpoint receptor)에도 집중한다. 2019년 현재까지 공개한 프로그램은 2개로, TREM2와 SIGLEC3이다. 모두 알츠하이머 병의 발병과 관련된 유전자에서 발현하는 단백질을 타깃한다. 애브비는 알렉토와 두 가지 프로그램에 대한 옵션 계약을 맺었다. 알렉토가 초기 임상1, 2상을 맡고, 애브비는 후기 임상개발과 상업화를 맡는다.

SIGLEC3(CD33)은 미세아교세포가 발현하는 억제성 수용체다. SIGLEC3은 T세포에 발현하는 PD-1처럼, 미세아교세포 활성을 낮춘다. CD33는 세포 밖의 시알화 당질류(sialylated glycan)나 병원균 등에 결합하며, PI3K 신호전달을 낮춰 대식작용을 낮춘다.

SIGLEC3 변이로 과도하게 미세아교세포를 억제하면, 아밀로이드 베타 플라크가 쌓이고 알츠하이머 병 환자 뇌의 손상을 악화시킨다. 알츠하이머 병 뇌를 검사해보면 SIGLEC3를 활성화하는 리간드가 늘어나 미세아교세포 기능이 낮아지는 경향이 관찰된다. *SIGLEC3* 유전자를 과발현시킨 쥐 모델에서는 미세아교세포 수가 줄어들었다. 또한 알츠하이머 병에 걸린 환자의 사후 뇌 조직에서 알츠하이머 병 증상이 나쁠수록 SIGLEC3 수치가 증가했으며, 병리적 타우 단백질로 인한 증상보다는 병리적 아밀로이드 베타 단백질과 관계 있을 것으로 보이는 병리 현상과 연관성이 높아 보인다. 반대로 *SIGLEC3* 유전자를 없앤 알츠하이머 병 쥐 모델에서는, 아밀로이드 베타 단백질을 없애는 대식작용이 증가했으며 아밀로이드 베타 단백질 플라크 양도 줄어들었다(doi: 10.1159/000492596).

혈액을 떠도는 침투성 대식세포(infiltrating macrophage)도 SIGLEC3을 발현하는데, 아직 환자의 뇌에서 침투성 대식세포가 SIGLEC3 활성을 낮추는 것이 어떤 작용을 하는지는 모른다. 그밖에도 CD33 타깃 약물은 급성 골수성 백혈병(acute myeloid leukemia, AML) 환자를 대상으로 한 치료제로도 개발되고 있다. 급성 골수성 백혈병 환자의 비정상적인 골수아세포(myeloblast)

의 약 90%가 CD33를 발현하고 있어, CD33 항체로 골수아세포 사포사멸을 유도하는 메커니즘으로 작동한다.

알렉토는 SIGLEC3 결합 단일클론항체 AL003로 SIGLEC3를 억제해 미세아교세포를 활성화시키고, 수도 늘리는 연구를 한다. 알렉토는 전임상에서 면역 기능이 없는 쥐(immunodeficient mice)에 사람의 면역세포를 주입해 사람의 면역체계와 유사한 환경을 만든 다음, AL003을 정맥주사해 면역세포의 SIGLEC3 억제를 확인했다. 또한 인간 SIGLEC3을 발현하는 마우스에 AL003을 단회 피하투여(ip)하는 것만으로도 뇌 속 미세아교세포의 SIGLEC3 발현을 낮추는 것을 확인했다. 알렉토의 발표에 따르면 AL003은 혈뇌장벽을 통과해 효능을 냈다고 한다.

2019년 알렉토는 건강한 피험자와 경증(mild)~중등도(moderate) 알츠하이머 병 환자를 대상으로 SIGLEC3 항체인 AL003의 임상1상을 시작했다. 체액과 이미지 바이오마커로 약물 메커니즘을 확인한다. 전구(prodromal)~경증 알츠하이머 병 환자를 대상으로 개념입증 임상2상도 진행할 예정이다.

스펙테이터

암 치료에 있어 면역은 뛰어난 치료 효과를 볼 수 있었다는 점에서 주목을 받는다. 뛰어난 효과는 환자와 의사, 치료제를 개발하는 연구자 입장에서 중요한 문제다. 그러나 암 치료에서 면역이 주목받아야 할 진짜 이유는 프레임의 전환이다. 면역항암제 이전까지는 암은 조절의 대상이 아니라 제거의 대상이었다. 잘라내거나, 더 독한 약 심지어 방사선 쏘는 등, 암을 어떻게 더 잘 없앨 수 있을 것이냐의 문제였다. 그런데 면역항암제는 암을 조절할 수 있다는 전제에서 시작했다. PD-1, PD-L1, CTLA4 등 분자 단위의 신호조절 메커니즘을 이용하면, 암을 조절해 환자에게 덜 해롭게 할 수 있을 것이라는 프레임이었다. 중요한 것은 관점을 바꾸고 개념을 새롭게 정의하는 일이었다.

신경면역은 막혀 있는 알츠하이머 병 치료제 개발에 새로운 프레임을 줄 수 있을지 모른다. 미세아교세포는 그동안 알고 있던 것보다 더 중요한 일을 많이 하고 있었지만, 우리는 그동안 퇴행성 뇌질환의 프레임 속에서 뇌는 면역특권 지역이라는 전제를 받아들여왔다. 아밀로이드 베타 단백질의 생성은 특이한 상황이고, 이 특이한 상황을 원래대로 돌리기 위해 아밀로이드 베타 단백질을 없애는 방법에 몰두해, 결국 뇌에서 플라크를 없애는 것까지 성공했지만 증상은 좋아지지 않았다. 마치 암 환자의 몸에서 암세포를 없애는 데 성공했지만 환자가 죽는 것과 다르지 않았다. 그렇다면 막혀 있는 알츠하이머 병 신약개발의 돌파구는 암 치료에서 면역항암제가 던졌던 프레임의 전환에서 시작하면 되지 않을까?

신경면역과 관련해 아직 연구해야 할 것들은 많다. 그럼에도 긍정적인 가능성을 몇 가지 정도 꼽는 것도 어려운 일은 아니다. 면역항암제 신약개발에서 막혀 있는 부분은, 암세포가 일으키는 무수한 변이 암항원이 환자 본인에게 유래해 면역세포가 찾기도 인지하기도 어렵다는 점, 그리고 치료를 위해 암이 있는 곳까지 정확하게 보내는 일 등이다. 즉 통제의 문제다. 이런 점에서 본다면 미세아교세포과 뇌 속 병리 단백질은 통제가 쉬운 문제일 수도 있다. 연구자들이 추가로 뇌 속 병리 단백질을 찾아내고는 있지만, 여전히 핵심은 아밀로이드 베타 단백질, 병리 타우 단백질, 죽은 신경세포 찌꺼기 등이다. 암보다는 복잡하지 않고 그 수도 많지 않다. 미세아교세포도 면역세포라면, 다른 면역세포처럼 내인성(endogenous) 병리 단백질을 찾거나 인지하는 능력이 시간이 지남에 따라 떨어질 수 있다. 전달 역시 마찬가지다. 혈뇌장벽을 통과하는 등의 문제가 있지만, 연구자들은 혈뇌장벽을 통과할 수 있는 방법을 계속 개발하고 있다. 그렇게 뇌 속으로 들어갈 수 있다면, 뇌 안에서만 해결을 보면 될 수도 있다. 신경면역의 신호전달 메커니즘에 집중하는 알렉토의 접근법은 이렇게 프레임을 바꾼다는 점에서 주목할 만하다.

물론 그러함에도 불구하고 놓치지 말아야 할 것은 '환경'이다. 신경면역이 조절에 집중하는 컨셉이라면, 조절을 둘러싸고 있는 환경을 살펴보는 것은 빼놓을 수 없다. 아밀로이드 베타 단백질을 없앴지만 알츠하이머 병 증상을 완화시키지 못했던 것은, 어쩌면 아밀로이드 베타 단백질 하나에만 집중했기 때문일지 모른다. 신경면역도 마찬가지다. 미세아교세포의 신호전달 메커니즘 하나만으로 알츠하이머 병을 잡기는 어려울 것이다. 경증 알츠하이머 병 환자의 뇌 조직만 해도 이미 매우 복잡한 상태로 망가져 있는 상태다. 아밀로이드 베타 단백질, 타우 단백질 등 병리 단백질이 뒤섞여 있고, 혈뇌장벽이 무너져 염증반응이 일어나고, 신경세포 찌꺼기 역시 뇌 림프계의 기능 약화로 쌓여 있다. 이 모든 환경은 복합적으로 다루어야 유의미한 치료제 개발로 이어질 수 있을 것이다.

트렘2

TREM2

이질성(heterogenicity)을 정확하게 이해해야 하고,
모델을 만들어야 한다.

메커니즘

TREM2(triggering receptor expressed on myeloid cells 2)는 선천 면역세포의 막에 발현하는 세포막 수용체 단백질이다. TREM2는 생체 조직에 있는 대식세포에 주로 발현한다. TREM2를 발현하는 대표적인 세포로는 중추신경계(central nervous system, CNS)의 미세아교세포(microglia)며, 그밖에 낡은 뼈 세포를 파괴하고 리모델링하는 뼈 파골세포(osteoclasts), 폐포(alveolar), 복막(peritoneal), 내장에 있는 대식세포 등이 있다. 뇌 속 미세아교세포 막에서 TREM2가 발현해 신호전달 과정이 활성화되면, 미세아교세포가 손상 조직으로 이동하는 것이 빨라진다. 또한 미세아교세포 생존기간과 증식을 늘어나고, 대식작용도 활발해진다.

TREM2 활성화로 일어나는 결과들을 이해하려면 TREM2/DAP12 복합체를 알아야 한다(doi: 10.3389/fncel.2018.00206). TREM2는 세포 밖에 있는 지질, ApoE, 아밀로이드 베타 올리고머, 핵산 등의 리간드를 인지한다. 이때 DAP12와 짝을 이룬 'TREM2/DAP12 복합체'를 만들어 세포 안으로 특정 신호전달을 한다. 이 둘은 서로 반대되는 전하를 띠는 잔기(residue)가 결합해 복합체를 이루고 있다.

DAP12(TYROBP)는 세포막에서 세포 안쪽까지 이어진 단백질로, 세포 밖으로 노출된 부분이 짧아 DAP12 자체는 세포 밖 리간드와 결합하지는 않는다고 알려져 있다. 대신 DAP12은 세포 밖 리간드와 결합하는 수용체와 복합체를 형성해 세포 안쪽으로 신호를 전달하는 식으로 일을 한다.

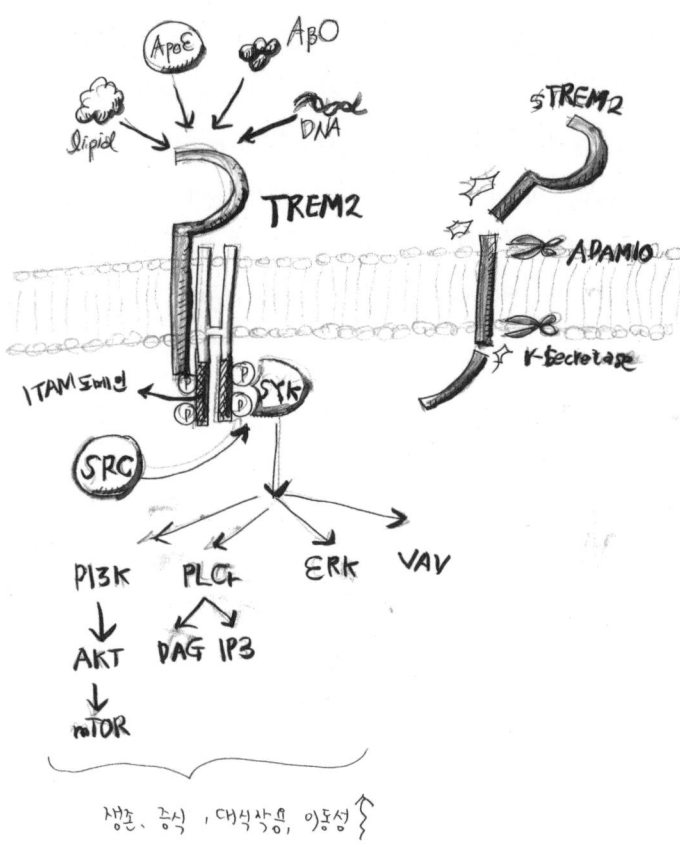

[그림 9.1] 미세아교세포에서 TREM2/DAP12 신호전달 과정

DAP12의 세포 안쪽 도메인은 T세포, B세포, 단핵구 등 다양한 면역세포의 활성화를 일으킨다고 알려진 ITAM(Immunoreceptor tyrosine-based activation motif)을 가지고 있다. 실제 DAP12가 ITAM 도메인을 가지고 있어 면역을 활성화하는 역할을 한다는 것이 처음으로 밝혀진 것은 선천면역세포인 NK세포에서였다(doi: 10.1038/35642). 신호전달은 TREM2에 리간드가 붙으면 DAP12의 ITAM의 타이로신 잔기에서 인산화가 일어나고, Syk(spleen tyrosine kinase) 인산화 효소를 끌어들인다. 이후 Syk 인산화 효소가 세포 안에서 여러 기능을 수행하는 ERK(extracellular-signal regulated kinase), PI3K(phosphatidylinositol 3-kinase), PLCγ(phospholipase Cγ) 등 신호전달 활성화를 일으키면 미세아교세포의 대식작용 증가, 염증반응이 오고, 생존기간이 늘어나며, 증식한다. TREM2/DAP12 복합체와 함께 DAP12 옆에 DAP10이 결합해 활성화되는 경우도 있는데, 이때 DAP10은 YINM이 인산화되면서 PI3K 신호전달이 활성화된다.

DAP12에 영향을 미치는 다른 메커니즘도 있다. 이 가운데 하나로 CSF-1 수용체(colony stimulating factor-1[CSF-1] receptor, CSF1R) 하위신호전달 과정에 있는 Src 타이로신 인산화 효소는 DAP12 ITAM을 인산화시키기도 있다.

TREM2/DAP12 신호전달은 이중적인 면을 갖고 있다. TREM2 수용체에 낮은 결합력을 가진 리간드가 결합하면 ITAM에 부분적으로만 인산화가 일어나 SHP1(Src homology region 2 domain-containing phosphatase-1)을 끌어들이고, SHP1이 탈인산화 작용으로 Syk 인산화 효소와 하위신호전달 인자를 억제하면서 상반된 결과가 일어난다.

치료 타깃 가능성

2013년, 영국 런던 대학(UCL)의 리타 게레리오(Rita João Guerreiro)와 존 하디(John Hardy) 연구팀이 발표한 두 개의 논문은 알츠하이머 병 치료 타깃으로 TREM2의 가능성을 보여주었다. 한 쌍의 염색체에 각각 TREM2 변이가 일어나면 40세 정도에 벌써 신경퇴행이 일어나는데, 나수-하코라 병(Nasu - Hakola disease, NHD 혹은 polycystic lipomembranous osteodysplasia with sclerosing leukoencephalopathy, PLOSL)으로 진단받으면 평균 10년 안에 사망한다. 주요 증상으로는 뼈 낭포(bone cysts)로 골절이 계속 일어나며, 뇌 백질이 퇴화하는 경화성 백질 뇌병증(sclerosing leukoencephalopathy)이 온다. 10만 명에 1명 정도 나타나는 희귀질환이다. TREM2는 원래 나수-하코라 병과 관련해 알려져 있던 유전자인데, 유전체 기술이 발달하면서 알츠하이머 병과의 연결고리가 밝혀진 것이다.

터키 이스탄불 병원(Istanbul Faculty of Medicine)에서 전두측두엽 치매(frontotemporal dementia, FTD) 환자 44명을 대상으로 전체 엑솜 분석(whole exome sequencing, WES)을 한 결과, 3명의 환자가 TREM2 변이를 갖고 있었다. 이들은 뼈 낭포 등 뼈와 관련된 나수-하코라 병 증상을 보이지 않았고, 전두엽 위축과 함께 행동 변화나 인지손상을 보였다. 연구진은 전두측두엽 치매 환자에게서 예상치 못했던 TREM2 변이를 새롭게 발견했으며, 치매 발병률을 높이는 유전자로 주시해야 된다는 내용의 논문을

2013년에 『미국 의학협회 신경학회지(*JAMA Neurology*)』에 게재했다(doi: 10.1001/jamaneurol.2013.579).

알츠하이머 병과 관련해 TREM2가 존재감을 드러낸 것은 2013년 『뉴잉글랜드 의학 저널(*New England Journal of Medicine, NEJM*)』에 실린 논문에서다. '알츠하이머 병에서 TREM2 변이(TREM2 Variants in Alzheimer's Disease)'라는 제목의 논문으로, 존 하디 연구팀을 포함해 영국, 독일, 프랑스 등 유럽의 약 40개 기관에서 알츠하이머 병을 연구하는 유전체학자들은, 한 쌍의 염색체 가운데 한 개의 염색체만 TREM2 유전자 변이를 가지는 경우(heterozygous mutation) 알츠하이머 병 발병이 달라지는지 궁금했다. 알츠하이머 병 환자 1,092명과 정상 노인 1,107명의 유전체를 분석한 결과, 알츠하이머 병 환자에게서 TREM2 변이가 나타나는 개수와 빈도가 높았다. 알츠하이머 병 환자의 경우 TREM2의 세포 밖 도메인 기능이 떨어지는 *R47H* 변이가 두드러지게 나타났다.

이 연구는 후기 발병 알츠하이머 병(late-onset Alzheimer's disease, LOAD) 고위험 유전자인 *APOE4*와 유사한 정도로, TREM2 변이가 알츠하이머 병에 걸릴 위험을 높인다는 것을 보여주었다. 염색체 쌍에 *APOE4* 변이가 하나 있을 때는 변이가 없는 경우보다 알츠하이머 병 발병 위험이 3~4배, 두 개 있을 때는 약 12배가 높아진다고 알려져 있다. 그런데 하나의 *TREM2* 변이가 일어나면 변이가 없는 경우보다 알츠하이머 병에 걸릴 위험이 약 2~3배까지 늘어났다. 또한 알츠하이머 병 환자 가운데 TREM2 변이가 있으면 변이가 없는 경우보다 증상 발현

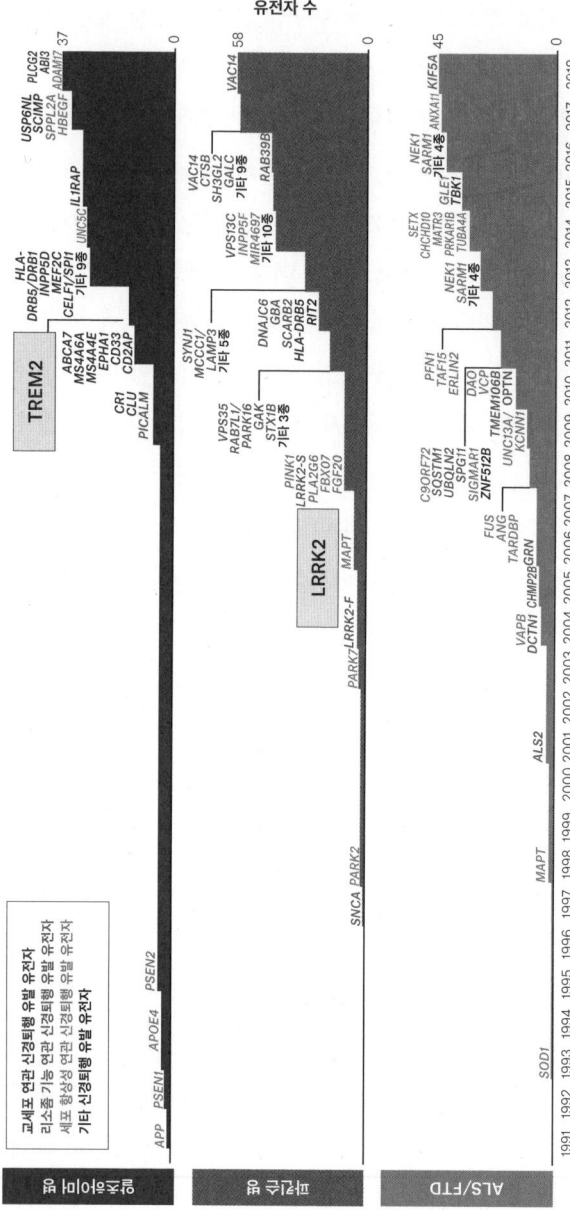

[그림 9.2] GWAS 분석 결과 퇴행성 뇌질환과 연관성이 밝혀진 유전자(degenogenes)의 발견

이 약 3년 앞당겨지며, 뇌 부피가 줄어드는 속도도 더 빨라진다. TREM2에 결합하는 리간드로는 지질, ApoE 등 지질단백질이 있는데, 2018년 샌포드-번햄 의학 연구소(Sanford-Burnham Medical Research Institute) 신경과학 부문 화시 쉬(Huaxi Xu) 연구팀은 올리고머 아밀로이드 베타 단백질도 TREM2에 결합해 미세아교세포 대식작용을 높인다는 것을 밝혔다(doi: 10.1016/j.neuron.2018.01.031).

전에도 뇌 선천면역과 관련된 유전자에 변이가 생기면 알츠하이머 병에 걸릴 위험이 높아진다는 유전자 분석 결과는 있었다. 2009년 면역 관련 유전자 가운데 알츠하이머 병 발병 위험을 높인다고 알려진 CR1(complement receptor 1)을 포함해 CLU(clusterin, 혹은 APOJ), ABCA7(ATP-binding cassette transporter A7), MS4A6A/MS4A4E, EPHA1(ephrin type A Receptor 1), CD33, CD2AP의 유전자 변이도 후기 발병 알츠하이머 병 위험을 높인다는 것이 밝혀졌다. 그러나 *APOE4*나 *TREM2* 변이처럼 고위험 인자는 아니었다. TREM2는 2019년 현재 기준, 뇌 면역 타깃 가운데 미세아교세포로 알츠하이머 병을 치료할 수 있다는 메커니즘을 보여주는 가장 앞선 치료 타깃이다.

면역

종양에 있는 대식세포는 선천적인 방어 체계다. 병원균의 특정 패턴을 탐지하는데, 패턴 인식 수용체(pattern recognition receptors, PRR)로 PAMPs(pathogen-associated stress signals), DAMPs(damage-associated stress signals) 등의 위험인자를 인지

한다. 대표적인 패턴 인식 수용체로 선천면역세포가 발현하는 톨 유사수용체(toll-like receptor, TLR)가 있다. 대식세포가 선천면역 수용체로 위험인자를 인지하면, 대식작용으로 위험인자를 없애고 다른 면역세포를 손상 조직으로 불러들이는 사이토카인, 케모카인 등 신호 분자를 분비한다. 그러나 이 상태가 계속 유지되는 것은 아니다. 면역 시스템의 면역관용(tolerogenic) 때문이다. 면역관용은 면역반응을 일으킬 수 있는 상황에서 반응하지 않게 하는 것이다.

외부 침입자가 들어왔다고 생각해보자. 이를 인지한 면역세포들이 사이토카인 등을 분비하면 감염 부위로 NK세포, 대식세포, 수지상세포, T세포 등 다양한 면역세포가 모이면서 염증반응이 시작된다. 타입1 염증반응에 분류되는 이 반응은, 장기화될 경우 주변세포와 개체(host)에 해롭다. 따라서 타입2 염증반응으로 바뀐다. M1 대식세포가 외부 침입자를 공격(kill)하고 면역활성물질 IL-12 등을 분비한다면, M2 대식세포는 반대로 회복(repair)에 관여해 면역억제물질 IL-10 등을 분비한다. 이때 면역반응은 무뎌진다. 종양미세환경에서는 타입2 염증반응이 주를 이루면서 M2 대식세포 비율이 높아지게 된다.

알츠하이머 병 환자의 뇌에서 미세아교세포도 PAMPs, NAMPs(neurodegeneration associated molecular patterns) 등으로 위험 패턴을 인지해 대식세포처럼 대식작용으로 신경염증을 일으키기도, 조직을 보호하기도 한다. 연구자들은 대식세포가 M2에서, 염증반응을 하는 M1 상태로 바뀌는 것처럼, 미세아교세포도 M1/M2로 분류하려고 했다. 그러나 단일 세포 수준에서 세포 특성을 프로파일링하는 전사체, 후성유전학체, 단백질학체 등을 분석한 결과, 미세아교세포는 고정된 상태(state) 혹은 타입으로 나누기 어렵다는 결론에 이르렀다. 미세아교세포를 타깃한 치료제 개발이 더뎠던 이유 가운데 하나는, 병리 단계에 따라 미세아교세포의 종류와 하는 역할 등이 변하는 양상이 컸다는 점도 있다. 전임상에서 여러 알츠하이머 병 동물실험을 했지만 모델의 종류, 나이 등에 따라 상반된 결과가 나왔다.

어쨌건 병리 상태에서 미세아교세포가 외부 인자를 제거하는 면역 작용을 하면, 어쩔 수 없이 주변 뇌 조직을 망가뜨린다. 따라서 미세아교세포는 항상성 유지와 염증반응 사이에서 균형을 잡아야 한다. 그런데 종양 조직에서 장기적인 염증반응에 따라 면역세포가 억제되듯, 만성적인 퇴행성 뇌질환과 노화된 뇌 조직에서 미세아교세포 작용은 제한된다. 결과적으로 중추신경계를 보호하지 못한다.

이렇게 미세아교세포는 알츠하이머 병을 치료하지만, 돕기도 한다. 예를 들어 미세아교세포는 아밀로이드 베타 단백질 플라크를 먹어치우는 대식작용을 하지만, 과도한 사이토카인을 분비해 신경독성을 일으켜 신경염증을 악화한다. 과거 알츠하이머 병 환자를 대상으로 COX-2 저해제인 로페콕시브(rofecoxib), 세레콕시브(celecoxib) 등 비스테로이드 항염증제(non-steroidal anti-inflammatory drugs, NSAIDs)을 투여한 임상시험이 모두 실패한 이유는, 미세아교세포가 유해한 물질을 없애고 조직을 재생하는 작용이 필요하다는 것을 알지 못하고 일단 없앴기 때문이다.

2010년대 중반부터 여러 퇴행성 뇌질환 동물모델에서

MGnD(microglia neurodegenerative phenotype)로도 불리는 DAM(disease-associated microglia) 가운데 새로운 타입의 미세아교세포가 발견되고 있다. 2017년 와이즈먼 연구소 미할 슈워츠(Michal Schwartz) 연구팀은 질환 상태에서만 특이적으로 나타나는 미세아교세포를 발견했다. 미할 슈워츠 연구팀은 질병과 싸우는 미세아교세포를 정의했는데, 마커(Iba1, Cst3, Hexb)를 발현하는 미세아교세포 집단 가운데 항상성 인자(P2ry12, P2ry13, Cx-3cr1, CD33, Tmem119) 발현이 낮아지고, 리소좀 대식작용 지질대사 등에 관여하는 *APOE, Ctsd, Lpl, Tyrobp, TREM2* 유전자 발현이 높아지는 집단이다. 이렇게 정의한 것이 stage I DAM이다. 대식작용을 하는 stage II DAM은 TREM2가 활성화되면서 분화한다. DAMII 전환에 필수적인 TREM2는 최근 큰 주목을 받는 면역관문분자다. 이런 종류의 미세아교세포의 발견은 뇌 면역작용으로 퇴행성 뇌질환과 싸울 수 있는 메커니즘이 있다는 것을 보여주었다. 2019년 알츠하이머 병 환자의 뇌 유전자 발현을 분석한 결과, 알츠하이머 병 쥐를 가지고 연구했던 DAM과 구별되는 특성을 갖는 HAM(human Alzheimer's microglia/myeloid cells) 유전자 발현 패턴을 새로 정의했다. DAM과 HAM은 많은 점에서 달랐다(doi: 10.1101/610345).

면역관문분자

뉴런은 재생이 안 되기 때문에 미세아교세포의 작용은 미세아교세포를 둘러싸고 있는 미세환경(microenvironment)에 따라 엄격하게 조절된다. 미세아교세포는 일생 동안 세포 표면에 여러 면역관문분자를 발현한다. 이에 따라 뇌 미세환경에서 벌어지는 환경 변화를 감지해 위험 요소를 없애고 항상성을 유지한다.

미세아교세포 면역관문은 크게 네 가지로 나뉜다. 첫째, 혈뇌장벽(blood-brain barrier, BBB)이나 맥락막망(choroid plexus) 등의 물리적인 장벽이 있다. 둘째, TGF-β, 인터루킨-13, 신경전달물질, 신경영양인자(neurotrophic factors) 등이 면역을 조절한다. 셋째, T세포처럼 세포끼리 상호작용을 하는 면역관문분자가 있다. 예를 들어 미세아교세포 표면에는 CX3CR1(CX3CL1), SIRP(CD47), CD45(CD22), CD200R(CD200)이 발현되어 있어 뉴런이나 교세포와 상호작용한다. 넷째, 전사를 조절하는 인자로 Mef2C, MeCP2 등이 있다. 여러 면역관문분자가 복합적으로 작용한다. 여러 종류의 미세아교세포가 동시에 여러 가지 일을 하는 셈이다.

지금까지 알츠하이머 병 연구는 *APP*와 *PSEN1*, *PSEN2* 가족성 알츠하이머 병 모델에 집중했다. 이에 비해 뇌 면역은 비가족성 알츠하이머 병 연구에 적용할 수 있다. 유전체 분석기술이 발달하면서 전장 유전체 연관분석(genome-wide association studies, GWAS)은 선천면역과 알츠하이머 병 사이의 연관성이 밝히고 있다. TREM2, DAP12(TYROBP), APOE, APOJ, CD33, CR1, C1q, C3, 보체반응 등 선천면역 인자와 관련된 유전자에 변이가 일어나면 알츠하이머 병 발병률에 영향을 미친다. 많은 연구들이 이 가운데 *TREM2* 변이를 알츠하이머 병 발병률을 높이는 핵심적 인자로 꼽는다.

2013년, *TREM2*는 알츠하이머 병 관련 유전자로 밝혀졌다.

R47H, R62H, T66M, Y38C, T96K, D87N 등 변이가 대표적이다. 이들 변이는 주로 TREM2의 세포 밖 도메인이나 신호전달 과정에 문제를 일으킨다. TREM2 리간드 결합력이 낮아지는 *R47H* 변이에서는 알츠하이머 병 발병률이 3배 이상 높아진다. 파킨슨 병, 전두측두엽 치매, 근위축성 측삭경화증(amytrophic lateral sclerosis, ALS)에서도 *TREM2* 변이가 문제가 된다.

TREM2는 지질센서(lipid sensor)로 리간드는 잘 알려져 있지 않았다. 그런데 TREM2가 알츠하이머 병에서 중요한 인자라는 것을 보여주는 연구결과가 나오고 있다. 2016년 제넨텍(Genetech) 모건 솅(Morgan Sheng) 연구팀과, 2018년 미국 샌포드-번햄 의학 연구소(Sanford-Burnham Medical Research Institute) 신경과학 부문 화시 쉬(Huaxi Xu) 연구팀은 각각 『뉴런(*Neuron*)』에 논문을 게재했다.

모건 솅 연구팀은 알츠하이머 병의 주요 병리 인자인 APOE, APOJ 등 아포 지질 단백질(apolipoprotein)이 TREM2에 결합해 미세아교세포 안으로 들어가는(uptake) 것을 확인했다. 더불어 APOE-아밀로이드 결합체도 TREM2에 결합하면서 미세아교세포 안으로 들어가 제거됐다. 모건 솅 연구팀은 APOE/TREM2 신호전달을 중요하게 보는데, *TREM2* 변이로 이 과정이 망가지면 알츠하이머 병에 걸릴 위험이 늘어난다는 입장이다.

화시 쉬 연구팀은 올리고머 아밀로이드는 TREM2에 나노몰(nM) 수준의 결합력을 가진다는 것과, 아밀로이드 베타 단백질 가운데 독성이 가장 큰 올리고머 아밀로이드가 TREM2 리간드라는 것도 밝혀졌다. 알츠하이머 병 쥐 모델(5xFAD/BAC-TREM2)에서 TREM2 수준을 높이면 미세아교세포가 아밀로이드 베타 단백질 플라크를 없애는 대식작용이 늘어나고, 공포 기억력 저하가 회복되는 것도 확인했다. 병리 단백질을 직접 없애는 접근법과 다르게 미세아교세포를 활성화해 독성 아밀로이드를 없앴고, 인지손상이 회복되는 결과를 보여주었다. 이런 연구들은 TREM2가 알츠하이머 병 병리 인자를 감지하며, 미세아교세포에서 TREM2가 활성화되면 병리 단백질을 없앤다는 것을 보여준다.

TREM2가 활성화되면 세포막 도메인인 DAP12(TYROBP나 DAP10)의 ITAM이 인산화되고, 하위신호전달 분자인 Syk/PI3K/MAPK 신호전달이 활성화된다. 미세아교세포의 생존, 증식, 대식작용이 촉진되고 사이토카인과 케모카인을 분비한다. 그러나 반대 작용도 있다. TREM2는 TLR 신호전달을 저해해 대식세포의 염증반응을 낮춘다.

TREM2가 잘린 형태인 용해성 TREM(soluble TREM2, sTREM2)도 중요하다. sTREM2는 ADAM10, 감마 세크리타아제(γ-secretase) 효소가 TREM2를 자르면 생겨난다. sTREM2는 뇌척수액(cerebrospinal fluid, CSF)으로 분비되는데, 이는 미세아교세포가 활성화된 결과인 신경퇴행과 신경손상의 바이오마커로 활용할 수 있다. sTREM2는 알츠하이머 병이 시작하기 전 단계인 경도인지장애(MCI) 단계부터 늘어나지만, 증상이 확연해지는 치매임상평가척도 박스 총점(clinical dementia rating scale sum of boxes scores, CDR-SB) 0.5, 1로 접어들면 sTREM2 수치가 줄어든다. 초기 알츠하이머 병 환자의 뇌척수액에 있는 sTREM2 레벨의 변화는 인산화 타우(phosphorylation Tau, p-Tau)의 변화 패턴과 비슷하다. 뇌척수액 안에 있는 타우 전체는 특정 시점에서 신경손상을 반영하는데, 인산화 타우는 긴 두 줄이 꼬인 형태의 불용성 섬유(paired helical filaments, PHF) 형성과 관련이 있다. 이런 특징들을 활용해 sTREM2 농도는 TREM2 타깃 치료제를 개발할 때 약물효능을 평가하는 약력학적 평가(pharmacodynamics, PD) 마커로 쓸 수 있다. 단 아직까지 sTREM2가 어떤 역할을 하는지는 모르고, 염증반응과 미세아교세포의 생존 등에 관여한다고 알려져 있다.

도전

알츠하이머 병에서 TREM2를 활성화하거나 억제하면 병기 진행이 달라질까? 미국 인디애나 주립대학 의과대학(Indiana University School of Medicine) 게리 란드레스(Gary E. Landreth) 연구팀은, 병기 단계에 따라 같은 TREM2 결핍이 알츠하이머 병 쥐 모델(APP/PS1)에서 다른 영향을 미친다는 것을 확인했다. TREM2 결핍 초기에는 아밀로이드 병리 증상을 완화하지만 후기에 가서는 질병을 가속화했다(doi: 10.1523/JNEUROSCI.2110-16.2016). 따라서 치료제에 적용하려면 TREM2 병리 상태를 대변할 수 있는 바이오마커로 적절한 시기에 놓인 적절한 치료 대상을 고르는 것이 중요하다.

타우 병리 모델이나 다른 퇴행성 뇌질환에서 TREM2는 어떤 영향을 미칠까? 타우 모델에서는 결론이 나오지 않았고, 다른 퇴행성 뇌질환에서는 질병의 종류에 따라 영향이 다를 것으로 예측하고 있다. 근위축성 측삭경화증 모델(SOD1-G93A)에서 TREM2

가 활성화되면 미세아교세포가 특정 사이토카인을 분비했다. 혈액을 돌아다니는 대식세포는 이 사이토카인을 감지했고, 더 많은 수가 뇌로 침투(infiltration)했다. 결과적으로 TREM2가 활성화되면 근위축성 측삭경화증 쥐의 생존기간이 늘어났다.

알렉토(Alector)의 AL002는 미세아교세포 표면에 있는 TREM2에 결합해 Syk를 인산화해, 미세아교세포 활성을 높이는 형태로 디자인되었다. AL002는 마우스 TREM2에 결합하지 않는다. 따라서 알렉토는 AL002와 유사한 기능을 가지면서 쥐 TREM2에 결합할 수 있는, AL002s로 알츠하이머 병 모델에서 테스트한 전임상 실험 결과를 공개했다.

알츠하이머 병 쥐 모델에 AL002s를 주입하자, TREM2 결합 능력이 없는 대조군 항체와 비교했을 때 알츠하이머 병 관련해 발현하는 특정 유전자 패턴을 정상화했다. 미세아교세포가 증식하고 생존기간도 늘어났다. 또한 아밀로이드 베타 단백질 플라크를 둘러싼 미세아교세포 숫자가 늘었고, 대식작용이 활발해졌다. 그 결과 아밀로이드 베타 단백질 플라크가 쌓인 정도가 줄었다. 행동 수준에서 효능도 확인했다. AL002s를 쥐 복강 안에 주입하자, 퇴행성 뇌질환으로 손상된 부분으로 미세아교세포가 이동이 늘어났으며, 손상된 인지 기능도 회복됐다.

2018년, 알렉토는 AL002를 건강한 피험자에게 투여하는 임상1a상을 시작했다. 알렉토는 임상1b상에서는 알츠하이머 병 환자 12명을 대상으로 바이오마커를 활용해 약물이 제대로 작동하는지 확인할 계획이다. 임상2상에서는 초기 알츠하이머 병 환자인 전구~경증 단계 환자를 선별해 미세아교세포의 분자, 유전자 변화를 살펴볼 수 있는 바이오마커와 미세아교세포 활성화 및 신경퇴행 정도를 측정하는 이미지 바이오마커, 인지 기능 회복 여부를 확인할 예정이다.

디날리테라퓨틱스(Denali Therapeutics)와 알렉토는 TREM2를 활성화하는 작용제 항체(agonistic antibody)를 개발하고 있다. 디날리테라퓨틱스는 TREM2를 타깃하는 항체의 Fc 부분에, 혈뇌장벽을 투과하는 트랜스페린 수용체(transferrin receptor, TfR)에 결합해 혈뇌장벽 투과성을 높인 ATV 플랫폼을 TREM2 항체에 적용한 'ATV:TREM2'를, 2021년 임상시험 시작을 목표로 개발하고 있다. 교세포(glia) 기능 이상으로 특정한 신경염증 유전자 발현 패턴을 가진 환자에서 TREM2를 활성화하는 방식이다.

디날리테라퓨틱스는 세 가지 기준으로 TREM2 항체를 찾았다. 10nM 이하의 결합력, 하위신호전달 과정인 pSky를 높이면서, 뇌척수액 안의 sTREM 농도를 낮출 수 있는 약물이다. 디날리테라퓨틱스는 TREM2를 발현하는 사람의 대식세포에 TREM2 작용제 항체를 처리할 경우 TREM2 신호전달이 활성화되고, 세포의 기능과 생존이 늘어난 것을 확인했다. 아직 초기 단계로, TREM2가 같은 골수성 세포인 미세아교세포에도 긍정적으로 작용할 것이라고 보고 있다. 2017년 디날리테라퓨틱스는 자료를 공개할 때, TREM2가 미세아교세포 기능에 미치는 작용 메커니즘을 더 연구하겠다고 밝혔다. 다만 2018년 다케다(Takeda)와 공동개발협약을 맺은 이후 디날리테라퓨틱스는 추가 데이터를 공개하지 않고 있다.

디날리테라퓨틱스는 유전자, 뇌척수액, 신경염증 정도를 확인할 수 있는 이미징 바이오마커로 약물 투여 대상을 찾을 계획이다. 디날리테라퓨틱스는 전구~경증, 중등도 알츠하이머 병 환자에게 약물 투여도 계획 중이다. 바이오마커 기반의 개발 전략으로 표적 참여(target engagement)를 평가하기 위해 임상1상에서 뇌척수액 안의 sTREM2와 사이토카인 농도를 재고, 전이체 단백질(translocator protein, TSPO)를 PET로 촬영할 계획이다. 전이체 단백질은 미토콘드리아 세포막에 있는 막 단백질로, 신경면역 작용의 기능 이상을 보여준다. 디날리테라퓨틱스는 전임상과 임상시험에서 미세아교세포의 기능(활성화)과 sTREM2 연관성을 확인할 예정이다. 디날리테라퓨틱스는 2021년 임상에 들어가기 위한 준비를 하고 있다.

스펙테이터

미세아교세포와 TREM2를 타깃하는 퇴행성 뇌질환 치료제 연구는 초기 단계다. 그럼에도 미세아교세포와 TREM2는 퇴행성 뇌질환 치료에 기여할 수 있을 것이라는 기대를 받는다. 병리 상황에서 미세아교세포 활성을 조절하는, 새로운 면역관문분자가 있을 가능성도 있다. 예를 들어 알츠하이머 병을 앓고 있는 뇌 조직에서 아밀로이드 베타 단백질 플라크 주변부나, 다발성 경화증 조직의 탈수초화 환경 등 병리 상황에 놓이면 TREM2 같은 다른 면역관문분자가 발현될 수 있다.

다만 치료제로 가려면 '언제, 어떤 질환에서, 어떤 환자에게 얼마나' 면역관문분자를 활성화할 것인가를 확정해야 한다. 하나의 면역관문분자는 유용한 방향과 해로운 방향으로 모두 작용할 수 있다. 미세아교세포 집단 자체가 갖는 이질성(heterogenicity)을 정확하게 이해해야 한다. 미세아교세포는 다양한 종류가 복잡하게 섞여 있어, 같은 자극에 대해 다르게 반응할 수도 있기 때문에, 하위 타입에 따른 생물학적 메커니즘도 연구해야 된다. 미세아교세포의 상태(항상성, 활성화, 대식작용 등)를 정확히 확인할 수 있는 마커도 필요하다. 현재 미세아교세포 특이적인 마커로는 TMEM119, 대식세포 특이적인 마커로는 초기 활성을 표지하는 MRP-14가 있다.

미세아교세포를 타깃하는 치료제를 개발하는 데 있어, 쥐에서 확인한 치료 컨셉이 실제 환자에게서도 재현될 수 있도록 미세아교세포의 이질성과 중추신경계 미세환경을 대변할 수 있는 모델도 필요하다. 줄기세포를 이용해 작은 크기의 유사 장기를 만드는 오가노이드(organoid)와 역분화 줄기세포(induced pluripotent stem cells, iPSC) 등을 생각해볼 수 있을 것이다.

다른 형태의 면역세포에도 관심을 기울여야 한다. 교세포의 다른 타입인 성상교세포(astrocyte)는 A1 타입에서 과도한 염증과 신경독성을 나타내고, 퇴행성 뇌질환 진행을 악화시킨다. 이때 A1 타입 성상교세포의 활성을 낮추는 방법을 생각해볼 수 있다. 물론 성상교세포도 뇌 속 면역세포이므로 원래 긍정적인 역할을 한다. 예를 들어 성상교세포는 신경영양인자(neurotrophic factor)를 분비해 신경 조직 복구, 뉴런 보호, 뇌혈관의 건강한 유지에 기여한다. 즉 특정 병리 단계에서는 성상교세포의 긍정적인 작용으로 치료 효과를 내는 조절법도 연구해야 한다. 또한 미세아교세포와 성상교세포 사이에 신호를 주고받는 메커니즘도 있다. 예를 들어 미세아교세포가 IL-1α, TNF, C1q 등을 분비하면 A1 타입의 성상교세포가 활성화되며, 반대로 성상교세포에서 미세아교세포로 염증반응을 일으킬 수 있는 경로가 있다. 즉 면역세포들 사이의 메커니즘을 정확하게 이해해야 구체적인 치료제 개발이 성공할 수 있을 것이다.

전략

Strategy

예방임상, 병용투여, 세분화, 지표 개발,
약물 전달 시스템, 협력 그리고 바이오마커

바이오마커

퇴행성 뇌질환 치료제가 나오기를 기다리는 사람은 간절하고, 치료제를 개발하려는 사람의 의지는 높다. 간절함과 의지는 시장에서 돈으로 드러난다. 2017년 미국 나스닥에서 기업공개(IPO)를 했던 바이오테크가 가운데 가장 규모가 컸던 곳은 디날리테라퓨틱스(Denali Therapeutics)였다. 주당 18달러, 시가총액 17억 달러 규모였다.

디날리테라퓨틱스는 퇴행성 뇌질환 치료제 개발에 도전하는 바이오테크다. 전 세계적 규모의 대형 제약기업인 제넨텍(Genentech)에서 중추신경계(central nervous system, CNS) 질환 치료제를 개발하던 멤버들이 모여서 시작했다. 디날리테라퓨틱스는 퇴행성 뇌질환과 관계가 있을 것으로 보이는 유전자 정보를 바탕으로, 원인을 짐작해 잠재적 원인을 겨냥한 약을 찾아, 이중항체(bispecific antibody, BsAb)로 혈뇌장벽(blood-brain barrier, BBB)을 통과해 뇌에 치료제를 전달하는 방법을 개발한다. 여기에 신약개발 과정의 모든 단계, 즉 전임상/환자 선정/표적 참여 효과(target engagement)/약력학적 평가(pharmacodynamics, PD)/약물 효능평가 단계에 적합한 바이오마커를 활용한다. 또한 디날리테라퓨틱스는 개발하는 모든 후보물질의 단계별 바이오마커 현황을 공개한다. 임상시험에서 활용할 적당한 바이오마커가 아직 없다면, 앞으로 어떤 바이오마커를 개발할 것인가도 구체적으로 제시한다.

혈뇌장벽을 통과하는 이중항체 플랫폼을 개발하는 바이오테크들은 이미 있다. 디날리테라퓨틱스의 혈뇌장벽 통과 이중항체 플랫폼도 F-STAR라는 이중항체 전문 바이오테크에서 사온 것이다. 임상시험 대상 환자나 약물 효능평가 단계에서 바이오마커를 활용하는 바이오테크들도 있다. 그러나 디날리테라퓨틱스만큼 전격적으로 시행하는 경우는 드물다. 디날리테라퓨틱스가 성공할지는 좀더 기다려봐야 알 수 있겠지만, 공격적인 전략은 가치 있게 평가받는다.

디날리테라퓨틱스는 퇴행성 뇌질환의 진행을 확인하는 바이오마커로 혈액과 뇌척수액(cerebrospinal fluid, CSF)에서 뉴런의 축삭(axon)을 구성하는 신경미세섬유 경쇄(neurofilament light chain, NfL)를 확인한다. 2018년, 미국 메이요 클리닉의 미셸 밀케(Michelle M. Mielke) 교수 연구팀이 『미국 의학협회 신경학회지(*JAMA Neurology*)』에 발표한 연구 결과에 따르면, 초기 경도인지장애(MCI) 환자의 뇌척수액 안 신경미세섬유의 농도가 높아진다. 디날리테라퓨틱스는 신경아교세포(glia cell) 기능 이상을 확인하는 바이오마커로, 미토콘드리아 단백질을 양전자 방출 단층 촬영(positron emission tomography, PET)으로 추적하는 방법을 개발 중이다. 알츠하이머 병 환자와 근위축성 측삭경화증(amytrophic lateral sclerosis, ALS) 환자의 뇌를 PET로 찍어, 미토콘드리아 외막에 있는 막단백질인 전이체 단백질(translocator protein, TSPO)의 발현 정도를 확인한다. TSPO는 면역반응, 예정세포사멸(apoptosis) 등에 관여하며, 정상인 뇌 속 미세아교세포(microglia)에서는 낮은 수준으로 발현한다. 그러나 알츠하이머 병 환자 뇌에서 염증반응이 일어나 미세아교세포가 활성화되면, 세포 안 미토콘드리아 외막에 있는 TSPO 발현이 늘어난다.

TSPO PET 이미지가 선명하게 나오면 미세아교세포가 과도하게 활성화했다는 뜻이다.

자체 연구 vs. 외부 투자

알츠하이머 병 신약개발에서 2018년은 분기점이 될지 모른다. 기대를 모았던 전 세계적 규모의 대형 제약기업과 바이오테크의 임상시험이 모두 실패했기 때문이다. 2018년 상반기에는 임상 2b~3상을 하던 미국 머크(MSD)의 BACE(β-site amyloid precursor protein cleaving enzyme 또는 β-secretase) 저해제 베루베세스타트(verubecestat), 진판델 파마슈티컬(Zinfandel Pharmaceuticals)의 PPAR-γ 작용제(agonist) 피오글리타존(pioglitazone), 베링거인겔하임(Boehringer Ingelheim)의 PDE9A 저해제인 BI409306, vTv 테라퓨틱스의 RAGE(receptor for advanced glycation end products) 저해제 아젤리라곤(azeliragon) 등 7개의 알츠하이머 병 치료제 신약 후보물질의 임상이 중단되었다. 대부분은 초기 알츠하이머 병 환자 대상 치료제로 개발하던 신약이었고, 알츠하이머 병을 '근본적으로 치료하는 신약(disease modifying drug)개발' 임상시험들이었다.

주목받던 임상시험의 잇단 실패는, 퇴행성 뇌질환 신약개발에 브레이크가 걸려도 충분히 이상하지 않을 사건들이다. 이 정도면 공식적인 포기 선언이 나올 법도 하지만, 도전이 쉽게 멈추지는 않았다. 2017년 기준으로, 화이자(Pfizer)는 약 80억 달러의 연구개발비를 중추신경계 분야에 투자했다. 그런데 2018년 초 자체적으로 진행하는 중추신경계 분야 연구개발 부문을 정리하겠다고 발표한다. 관련 인력 300명도 정리했다. 포기 선언처럼 보였지만, 전략의 수정이었다. 자체 연구를 정리하겠다고 선언한 몇 달 후, 화이자는 바이오테크에 투자하는 규모를 2배가량 늘리겠다고 발표한다. 6억 달러 규모 투자금 가운데 25%는 '중추신경계 질환 신약개발에 새롭게 접근하는 바이오테크'에 쏟겠다는 내용이었다. 화이자는 구강 내 박테리아(*Porphyromonas gingivalis*)가 알츠하이머 병을 일으킨다는 가설을 바탕으로 이를 저해하는 신약을 개발하는 코텍자임(Cortexyme), 퇴행성 뇌질환 환자 뇌에 딱지처럼 자리 잡은 스트레스 과립(stress granule)을 제거하는 신약을 개발하는 아퀴나(Aquinnah) 등 특이한 접근법으로 초기 연구를 진행하는 바이오테크가 가진 아이디어에 투자하고 있다. 화이자는 '꺼진 불 다시 보기'도 진행한다. 연구나 임상시험이 중단된 프로젝트 가운데 유망한 신약개발 프로젝트 3개를 떼어내(spin-off) 이를 다시 들여다보는 세레벌테라퓨틱스(Cerevel Therapeutics)라는 바이오테크의 지분 25%를 사들였다.

 화이자를 비롯한 전 세계적인 규모의 제약기업들은 다시 처음부터 도전을 시작하고 있다. 임상시험 실패 소식이 이어졌음에도 2018년 상반기에만 6개의 커다란 계약 이벤트가 있었는데, 계약 선불금 평균이 약 1억 4,000만 달러였다. 이런 경향은 최근의 일만은 아니다. 2007년 바이오젠(Biogen)은 뉴리뮨(Neurimmune)의 아밀로이드 베타 단백질 플라크를 없애는 한 항체 후보물질(BIIB037)을 라이선스 인(License-in)해서 개발에 들어갔다. 2015년 PRIME 임상1b상에서는 긍정적인 결과가 나왔다. 약물을 투여하고 52주가 지난 다음 10mg/kg 투여군에서 치

성공 전까지는 늘 실패다

2008년 바피네주맙(bapinezumab) 임상3상이 실패했다. 엘런-와이어스의 두 기업의 시가총액 138억 5,400만 달러가 하루만에 사라졌다. 2016년에는 솔라네주맙(solanezumab) 임상3상이 실패했다. 일라이릴리-PDL 바이오파마의 시가총액 가운데 88억 9,400만 달러가 없어졌다. 2018년 BAN2401 임상2상 중간결과 발표가 있자, 에자이-바이오젠 시가총액이 111억 1,700만 달러도 사라졌다.(에자이-바이오젠의 임상시험은 그럼에도 계속 진행 중이다) 그리고 2019년 3월 발표된 아두카누맙 임상3상 실패로 바이오젠-에자이 두 기업의 시가총액 265억 달러가 사라지면서 최고 기록을 세웠다. 아두카누맙 임상3상 실패는 가장 큰 액수의 시가총액이 사라진 이벤트였지만, 이는 뒤집어 보면 가장 기대를 많이 받았기 때문이라는 뜻이기도 하다. 실패의 역사는 약물 디자인과 임상시험 프로토콜 개선의 역사이기도 하다. 그러니 아두카누맙의 가장 큰 실패는, 아두카누맙이 가장 성공에 가까워졌을 수 있다는 뜻일 수도 있다.

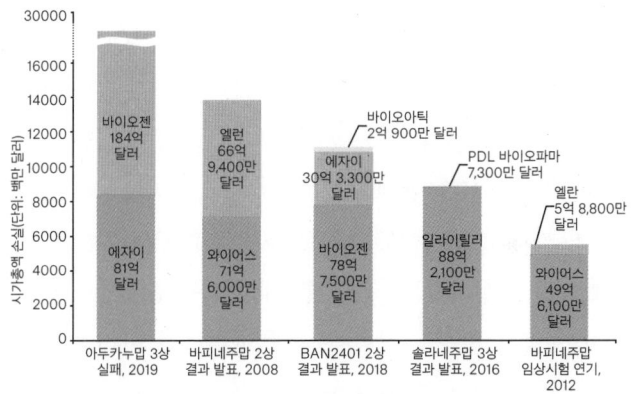

[그림 10.1] 알츠하이머 병 임상시험 내용 발표 이후 시가총액 변동.
출처: Jacob Plieth, EvaluatePharma 자료 재구성, 2019.03

매임상평가척도 박스 총점(clinical dementia rating scale sum of boxes scores, CDR-SB)과 간이정신상태검사(mini-mental state examination, MMSE)에서 유의미한 차이를 확인할 수 있었다. 약물 투여를 48개월까지 진행한 연장 코호트(cohort)에서도 결과는 긍정적이었다. 그러나 2019년 3월, 초기 알츠하이머 병 환자를 대상으로 하는 임상시험을 중단하겠다고 발표했다. 아두카누맙(aducanumab)의 실패였다. 바이오젠은 아밀로이드 베타 단백질을 타깃하는 신약개발에 막대한 투자를 했다. 2016~2018년 사이에 아두카누맙, BAN2401, BACE 저해제 엘렌베세트타트(elenbecestat) 임상 개발에 약 12억 달러 넘는 돈을 쏟아 부었다. 중추신경계 질환에 지속적으로 투자하는 것은 바이오젠의 전략이었다. 그러나 척수성 근위축증(spinal muscular atrophy, SMA) 치료제인 스핀라자®(SPINRAZA®, 성분명: nusinersen sodium)를 제외하고는 다발성 경화증, 신경병증 통증 신약 등 대부분의 치료제에서 계속 실패 소식을 전하고 있다. 그럼에도 2019년 3월 바이오젠은 나이트스타 테라퓨틱스(Nightstar Therapeutics)를 총 8억 달러 규모에 인수했다. 나이트스타 테라퓨틱스는 희귀 안과 질환에 대한 유전자 치료제를 개발하는 바이오테크다. 바이오젠도 자체 개발은 한숨 돌리면서, 새롭고 유망한 바이오벤처와 바이오테크에 투자하는 모양새다.

BACE 저해제

알츠하이머 병 치료제 신약개발은 다음 국면으로 넘어가는 조정기라고 볼 수 있다. 조정기에는 실패를 분석해 다음 경로를 설계해야 한다. 알츠하이머 병 신약개발 실패 가운데 가장 많은 부분을 차지한 것은 아밀로이드 베타 단백질 타깃 프로젝트였다. 2016년 6월부터 2018년 5월 사이에 실패한 13건 가운데 5건이 아밀로이드 베타 단백질을 타깃하는 후보물질이었고, 5건 가운데 3건이 BACE 저해제였다. BACE는 이미 뇌에 쌓여 있는 아밀로이드 베타 단백질을 없앤다기보다는, 아밀로이드 베타 단백질의 새로운 생성을 막겠다는 컨셉이다. 머크의 베루베세스타트는 대표적인 BACE 저해제 프로젝트다.

머크는 BACE 저해제인 베루베세스타트를 적용해 APECS 임상3상을 진행했다(NCT01953601). BACE는 아밀로이드 베타 단백질이 만들어지는 과정에서 문제를 일으키는 원인 가운데 하나다. 아밀로이드 베타 단백질은 세포막에 있는 아밀로이드 전구 단백질(amyloid precursor protein, APP)로부터 만들어진다. APP는 신경세포의 성장과 자가 수선 기능을 수행한다. 원래 역할을 마친 APP는 용해성(soluble)이 있는 형태로 잘리고, 분해되어 없어진다. 그런데 BACE와 감마 세크라테아제(γ-secretase)가 APP를 자르면서 문제가 생긴다. 끈적거리는 아밀로이드 베타 단백질이 만들어지면서 응집하기 시작한다. 이렇게 응집해가는 것이 아밀로이드 베타 단백질로, 아밀로이드 베타 단백질은 뇌 곳곳으로 퍼져 쌓이면서 플라크(plaque)를 형성한다. 아밀로이드 베타 단백질 플라크는 알츠하이머 병 환자의 뇌에서 나타나는 대표적인 현상이다.

머크는 APP가 BACE에 잘려서 문제를 일으키지 않도록, BACE를 저해하면 아밀로이드 베타 단백질이 만들어지는 것을 막을 수 있을 것이라 생각했다. 머크는 BACE를 저해하는 물질인 베루베세트타트를 1,454명의 임상시험 대상 환자에게 투여했다. 1,454명은 인지손상 등의 증상은 아직 나타나지 않은 경도인지장애(MCI) 알츠하이머 병 환자들이었다. 임상3상까지 진행되면서 기대를 모았지만, 참여한 환자들의 인지손상을 늦추지 못했다. 2018년 머크는 임상시험 실패를 발표했다.

머크보다 더 공세적이었던 도전도 있다. 2015년, 얀센(Janssen)은 경도인지장애 전 단계로 증상이 없지만 알츠하이머 병 위험이 있는(asymptomatic) 정상인을 대상으로 병기 진행을 늦추는 아타베세스타트(atabecestat, JNJ-54861911)의 EARLY 임상2/3상을 진행했다. 전구(prodromal) 단계보다 더 앞으로 가는 전략이다. 임상적으로 알츠하이머 병을 판단하는 CDR 점수가 0이면 정상으로 진단한다. 그런데 CDR이 0이어도 뇌척수액이나 PET 이미지에서 병리 상태의 아밀로이드 베타 단백질이 보이는 경우가 있다. 뇌척수액 안의 아밀로이드 베타 단백질 플라크 응집을 촉진하는 $A\beta 42$ 수치가 낮거나, PET 이미지에서 아밀로이드 베타 단백질 플라크가 양성으로 나오는 경우다. 얀센은 이런 조건에 해당하는 60~85세 사이의 대상자를 찾았다. 여기에 60~64세 사이의 대상자는 치매를 유발하는 *APOE* 유전자가 있거나 치매 가족력이 있는 사람들로 구성했다. 임상1b상에서 전구 알츠하이머 병 단계이거나 정상인 참여자에게 아타베세스타트를 투여했고, 뇌척수액 안의 아밀로이드 베타 단백질이 줄어드는 것을 확인했다. 하루 한 번 10mg/kg을 투여한 환자에게서 67%, 50mg/kg을 투여한 환자에게서는 90%가 줄었다. 그러나 596명의 임상시험 대상자들에게 아타베세스타트를 투여했는데, 약물로 인한 간독성이 나타났다. 다른 BACE 저해제 임상시험에서도 문제가 되었던 비슷한 부작용이었고, 2018년 임상시험은 멈추었다.

2018년 6월에도 BACE 저해제 임상3상이 실패했다. 아스트라제네카(AstraZeneca)가 개발하던 BACE 저해 물질을 일라이릴리(Eli Lilly)가 함께 개발하기로 한 라나베세스타트(lanabecestat) 프로젝트였다. 중간 분석 결과 약물의 효능 측면에서 유의미한 기대가 힘들다는 결론을 냈기 때문이다. 초기 임상에서 라나베세스타트는 약물 투여에 따라 뇌척수액 안의 Aβ42를 50mg/kg에서 76%, 150m/kg 최대 용량에서는 90%까지 낮췄다. 다만 문제는 인지손상이 늦춰지지 않았다는 점이다.

실패한 BACE 저해제 임상시험은 10개에 이르며, 모두 비슷한 양상으로 실패했다. 뇌척수액 안의 독성 아밀로이드 베타 단백질을 최대 90%까지 줄였지만, PET 촬영 이미지 분석을 해보니 이미 쌓여 있는 아밀로이드 베타 단백질 플라크는 없애지 못했다. 즉 새로 만들어지는 독성 아밀로이드 베타 단백질만 막을 수만 있을 뿐이었고, 환자의 증상을 나아지게는 하지 못했다. 전구 알츠하이머 병 환자나 경도인지장애 환자 뇌에는 이미 아밀로이드 베타 단백질이 최대치까지 쌓여 있고, 이를 없애지 못하니 환자의 증상이 악화되는 것을 막지 못했을 것이다. 심지어 베루베세스타트는 초기 알츠하이머 병 환자 대상 임상2/3상에서 뇌척수액 안의 아밀로이드 베타 단백질의 60%를 줄였지만, 대조군 대비 인지손상은 악화되었다(doi: 10.1056/NEJMoa1812840).

BACE 가운데 BACE1을 저해하는 컨셉과 관련해서는 기초 연구가 좀더 필요해 보인다. 쥐의 BACE1를 없애자 기억과 학습에 중요한 해마 신경전달이 망가진다는 연구 결과가 나왔다(doi: 10.1126/scitranslmed.aao5620). 보통 미세돌기(spine)이 만들어지는 것을 '기억의 형성'으로 해석하는데 한 개의 신경세포를 단위로 연구해보면 BACE1 저해제가 작은 돌기인 스파인 형성을 막고 밀도를 낮춘다는 연구 결과(doi: 10.1016/j.biopsych.2014.10.013; doi: 10.1016/j.biopsych.2016.12.023) 등 기초 분야에서 나오는 새 연구 결과에 주목할 필요가 있다.

아두카누맙

아두카누맙은 인지 기능이 건강한 노인의 기억 B세포(memory B cells)가 가진 정보 가운데, 아밀로이드 베타 단백질 플라크에 선택적으로 결합하는 항체 서열을 찾은 것이다. 원 개발사인 뉴리뮨은 이런 접근법을 바탕으로, 체내 병리 단백질에 최적화되어 있고 면역원성은 낮은 항체로 BIIB037을 연구했다. 바이오젠은 이를 사들여 아두카누맙이라는 이름으로 임상시험에 들어갔다.

바이오젠은 임상시험에 아밀로이드 PET를 활용했다. 경도인지장애와 경증(mild) 환자 가운데 아밀로이드 베타 단백질이 있는 환자만 임상에 참여시켰다. PET 추적자로는 일라이릴리의 아미비드™(AMYViD™, 성분명: ^{18}F-florbetapir)를 이용했다. 보통의 경우 바이오마커로 뇌척수액 안의 아밀로이드 베타 단백질 수치를 보거나, PET을 찍어 아밀로이드 베타 단백질 유무를 확인한다. 그런데 바이오젠은 PET만 이용해 임상시험 참여의 기준선을 높였다. 바이오젠은 아두카누맙 임상3상(프로젝트명: ENGAGE

EMERGE)을 진행하기 위해 1만 3,000명의 알츠하이머 병 환자 가운데 바이오마커를 가지고 있는 3,210명을 임상3상에 참여시켰다.

초기 알츠하이머 병 환자에게 52주 동안 아두카누맙을 투여하자, 아밀로이드 베타 단백질 플라크를 없앨 수 있었다. 약물 농도가 늘어나고, 투여 기간이 길어짐에 따라 약물 효능은 더 컸다. PET 바이오마커 분석 결과, 아밀로이드 음성 환자를 0으로 잡고 표준화한 국제 기준인 센틸로이드(centiloid) 지표를 대입했을 때, 저용량인 1mg/kg 투여군은 아밀로이드 베타 단백질이 10.18% 줄어들었고, 고용량인 10mg/kg 투여군은 57.31%까지 줄어들었다. 48개월까지 약물을 투여하는 연장 코호트에서 아두카누맙 6mg/kg, 10mg/kg 투여군은 아밀로이드 베타 단백질이 음성(standardized uptake value ratio, SUVR 1.1 기준)으로 바뀌었다. 아두카누맙이 뇌 안에 있는 아밀로이드 베타 단백질 플라크를 효과적으로 없앴다.

그러나 걱정스러운 대목도 있었다. 아두카누맙이 플라크를 효과적으로 제거할 수 있었던 것은, 항체의 작용 기능(effector funciton)을 살린 IgG 백본(backbone)으로 뇌 속으로 들어가 아밀로이드 플라크에 결합하고, 항체의 Fcγ 부분을 인지한 면역세포인 미세아교세포가 대식작용으로 아밀로이드 베타 단백질 플라크를 먹어치우는 메커니즘을 이용했기 때문이다. 그런데 이것은 기본적으로 염증반응이다. 염증반응을 매개로 하다보니 ARIA(amyloid related imaging abnormalities) 부작용이 많았다. 임상1상에서 약 25%에게 부작용이 생겼고, 39%는 증상이 있

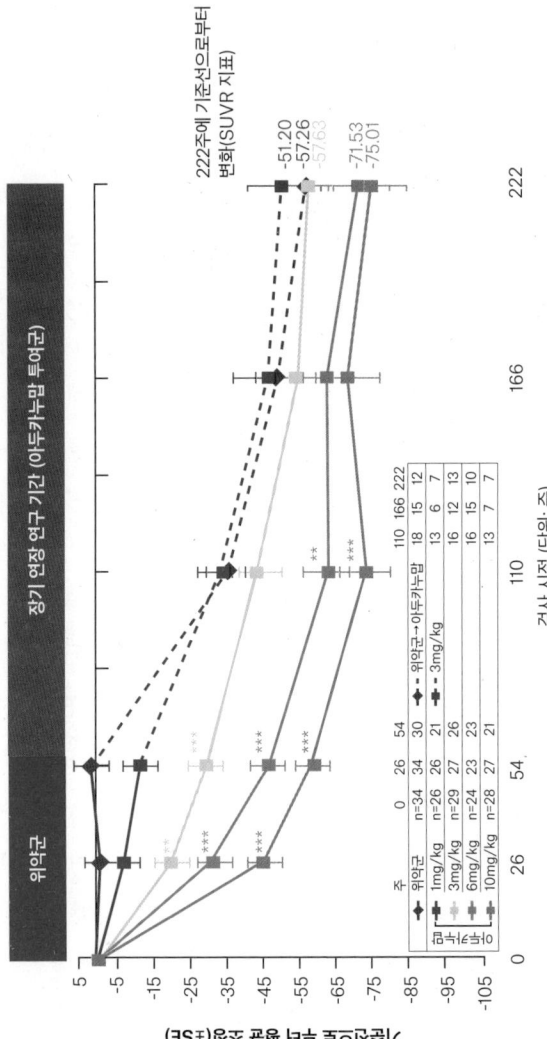

[그림 10.2] 아두카누맙의 48개월 연장 투여 시, 뇌 속 아밀로이드 베타 단백질 플라크 변화.
출처: 2018 CTAD 바이오젠 아두카누맙 임상시험 결과 발표 자료

는 경증 수준이었다. *APOE4*가 양성인 참여자는 ARIA 부작용이 43~55% 수준으로 더 높았다. 대부분 ARIA 부작용은 약물 투여량을 낮추거나 멈춰버리면 해결 가능한 부작용이다. 그러나 아두카누맙을 이용한 치료제의 컨셉이 초기 환자에게 약물을 투여하는 것이라는 점을 고려하면, 부작용은 미리 예측해 조절할 수 있는 범위 안에 있어야 한다. 아두카누맙은 아밀로이드 베타 단백질을 없애는 효능은 우수했지만, 부작용 문제는 해결하지 못했다.

한편 아두카누맙이 아밀로이드 베타 단백질 플라크를 없앴지만 증상 변화로 이어지지 않았다. 임상1b상 증상을 추적하는 CDR-SB, MMSE 지표를 기준으로 했을 때, 10mg/kg 투여군에서는 인지손상이 늦춰졌다. 단 용량 의존적인(dose-dependent) 반응이 나타나지 않았다. 특히 아두카누맙을 6mg/kg 투여한 그룹은 대조군과 인지손상에서 차이가 없었다. 바이오젠은 이에 대한 이유를 밝히지 못했다.

아두카누맙 임상시험이 실패한 이유는 확실치 않다. 아밀로이드 가설이 틀렸을 수도 있다. 아니면 경도인지장애 단계에 이미 아밀로이드 베타 단백질이 최대로 쌓여 신경퇴행이 일어나기 때문에, 아밀로이드가 쌓이고 있는 전임상(preclinical) 단계에서 아두카누맙을 투여해야 할 수도 있다. 그것도 아니면 적은 수의 대상자가 참여했던 임상1b상 결과를 조급하게 발표했던 것인지도 모른다. 어쨌건 경도인지장애나 경증 알츠하이머 병 환자에게 아밀로이드 베타 단백질 플라크만 없앤다고 해서, 증상 변화를 기대하기 어렵다는 견해에는 다른 주장을 찾기 어렵다.

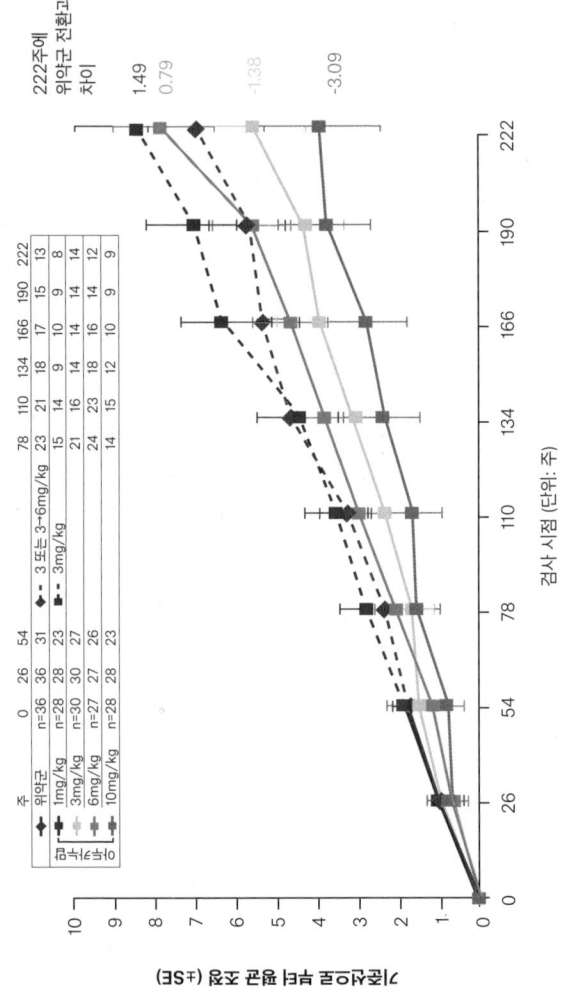

[그림 10.3] 아두카누맙의 48개월 연장 투여 시, CDR-SB.
출처: 2018 CTAD 바이오젠 아두카누맙 임상시험 결과 발표 자료

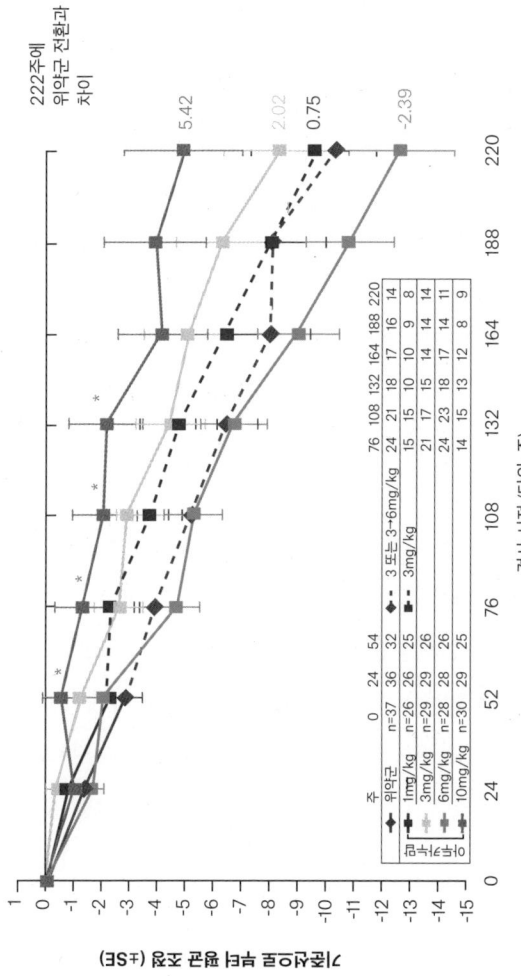

[그림 10. 4] 아두카누맙이 48개월 연장 투여 시, MMSE.
출처: 2018 CTAD 바이오젠 아두카누맙 임상시험 결과 발표 자료

BAN2401, 간테네루맙, MEDI-1814, LY3002813

에자이(Eisai)-바이오젠의 BAN2401과 로슈(Roche)의 간테네루맙(gantenerumab)은 임상3상을 진행하고 있다. 아스트라제네카-메드이뮨(MedImmume)-일라이릴리가 함께 개발하는 MEDI-1814는 임상1상, 일라이릴리의 LY3002813는 임상2상에 있다. 모두 항체 치료제의 컨셉이다.

BAN2401과 간테네루맙 임상3상 결과는 2022년에 나올 예정이다. 단 아두카누맙 임상3상이 중단된 것처럼, BAN2401과 간테네루맙 임상시험도 마음을 놓기는 이르다. 우선 BAN2401과 간테네루맙 임상시험 대상자는 경도인지장애나 경증 환자로 구성되는데 아두카누맙 임상시험 참여자와 비슷하다. 약물 투여 기간도 18개월~2년으로 비슷하다. BAN2401과 간테네루맙이 아밀로이드 베타 단백질에 결합하는 부위, 결합하는 메커니즘 모두 아두카누맙과 비슷하다. 정도의 차이가 있지만 아두카누맙, BAN2401, 간테네루맙 모두 아밀로이드 베타 단백질이 독성을 나타내기 시작하는 올리고머(oligomer) → 피브릴(fibril) → 플라크(plaque) 형태에 모두 결합하는 항체다. 미세아교세포가 항체를 인지해 플라크를 제거한다는 점도 같다. 마지막으로 중간 임상시험 결과에서 PET로 촬영한 아밀로이드 베타 단백질 플라크의 감소폭도 30~59%로 크게 다르지 않았다.

그러나 에자이가 2018년 CTAD(Clinical Trials on Alzheimer's Disease)에서 발표한 Study 201 임상2b상 결과를 보면 BAN2401과 아두카누맙의 차이점도 확인된다. 첫째, 아두카누맙은 *APOE4* 양성/음성 여부에 따라 약물 효능에 차이가 없었지만,

BAN2401 10mg/kg 투여군에서 ADCOMS, CDR-SB, ADAS-Cog 세 가지 지표를 기준으로 *APOE4* 양성인 임상시험 참여자에게만 인지손상을 늦추는 효과가 있었다. 둘째, BAN2401은 올리고머와 피프릴 사이의 단계인 프로토피브릴(protofibrils)에서 높은 선택성을 보였다. 셋째, 에자이는 다른 바이오마커 지표에서 변화를 확인했다. BAN2401 10mg/kg을 투여하고 뇌척수액 검사를 했다. 시냅스 손상(바이오마커: neurogranin)이 11%, 타우 하위 신호전달(바이오마커: Tau181, p-Tau)은 13% 감소했으며, 뉴런의 엑손 퇴행(바이오마커: neurofilament light chain)은 48%로 감소했다. 넷째, 같은 10mg/kg 투여군에서 ARIA-E 부작용은 9.9%로, 아두카누맙의 47%보다 낮았다.

이를 바탕으로 에자이는 BAN2401의 Study 301 임상3상을 시작했다. 초기 알츠하이머 병 환자인 경도인지장애, 경증 환자 1,566명에게 2주에 한 번씩 10mg/kg 약물을 투여했다. 1차 총족점은 약물을 18개월 동안 투여한 다음 CDR-SB, 2차 충족점은 ADCOMS, ADAS-Cog, 아밀로이드 PET 이미지 분석 결과로 판단한다.

일라이릴리의 LY3002813도 아밀로이드 베타 단백질을 타깃하는 항체다. LY3002813는 아밀로이드 베타 단백질 응집에서 중요한 역할을 하는 피로글루타메이트 아밀로이드(pyroglutamate, Aβ[p3-42]) 결합 IgG1 항체다. 2018년 AAIC(Alzheimer's Association International Conference)에서 일라이릴리가 발표한 임상 1b상 중간 결과를 보자. LY3002813의 단회 투여(10, 20, 40mg/kg)만으로도 아밀로이드 베타 단백질 플라크가 줄었다. 격주로

바이오젠, 애브비, 셀진

- **바이오젠** : BACE 저해제 엘렌베세타타트(임상3상), 타우 타깃 항체 BIIB092(임상2상) / BIIB076(임상1상) 등 알츠하이머 병 관련 후보물질 6개 확보
- **애브비** : 주로 신약 후보물질을 바로 도입하지 않고, 신약 후보물질을 도입하는 우선권을 사들이는 라이선스 옵션 방식. 신약 후보물질 매수 시점은 개념입증(proof of concept, PoC) 이후로 보통 임상1b~임상2a상 단계.
  2017년 알츠하이머 병을 치료하기 위해 뇌 면역을 활성화하는 신경면역 타깃 항체 후보물질 2개의 라이선스 옵션을 확보. 알렉토(Alector)에 계약금 2억 5,000만 달러 지급.
- **셀진** : 너무 많이 사들인다는 의견도 있지만, 신약 후보물질 확보에 집중. 프로테나(Prothena)의 알츠하이머 병과 타우 병증 치료 항체, 근위축성 측삭경화증(ALS) / 전두측두엽 치매(FTD) 치료 TDP-43 항체, 퇴행성 뇌질환 치료제 후보물질(비공개) 등 총 3개 물질을 21억 5,000만 달러에 구매

[표 10.1] 아밀로이드 베타 단백질 타깃 항체 개발 현황.
출처: 2018 CTAD 바이오젠 아두카누맙 발표 자료. 재작성.

약물	BAN 2401	간테네루맙	MEDI-1814	LY 3002813	아두카누맙	크레네주맙	솔라네주맙	바피네주맙
기업	에자이, 바이오젠	로슈	일라이릴리, 아스트라, 제네카, 메드이뮨	일라이릴리	바이오젠, 에자이	제넨텍	일라이릴리	엘란, 얀센, 화이자
단계	임상3상	임상3상	임상1상	임상2상 (BACE 저해제 병용)	중단	중단	중단 (예방임상 진행)	중단
항체 타입	인간화	인간	인간	인간화	인간	인간화	인간화	인간화
타깃	올리고머, 피브릴, 플라크	올리고머, 피브릴, 플라크	용해성 모노머 Aβ(1-42)	N3pG	올리고머, 피브릴, 플라크	모든 타입의 Aβ	용해성 모노머 Aβ	모든 타입의 Aβ
에피토프	N-터미널 (1-16)	N-터미널 (3-11) +미드 도메인 (18-27)	C-터미널	Aβp3-x	N-터미널 (3-7)	미드 도메인 (13-24)	미드 도메인 (16-26)	N-터미널 (1-5)
작용 기능	O	O	낮춤	O	O	낮춤	O	O
ARIA 부작용	O	O	X	O	O	X	X	O

20m/kg을 투여한 그룹에서는 투약 후 6개월부터 아밀로이드 베타 단백질이 70센틸로이드만큼 줄었다. 보통 효과가 나타나기까지 1년 6개월에서 2년 정도까지 기다려야 했던 것과 비교하면 빠르게 효과를 볼 수 있었다. 다만 투여 용량이 늘어나면서 ARIA 부작용이 증가했다. 임상시험 대상자의 25%에게 ARIA-E가 발생했다. 일라이릴리는 초기 알츠하이머 병(MMSE: 20~28) 환자를 대상으로 자체 BACE 저해제인 LY3202626와 병용투여하는 임상 2상을 진행하고 있다. 아밀로이드 베타 단백질의 생성과 응집을 동시에 막는 컨셉이다.

전략 1. 타우

치료 타깃을 놓고 보면, 아밀로이드 베타 단백질에서 타우 단백질로 옮겨가고 있다. 2016년 6월부터 2018년 5월까지의 대형 기술이전 13건 가운데 타우 단백질을 타깃하는 후보물질 기술이전이 7건이었다. 애브비(AbbVie), 셀진(Celgene), 바이오젠, 머크, 다케다(Takeda), BMS, 일라이릴리까지 거의 모든 대형 제약기업은 타우 단백질에 관심을 기울이고 있다.

타우 단백질은 뇌의 어디에 쌓였는지와 얼마나 많이 쌓였는지에 따라 병리 증상이 달라진다. 즉 타우 단백질이 응집하는 것과 퍼지는 것을 막으면 질병을 잡을 수 있다는 아이디어가 가능하다. 진행성 핵상 마비(progressive supranuclear palsy, PSP), 피질 기저핵 변성(corticobasal degeneration, CBD), 픽 병(Pick's disease) 등 타우 병증(tauopathy)과 직접 연결할 수 있으니 구체적인 치료제 개발의 가능성이 있다.

그러나 타우 단백질 타깃 후보물질은 대부분 개발 초기다. 2016년 타우알엑스(TauRx)의 LMTX(TRx0327) 임상3상 실패 이후 아직 상업화 임상(pivotal clinical trials)에 들어가거나 초기 개념입증(proof of concept, PoC) 데이터가 나온 것은 없다. 타우 단백질을 타깃하는 약물이 알츠하이머 병 환자의 뇌에서 작동할 것인지는 아직 검증 단계다.

전략 2. 알파시누클레인

알파시누클레인(α-synuclein)은 파킨슨 병 환자의 뇌에서 특징적으로 쌓이는 병리 단백질이다. 알파시누클레인은 뉴런이 신호를 주고받는 시냅스 전 말단(presynaptic terminal) 부위에서 신경전달물질 방출을 조절하고, 파킨슨 병 환자의 뇌에서 망가지는 도파민 방출에도 관여한다고 알려져 있다. 알파시누클레인이 잘못 접히면(misfolding) 모노머(monomer, 단량체)로 남아 있지 않고, 독성을 띠는 올리고머 형태로 뭉친다. 알파시누클레인 올리고머는 신경전달물질을 전달하는 시냅스 소포체 전달 시스템을 교란시켜 도파민 등 신경전달물질 방출을 줄이고, 세포가 살아가는 데 필수적인 세포 소기관 기능을 망가뜨린다. 알파시누클레인 올리고머는 베타 시트(β-sheet) 구조를 가진, 덩치가 크고 물에 녹지 않는 피브릴 형태로 쌓인다. 이렇게 파킨슨 병 환자 뇌 속 뉴런 안에 특징적으로 나타나는 루이소체(lewy body)가 쌓인다.

문제는 여기서 끝나지 않는다. 알파시누클레인은 올리고머나 피브릴 형태로 뉴런 밖으로 배출되어 이웃한 뉴런으로 이동한다. 알파시누클레인이 뇌 전반으로 퍼지면서(propagation) 병은 악화된다. 마치 알츠하이머 병 환자의 뇌에서 아밀로이드 베타 단백질과 타우 단백질이 응집되고 다른 부위로 퍼져나가면서 병을 악화하는 것과 비슷하다.

알파시누클레인을 암호화하는 *SNCA* 유전자는 파킨슨 병 환자를 대상으로 한 전장 유전체 연관분석(genome-wide association studies, GWAS)에서 파킨슨 병 발병률을 높이는 유전자로 밝혀졌다. *SNCA A53T, A30P, E46K, H50Q* 변이는 발병이 빠른 가족성 파킨슨 병의 위험인자며, *A18T, A29S* 등 변이가 발병이 느린 대부분의 파킨슨 병 환자가 해당하는 산발성 파킨슨 병 위험인자라는 것도 확인되었다.

알파시누클레인을 타깃하는 파킨슨 병 치료제는 알파시누클레인 응집을 촉진하는 인산화를 막고, 알파시누클레인 응집체가 세포 사이로 전달(cell-to cell transmission)되는 것을 막아 병기 진행을 늦추는 것을 목표로 한다.

응집된 알파시누클레인을 타깃해 이웃 세포로 이동하는 것을 억제하는 항체 치료제가 개발 시도의 다수를 차지한다. 로슈, 애브비, 바이오젠 등은 임상1상을 끝냈고, 파킨슨 병 환자를 대상으로 하는 개념입증 임상시험 단계에 있다. 2017년 다케다는 아스트라제네카가 임상1상 시작을 앞두고 있는 알파시누클레인 항체 MEDI-1341의 개발과 상업화 권리를 사들이면서 경쟁에 뛰어들었다. 아스트라제네카가 MEDI-1341 임상1상 개발을 진행하고 이후 후기 임상은 다케다가 진행하며, 개발과 상업화 비용, 판매에 따른 이윤을 함께 나누는 내용이었다. 상업화까지 성공하면 다케다가 아스트라제네카에 최대 4억 달러를 지불한다.

전략 3. 신경면역

신경면역은 아밀로이드 베타 단백질처럼 환자의 뇌에서 문제를 일으킬 것으로 보이는 특정 단백질에 집중하는 것이 아니라, 뇌의 면역 환경 전체를 살펴보는 컨셉이다. 뇌에 있는 선천면역세포인 미세아교세포는 대식작용으로 세포 찌꺼기와 응집 단백질 등 해로운 물질을 제거하고 항상성을 유지하지만 염증반응을 일으키기도 한다. 성상교세포(astrocyte)는 손상된 조직을 복구하기도 하지만 역시 염증반응을 일으키기도 한다. 이 두 면역세포가 주요 타깃으로, 좋은 반응은 촉진하고 나쁜 반응은 낮추는 것이 목표다.

2017년 애브비는 알렉토(Alector)가 가진, 신경면역 타깃 알츠하이머 병 치료제 후보물질 2개에 대한 라이선스 옵션을 사들였다. 계약금만 2억 5,000만 달러로, 애브비가 사들인 것은 TREM2(triggering receptor expressed on myeloid cells 2)와 CD33을 타깃하는 항체 후보물질이다. *TREM2, CD33* 유전자에 변이가 일어나, 정상적인 면역 기능이 망가지면 알츠하이머 병에 걸릴 확률이 높아진다.

두 항체 후보물질 모두 알츠하이머 병 환자의 뇌에서 미세아교세포 세포막 단백질을 타깃하는 항체로, 대식작용을 활성화해 독성 단백질을 없앤다는 아이디어는 같다. 다만 방식이 다른데 TREM2 작용제 항체(agonistic antibody)는 대식작용을 촉진하는 TREM2 활성을 더 높여주고, CD33 항체는 대식작용을 억제하는 CD33를 저해한다.

디날리테라퓨틱스는 뇌 투과율을 높인 이중항체 플랫폼을

적용한 TREM2 타깃 약물 ATV:TREM2로 알츠하이머 병을 치료하는 후보물질을 찾고 있다. 2018년 1월 다케다는 ATV:TREM2를 포함한 세 가지 항체 치료제 공동 개발과 상업화 권리를, 계약금 4,000만 달러에 최대 7억 750만 달러 규모로 사들였다.

신경면역 분야도 연구가 초기 단계다. 그나마 TREM2는 알츠하이머 병을 치료할 가능성을 보여주는 메커니즘 연구가 가장 잘 된 것으로 평가받는다. 펜실베이니아 대학 유전체학자들이 진행한 알츠하이머 병 환자 85,133명을 대상 전장 유전체 연관분석 결과도 TREM2를 알츠하이머 병 발병률을 올리는 선천면역인자로 지목한다(doi: 10.1038/ng.3916).

현재 미세아교세포의 대식작용을 늘리는 컨셉으로, 구체적인 약물을 가지고 임상시험에 들어간 회사는 알렉토가 유일하다. 알렉토는 2019년 연말까지 약물 내약성과 약동학적 특징, 안전성을 확인하는 임상1상이 끝내는 것이 목표다(NCT03635047). 뇌면역이 지나치게 활성화할 수 있어 우려되는 부분도 있지만, 약력학적 평가(pharmacodynamics, PD) 바이오마커로 적절한 용량을 찾으면 부작용을 해결할 수 있을 것이다.

전략 4. 혈뇌장벽 통과

혈뇌장벽 통과는 퇴행성 뇌질환 치료제 개발 과정에서 꼭 풀어야 하는 숙제다. 케미컬 의약품 가운데 크기가 가장 큰 것은 900Da까지 되는 것도 있다. 500Da보다 크면 혈뇌장벽을 통과하기 어려운데 케미컬 의약품도 뇌로 가지 못할 수 있다. 실제로 현재 나와 있는 케미컬 의약품 가운데 98% 정도는 혈뇌장벽을 통과하지 못한다고 한다. 통과를 한다고 해도 케미컬 의약품으로 퇴행성 뇌질환의 문제를 풀기는 어렵다. 응집된 형태의 단백질을 저분자 화합물로 타깃하기 어렵다. 많은 저분자 화합물 치료제는 문제를 일으키는 효소의 활성 자리(active site)에 들어가 활성을 저해하는 방식으로 작용한다. 그런데 응집 단백질은 보통의 경우 일정한 패턴으로 뭉친 덩어리다. 저분자 화합물이 응집된 단백질 사이에 들어가더라도 효과를 내기는 어렵다. PET 추적자가 응집 단백질 사이로 들어가고, 몇몇 알츠하이머 병 치료제 후보물질이 응집 단백질 틈으로 들어가 독성을 띠지 않는 형태로 응집을 풀어주는 메커니즘으로 작동하지만, '치료'라는 관점에서 효과를 보여준 적은 아직 없다. 다만 병리 과정에서 작동하는 인산화 효소를 저분자 화합물로 저해하는 컨셉은 연구 중이다.

전략 5. 이중항체

보통의 항체로 혈뇌장벽을 통과하는 것은 어렵다. 그래서 디날리테라퓨틱스는 이중항체로 통과하는 방법을 연구한다. 디날리테라퓨틱스의 이중항체 플랫폼은 혈뇌장벽에 있는 운반 시스템인 혈관내피세포 발현 수용체-매개 운반체(receptor-mediated transporters, RMT) 가운데 트랜스페린 수용체(transferrin receptor, TfR)를 이용한다. 우선 이중항체가 환자 몸속으로 들어간다. 이중항체의 Fc 부분은 혈뇌장벽에 있는 TfR에 결합해 뇌를 통과한다. 그리고 뇌 속으로 들어간 이중항체의 양 팔은 뇌 조직에서 병리 단백질을 잡는다. 2018년까지 타깃은 TREM2, 알파시누클레인, BACE1/Tau였다. 2019년부터는 BACE1 타깃은 빼고 타우만 타깃하는 것으로 변경했다.

TfR 플랫폼은 2016년 디날리테라퓨틱스가 에프스타와, Fc 부분이 항원과 직접 결합하는 Fcab™(Fc-domain with antigen binding sites™) 기술 공동연구 계약을 맺으면서 얻게 된 기술이다. 2018년 6월에 디날리테라퓨틱스는 Fcab 기술을 이중항체 후보물질 3개에 적용하는 권리를 계약금 2,400만 달러, 최대 4억 4700만 달러에 인수했다. 전 세계적으로 퇴행성 뇌질환 치료제에 이중항체를 적용한 임상시험은 아직 없다. 디날리테라퓨틱스는 2021년에 임상시험에 들어가는 것이 목표다.

2018년 다케다는 디날리테라퓨틱스와 혈뇌장벽 투과 항체 2개를 포함한 신약 후보물질 3개에 대한 초기 단계 개발 비용으로 공동 부담하고, 상업화가 되었을 때 수익을 함께 나누는 파트너십 계약을 맺었다. 다케다는 디날리 테라퓨틱스에 계약금으로 4,000만 달러를 포함해 임상 개발 및 허가에 따른 마일스톤으로 최대 7억 750만 달러, 판매에 따른 마일스톤으로 2,250만 달러를 지급하는 내용이었다.

전략 6. AAV

2018년 애브비는 보이저(Voyager)가 전임상 단계로 개발하고 있는 '타우 항체 분비 AAV' 후보물질을 라이선스 옵션 방식으로 계약했다. 계약금 6,900만 달러를 포함해 최대 2억 1,900만 달러 규모의 계약이었다. 2017년 애브비는 초기 알츠하이머 병 환자와 진행성 핵상 마비 환자를 대상으로 하는 타우 단일클론항체 'ABBV-8E12'의 임상2상을 시작했다. ABBV-8E12를 진행성 핵상 마비 치료제로 개발함에 있어, FDA로부터는 패스트트랙 지정(Fast Track Designation), FDA와 EMA로부터 희귀의약품 지정(Orphan Drug Designation)을 받았다. 이미 관련 프로젝트를 진행하고 있지만, 기술이전을 받아 단일클론항체 치료제가 혈뇌장벽을 통과하지 못할 위험을 대비하기 위함일 것이다.

보이저는 AAV9(adeno-associated virus9)의 캡시드(capsids)를 유전적으로 변형해, 혈뇌장벽을 잘 통과할 수 있도록 조작했다. 캡시드는 바이러스를 덮고 있는 단백질 외막이다. 이 AAV9에 치료 항체를 암호화하는 유전자를 넣어 환자에게 투여하면, 환자의 뇌로 들어가 치료 항체를 계속 발현해 분비하는 컨셉이다. 보이저는 환자에게 단회 정맥투여(iv)로 지속적인 치료 효과가 날 것을 기대하고 있다.

쥐 모델에서 혈뇌장벽을 투과하는 AAV9를 주입하자 타깃 유전자 발현이 90배 이상 증가했다. 타깃 유전자는 뇌 전체에 걸쳐 발현했으며, 뉴런과 성상교세포가 주로 감염되어 타우 항체를 분비했다. 알츠하이머 병 동물모델에서는, 인산화 타우(phosphorylation Tau, p-Tau)를 타깃하는 항체(PHF-1)가 발현되는 AAV를 투여했을 때, 타우 병리 증상이 주로 나타나는 해마와 대뇌피질 조직에서 타우를 타깃하는 항체가 많이 발현하는 것을 확인했다. 타우 축적은 최대 90%까지 줄어들었다. 기존 방식으로 동물에 항체를 전달했을 때(정맥주사) 병리 타우 단백질이 40~50% 감소한 것과 비교하면 긍정적이다.

고려해야 할 부분은 AAV 전달 플랫폼이 몸속으로 들어갔을 때 생길 수 있는 면역원성 문제다. 전신투여를 했을 때 투여 용량이 너무 적으면 혈액 내 면역 체계에 의해 제거될 수 있고, 용량이 많아지면 부작용 위험이 커진다(doi:10.1182/blood-2013-01-306647; doi: 10.1016/j.omtm.2017.11.007). 또한 AAV 감염의 경우의 수를 모두 고려해야 한다. 주로 감염되는 뇌 부위와 뇌 신경세포 종류, 치료 효과를 내기 위해 타우 항체가 세포 안 혹은 밖으로 분비되게 디자인할 것인가 등도 생각해야 한다. 보이저는 감염되는 세포의 종류를 선택, 치료 효과를 나타내는 항체의 구성 요소를 조절, 항체가 주로 발현되는 뇌의 지역까지를 프로모터로 조절할 수 있다는 것을 보여주었다.

애브비는 첫 번째 계약 이후 1년 만에 보이저와 파킨슨 병 등 시누클레인 병증(synucleinopathies)을 타깃해 뇌 안으로 알파 시누클레인 항체를 전달하는 AAV9 개발 2차 파트너십 계약을 맺었다. 계약 규모는 최대 15억 달러였다.

전략 7. 안티센스 올리고뉴클레오타이드

바이오젠과 아이오니스(IONIS)의 안티센스 올리고뉴클레오타이드(antisense oligonucleotides, ASO)는 단백질로 발현하기 전 단계의 mRNA를 저해한다. ASO는 한 가닥의 핵산(RNA, DNA) 유사체로 된 인공 유전자 타깃 mRNA와 결합한다. 결합한 이후 RNase H라는 효소에 의해 분해된다. ASO는 헌팅턴 병처럼 병의 원인으로 확실하게 밝혀진 유전자(*HTTmRNA*)가 있는 경우에 치료제에 적용할 수 있는 플랫폼이다.

안티센스 올리고뉴클레오타이드 치료제 개발 컨셉은 타우 단백질의 발현 자체를 줄이는 방식이다. 쥐 모델에서 타우 단백질을 제거하는(knock-out) 실험을 했을 때 부작용은 적었다. 이는 타우 말고 미세소관을 잡는, 다른 미세소관 결합 단백질(microtubule-associated protein, MAP)이 발동되었기 때문으로 보인다. 타우를 유전자 수준에서 없애는 것도 치료 방법으로 고려해볼 수 있다는 여지를 준다.

전략 8. 프로탁

사람 몸속에는 2만 여 개의 단백질이 서로 작용하며 생명을 이어간다. 이 가운데 질병을 유발하는 것으로 알려진, 문제가 되는 단백질은 약 3,000개다. 그런데 타깃해서 약물로 만들 수 있게 FDA가 허가한 단백질은 400여 개 정도다. 질병을 일으키는 것으로 보이는 85%의 단백질은 아직 그대로다.

 FDA가 승인한 타깃은 효소, 수용체, 이온 채널, G 단백질 연결 수용체(G protein coupled receptor, GPCR), 면역세포가 발현하는 CD마커 등이다. 스캐폴드 단백질(scaffold protein), 조절인자, 응집체, 핵 안의 전사인자 등을 타깃으로 개발하는 신약은 소수로, 연구 중인 것들이 많다.

 프로탁(proteolysis targeting chimera, PROTAC)은 단백질 분해 시스템인 유비퀴틴(ubiquitin)/프로테아좀(proteasome)으로 비정상 단백질 분해를 유도한다. 프로탁은 세 부분의 저분자 화합물로 구성된다. 타깃 단백질에 붙는 리간드, 분해자 E3 리가아제(ligase) 결합 자리(site), 리간드와 분해자를 이어주는 링커다. 프로탁이 타깃 단백질과 E3에 붙고, 이어서 E3에 E2가 결합하면, E2는 타깃 단백질에 유비퀴티네이션를 표지한다(Ubiquitination tag). 유비퀴티네이션은 해당 단백질을 분해하라는 신호를 내보내는 조절 분자다. 이를 알아본 프로테아좀은 해당 단백질을 아미노산과 펩타이드 조각으로 분해한다. 프로탁은 다음 타깃 단백질을 분해하러 이동한다. 프로탁이 타깃 단백질과 결합하는 곳은 보통의 저분자 화합물이 결합하는 단백질의 효소 활성 자리가 아니다. E3로 분해되는 것을 이어주는 것을 매개하면 충분하다. 따라서 이론적으로는 단백질의 모든 자리가 리간드가 될 수 있다. 작용 범위가 넓어지고 그동안의 접근법과는 다른 메커니즘으로 작동하니, 아직 손대지 못하고 있던 85% 단백질을 타깃할 수 있을지 모른다.

케미컬 의약품은 보통 단백질 활성 자리에 결합해 활성을 저해하면서 치료 효과를 낸다. 그런데 프로탁은 몸속의 효소를 매개로 타깃을 분해해버리기 때문에, 적은 약물로 효과를 나타낼 수 있을 것으로 기대한다. 적은 양의 약물이 몸속으로 들어가면, 전신 노출도 줄어들고 부작용도 적을 것이다. 치료 타깃 활성을 저해하면 돌연변이가 생겨 활성 자리가 달라지면서 약물 내성이 생긴다. 그런데 프로탁은 치료 타깃 자체를 분해하는 것이라 내성을 피할 수 있다.

프로탁은 기존 케미컬 의약품으로 타깃하기 어려웠던 단백질을 특이적으로 잡을 수 있다. 암이나 신경 질환에서 병의 원인이 되는 BRD4는 BRD2, BRD3, BRD4의 효소 활성 자리가 비슷해 저분자 화합물로는 BRD4만 선택적으로 타깃하기 어렵다. 그런데 프로탁은 효소 외 부위에 결합할 수 있어 하위 그룹까지 타깃할 수 있다.

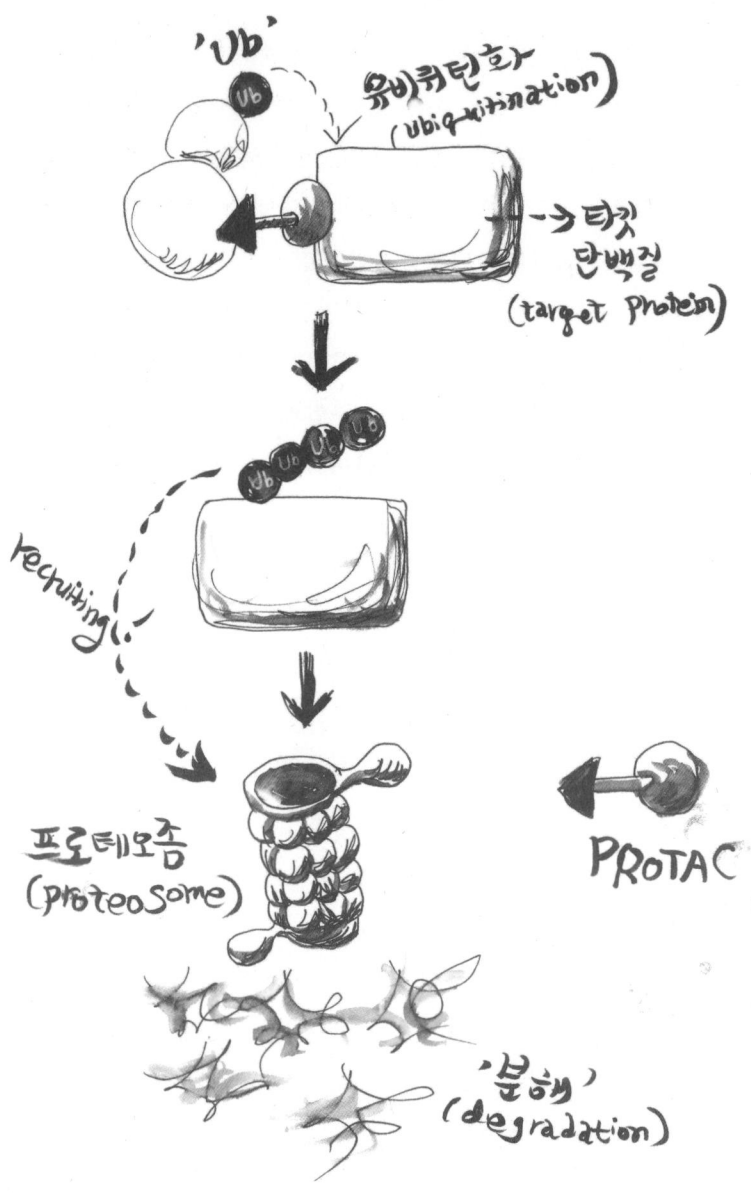

[그림 10.5] 프로탁 작용 메커니즘

셀진의 레블리도마이드(lenalidomide)는 탈리도마이드(thalidomide) 유사체로, E3 리가아제인 세레브론(cereblon, CRBN)에 결합해 타깃을 분해하는 메커니즘으로 작동한다. 저분자 화합물을 개발하는 단백질 분해 약물 플랫폼을 가진 회사들과 셀진은 협력 관계를 맺었다. 2016년 에보텍(Evotec), 2018년 비비디온(Vividion)과 파트너십을 체결했다. 2015년 셀진은 누릭스(Nurix)에 계약금 1억 5,000만 달러를 지급하고, 개발과 상업화에 따라 최대 4억 5,000만 달러를 지급하는 계약을 체결했다. 내용은 염증, 면역 질환 신약에 대한 라이선스 옵션 구매 협약 체결을 시작으로, 단백질을 분해하는 E3 리가아제 약물을 발굴하는 것이다. 누릭스는 저분자 화합물로 E3 리가아제 활성을 조절해 타깃 단백질 양을 늘리거나 분해하는 연구를 한다.

셀진과 누릭스는 면역항암제 분야에서 타깃 발현을 높이는 신약을 함께 개발하고 있다. T세포 활성을 억제하는 CBL-B E3 리가아제 저해제는 전임상 단계에 있다. 종양 쥐 모델에 CBL-B 약물을 처리하자 종양미세환경 안에 지친(exhausted) 상태 T세포를 다시 활성화시키는 것을 확인했으며, 단일 약물로도 종양 성장을 억제하는 효과를 확인했다(AACR 2019 발표).

스펙테이터

아밀로이드 베타 타깃 항체와 BACE 저해제의 실패는, 알츠하이머 병 증상은 없지만 아밀로이드 베타 단백질이 쌓이고 있는 전임상 단계에서 약물을 투여하는 예방임상으로 개발 전략을 수정하게끔 하고 있다. 예방임상으로 방향을 잡는 것은 합리적인 선택이지만, 한계점을 정확하게 확인해야 한다. 예방임상을 하려면, 특히나 천천히 쌓이는 아밀로이드 베타 단백질의 특성을 고려하면, 4~5년 이상의 약물 투약 기간이 필요하다. 시간을 투자하는 노력이 요구된다. 더불어 임상시험 대상자를 효율적으로 찾을 수 있는 방법을 찾아야 한다. 병원에 찾아오는 환자들은 이미 경도인지장애나 경증 단계에 접어든 경우가 많다. 이미 아밀로이드 베타 단백질이 쌓일 대로 쌓였으니 예방임상을 할 수 없다.

지금까지도 알츠하이머 병의 메커니즘을 정확하게 모르고, 대규모 임상시험을 위해 들어가는 비용은 많다. 적어도 지금까지 치료제 후보물질의 임상시험 실패율은 사실상 100%이니, 위험도 큰 분야다. 비용과 위험이 모두 크다보니 알츠하이머 병 치료제 개발에 새로운 참여자는 등장하지 않고, 실패를 했더라도 경험이 있는 바이오젠, 일라이릴리, 로슈 등이 계속 도전한다. 대신 알츠하이머 병 신약개발의 전략은 매우 초기의 새로운 아이디어에 투자하거나, 전 세계적 규모의 제약기업들끼리 손을 잡고 연구하는 방향으로 수정되고 있다. 아스트라제네카와 다케다의 알파시누클레인 치료제 개발 협약, 아스트라제네카와 일라이릴리의 아밀로이드 항체 개발 제휴 협약, 바이오젠과 에자이의 아두카누맙, BAN2401, BACE 저해제 등의 후기 임상 공동 진행 등 비용과 위험을 대형 제약기업들끼리도 나누려고 한다. 다른 질환에서는 경쟁을 벌이지만, 알츠하이머 병 신약개발에서만큼은 성공을 위해 뭉치는 전략이다.

아밀로이드 베타 단백질을 타깃하는 데는, 병용투여 임상을 적극적으로 진행해야 한다. 아밀로이드 베타 단백질 생성을 억제하는 약물과 플라크를 없애는 약물을 함께 투여하는 방법이 일반적일 것이다. 타우, 혈뇌장벽, 신경면역, 자가포식, 대사 등을 타깃 하는 등 다른 메커니즘을 가진 약물과 병용투여도 고려해야 한다.

임상개발 단계에서는 바이오마커에 집중해야 한다. 바이오마커는 약물 개발 초기부터 연구해야 한다. 임상시험 대상자 모집이나 약물 평가 예후 등을 평가하는 데도 폭넓게 사용해야 한다. 2018년 FDA는 알츠하이머 병 전임상 환자에게서 바이오마커를 임상충족점으로 인정하겠다는 내용의 초안을 밝혔다. 다른 질환에서 증상이 아닌 바이오마커로 임상시험을 가속 승인(accelerated approval)하는 건이 2014~2016년에는 10여 건에서, 2017년에는 20건, 2018년 18건으로 늘었다. 이것만으로 약물 승인이 난 건도 있다.

환자군을 세분화(segmentation)하는 것도 필요하다. 알츠하이머 병은 원인도 증상도 다양하고 복잡한 질환이다. 아밀로이드 베타 단백질을 타깃하는 약물이라면, *APOE4* 양성 환자를 대상으로 임상시험에 먼저 들어가는 것을 검토할 필요가 있다. vTv 테라퓨틱스는 RAGE 저해제인 아젤리라곤(azeliragon)을 적용해 ATEADFAST 임상3상을 진행했다(NCT02080364). RAGE는 혈뇌장벽에 있는 면역글로블린 수퍼패밀리(immunoglobulin superfamily)에 속하는 수용체다. RAGE는 아밀로이드 베타 단백질 플라크가 뇌에 쌓이는 것을 돕는다. 아밀로이드 베타 단백질을 포함해 여러 리간드가 RAGE에 결합하면, 수용체가 활성화되고 염증반응이 일어난다. 염증반응 혈관과 조직에 손상을 입힌다. 또한 RAGE는 뇌 밖을 떠돌아다니는 아밀로이드 베타 단백질을 뇌 속으로 끌어들이는 작용을 매개한다. 연구자들은 쥐에서 RAGE의 발현을 억제하자 쥐의 뇌에서 아밀로이드 베타 단백질 플라크가 쌓이지 않는다는 것을 알아냈다. 임상에서는 알츠하이머 병 환자 뇌에서 RAGE 발현이 높아지면 병기 진행이 빨라진다는 점도 확인했다. 노화가 진행되면서 RAGE 발현이 늘어나는 것도 마찬가지로 입증되었다.

vTv 테라퓨틱스는 혈뇌장벽 바깥쪽, 즉 뇌의 밖에 있는 RAGE 저해제로 알츠하이머 병의 진행을 늦추는 임상시험에 도전했다. 그러나 경증 알츠하이머 환자 880명에게 아젤리라곤을 투여한 임상3상에서 인지손상을 늦추는 효과는 확인하지 못하고 실패를 발표했다. 그런데 임상시험이 끝난 후 분석한 결과 제2형 당뇨병을 앓고 있는 알츠하이머 병 환자의 인지손상을 늦추는 효과가 다소 확인되었다. 제2형 당뇨병을 앓는 알츠하이머 병 환자는 병이 진행되는 메커니즘이 다를 수 있다. 이렇게 병인 메커니즘에 따라 환자군을 세분화하고, 적합한 약물을 투여해야 한다.

아주 초기 알츠하이머 병 환자에게 일어나는 신경심리학(neuropsychology) 검사와 함께, 생활 패턴 변화도 평가방법으로 개발해야 한다. 알츠하이머 병을 고치려는 이유는 환자의 인지손상을 회복해 정상적인 삶을 돌려주기 위함이다. 약물 효능은 증상이 나아지는 것으로도 검증되어야 한다. 현재 인지 평가 지표로 쓰이는 MMSE는 1975년에 개발된 것으로, 증상이 악화된 환자를 골라내기 위한 것이다. 증상이 나아지는 것을, 좀더 세밀하게 측정할 수 있는 지표를 개발해야 한다.

마지막으로 약물 전달 시스템이다. 타깃 부위로 약물을 전달하는 기술에 대한 고민은 다른 질환에서도 중요한 이슈다. 예를 들어 고형암 환자에게 항체를 투여했을 때 약 2~5%의 항체만이 암 조직으로 들어가 효능을 발휘한다. 저분자 화합물인 독성 항암제도 약물 효능을 높이기 위해 지속적인 제형 개발을 하고 있다. 반면 항체가 뇌에 도달하는 양은 0.1~0.3% 수준이다. 임상에서 초기 환자에게 효능을 높이고, 약물 투과율에 따른 효능 편차를 줄일 수 있는 전달 기술이 필요하다.

취재 메모

ADAS-Cog 332
ADCS-iADL 332
ADNI 332
ARIA 334
뇌 혈관내피세포와 혈관내피세포 335
간이정신상태검사 단계 335
N-터미널과 C-터미널 337
On-target 독성 vs. Off-target 독성 337
결합력 339
교세포 339
뇌 림프관 341
단핵구 343
브라크 단계 343
사이토카인 343
선천면역 시스템에서 기억작용 344

센틸로이드 344
수송체 345
시냅스 가지치기와 시냅스 가소성 345
예방임상 347
요추천자 350
유전자 변이 관찰 353
전임상과 비임상 354
종간 유사성 354
케모카인 355
타우 전파 357
퇴행성 뇌질환과 PD 마커 358
피오글리타존 361
항체 의약품 반감기 366
호중구 367
희귀의약품 지정 367

ADAS-Cog

Alzheimer's Disease Assessment Scale-Cog. 알츠하이머 병을 진단하는 지표 가운데 하나로 쓰레기 버리기, 대화, 설거지, 취미 활동, 전화, 티비 보기 등의 항목을 기준으로 인지 기능 변화를 측정한다. 0~90점 사이에서 점수가 매겨지며, 점수가 높을수록 인지손상이 크다.

ADCS-iADL

Alzheimer's Disease Cooperative Study(ADCS) instrumental Activities of Daily Living Inventory. 알츠하이머 병을 진단하는 지표 가운데 하나. 대중교통 이용, 돈 관리, 쇼핑 등의 일상생활과 사회 활동 등 18개의 복잡한 활동을 수행할 수 있는지 측정하는 지표. 0~56점으로 평가하며, 점수가 낮을수록 기능 손상이 크다.

ADNI

Alzheimer's Disease Neuroimaging Initiative.(http://adni.loni.usc.edu/) 미국과 캐나다에서 2004년에 시작한 다기관 협력 연구. 63개 지역에서 건강한 피험자를 포함한 알츠하이머 병 환자 뇌의 신경 이미지 촬영, 유전자·분자 바이오마커 연구를 진행한다. 4개의 장기 프로젝트인 ADNI-1(2004-2009), ADNI-GO(2009-2011), ADNI-2(2011-2016), ADNI-3(2016-2021)이 있으며, 지금까지 약 2,000명을 대상으로 한 코호트 연구를 진행했다. ADNI는 프로젝트에서 진행한 모든 데이터를 공개한다. 2005년부터 2014년까지 과학자와 임상의가 ANDI 데이터를 바

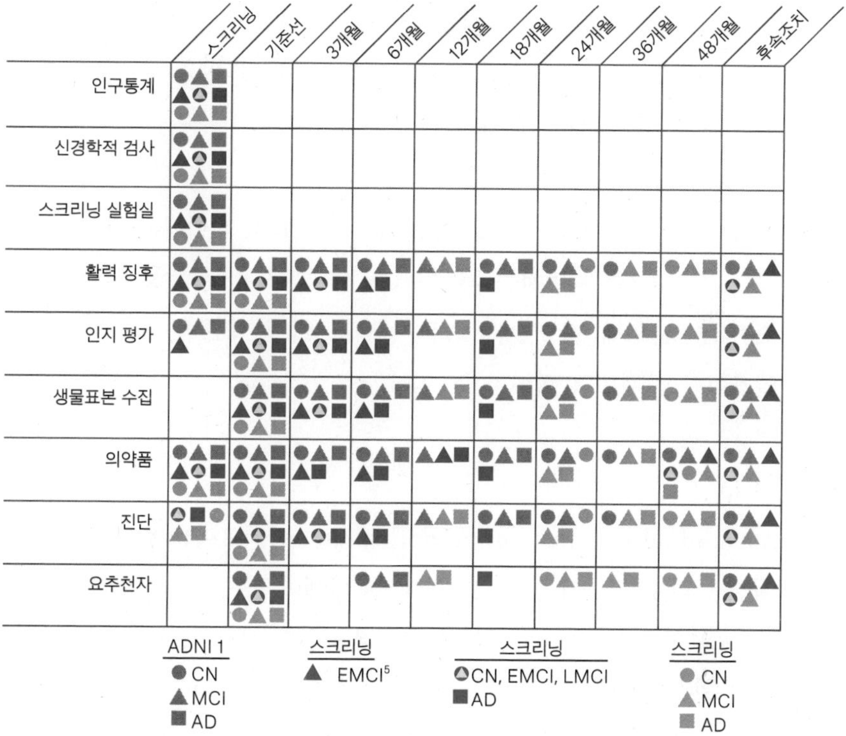

[그림 11.1] ADNI 프로젝트마다 시기별로 확인한 바이오마커와 검사법
출처: http://adni.loni.usc.edu/study-design/

탕으로 발표한 논문이 약 1,000건.

비슷한 컨셉의 연구로 AIBL(Australian Imaging, Biomarker & Lifestyle Flagship Study of Ageing)이 있다.(https://aibl.csiro.au) 오스트레일리아에서 2006년에 시작한, 알츠하이머 병 환자 대상 대규모 코호트 연구로 바이오마커, 라이프스타일, 신경 이미징, 임상 및 인지의 4가지 데이터를 구축하고 있다.

ADNI 결과는 연구 수준에만 머물지 않는다. 규제와 허가의 가이드라인 근거를 마련하고, 임상 개발에 과학적 데이터를 제공한다. ADNI-3에 참여하는 기업은 GE헬스케어, 디날리테라퓨틱스, 로슈, 룬드벡, 머크, 바이오젠, 알렉토, 얀센, 애브비, 에자이, 일라이릴리, 제넨텍, 화이자 등이다.

ARIA

Amyloid Related Imaging Abnormalities. 아밀로이드 베타 단백질을 타깃하는 약물을 개발할 때 주의해야 하는 부작용이다. ARIA 부작용은 아두카누맙뿐만 아니라 다른 아밀로이드 타깃 항체에서도 문제를 일으킨다. ARIA를 예측할 수 있는 바이오마커를 찾는 노력도 계속되고 있다. FDA는 MRI 이미지에 ARIA 특징을 나타내는 환자는 임상시험에서 제외할 것을 권고하고 있지만, 아직은 사후 대처다.

ARIA를, 혈관에 아밀로이드 베타 단백질이 쌓여 염증을 일으키는 CAA-ri(cerebral amyloid angiopathy-related inflammation) 현상의 하나로 보기도 한다. 대뇌 혈관에 쌓인 병리 아밀로이드 베타 단백질에 항체가 결합하면 염증반응이 일어나며 혈관을 망가뜨리고, 출혈을 유발해 ARIA로 이어진다는 것이다. ARIA 바이오마커로는 뇌척수액(cerebrospinal fluid, CSF)에서 발견되는 항 아밀로이드 자가항체(anti-autoantibodies)가 주목받는다. CAA-ri에 따라 뇌척수액 안에서 항 아밀로이드 자가항체가 증가하는데, 이 변화를 관찰해 ARIA를 예측할 수 있다는 것이다. 그러나 ARIA가 생기는 원인은 아직 정확하게 모른다.

뇌 혈관내피세포(Brain Endothelial cell, BEC)와 혈관내피세포(Endothelial cell)

보통 몸에 있는 혈관내피세포는 그물망처럼 헐거운 구조를 이루고 있다. 덕분에 포도당이나 산소 등의 물질이 자유롭게 이동할 수 있다. 그런데 뇌를 코팅하고 있는 혈뇌장벽(blood-brain barrier, BBB)의 혈관내피세포는 밀착연접(tight junction)으로 조밀한 구조다. 선택적인 운반체로 특정 물질만 혈뇌장벽을 지나갈 수 있다.

간이정신상태검사(MMSE) 단계

Mini-Mental State Exam. 연도, 계절, 날짜를 물어보거나 주어진 그림을 따라 그리는 등 8개 항목을 물어보는 질문지. 0~30점으로 평가하며 점수가 낮을수록 인지손상이 크다. 1975년 뉴욕 병원-코넬 대학 정신과에 속한 마샬 폴스테인(Marshal F. Folstein) 등 3명의 과학자가 개발한 진단법이다(doi:10.1016/0022-3956[75]90026-6).

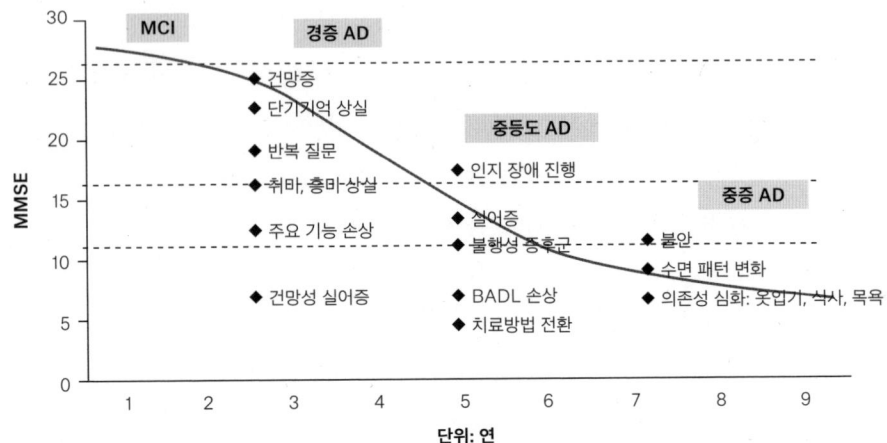

[그림 11.2] 알츠하이머 병의 병리 단계의 변화와, 이에 따른 MMSE.

1) 전임상(preclinical), 전구(prodromal), 경도인지장애(MCI) 단계 / MMSE=25~30

임상적 증상(인지손상, 행동 장애 등)이 없지만, 뇌에서 알츠하이머 병 병리 과정이 진행되고 있다. 병리 진행은 뇌척수액 검사나 양전자 방출 단층 촬영(positron emission tomography, PET) 이미지로 확인한다. 이 단계라고 해서 반드시 알츠하이머 병 단계로 진입하는 것은 아니며, 논란이 있다. 뇌척수액 검사나 PET 이미지로 아밀로이드 베타 단백질 양성 여부를 확인하는데, 아직까지 알츠하이머 병과 아밀로이드 베타 단백질의 관계가 명확하게 증명되지 않았기 때문이다.

2) 경증(mild) 단계 / MMSE=20~24

3) 중등도(moderate) 단계 / MMSE=13~20

4) 중증(severe) 단계 / MMSE=0~12

N-터미널과 C-터미널

단백질이 만들어지려면 아미노산들이 연결되어야 한다. 리보솜(ribosome)은 아미노산을 이어주는 역할을 하는 효소다. 리보솜은 유전자 서열을 읽어나가면서 서열대로 아미노산을 이어 붙인다. 따라서 단백질은 만들어질 때 항상 일정한 방향성을 가지며, 같은 순서로 만들어진다. 어떤 단백질의 아미노산 서열을 이야기할 때는, 보통 만들어지는 순서로 이야기한다. 이 기준에 따르면 단백질이 만들어지기 시작하는 부분이 N-터미널(-NH3), 끝나는 부분이 C-터미널(-COOH)이다. 따라서 아미노산은 모두 NH3-R-COOH의 구조를 갖는다. 달라지는 것은 R부분만이다. 그리고 앞부분이 N으로 시작하는 N-터미널(말단)은 시작, 끝부분은 C-터미널(말단)이라 부른다.

On-target 독성 vs. Off-target 독성

On-target 독성 문제를 가진 대표적인 약물이 TGF-β 저해제다. TGF-β는 염증과 암 분야에서 검증된 치료 타깃이지만, TGF-β 타깃 약물은 임상에서 계속 실패하고 있다. TGF-β는 신생 혈관을 생성해 암 세포의 성장을 돕고, 암 전이를 일으켜 내성을 일으킨다. 그런데 TGF-β는 정상 세포에서도 성장, 증식, 분화, 사멸 등과 같은 중요한 일을 한다. 암을 치료하려고 TGF-β를 타깃하는 약물을 투여하면, 중요한 생물학적 작용을 함께 막는다. 심장이나 간에 심각한 독성이 나타나고, 약효보다 독성이 커지기도 한다. 그래서 TGF-β 타깃 약물을 개발한다고 하면 '그것을 건드리면……감당할 수 있을까? 중요한 타깃이기는 한데 On-target 부작용을 어떻게 해결하려고……'와 같은 조언을 듣게 된다.

On-target 부작용과 관련해서 방법이 아예 없는 것은 아니다. 몸속으로 들어가 약물이 머무르는 시간, 흡수되는 정도, 약물 제형, 약물 투여량, 투여 프로토콜 등을 조절할 수 있다. 예를 들면 호흡기 질환 치료제로 적용하려면, 스프레이 형태로 만들어 조금씩 뿌리는 식이다. 일라이릴리는 임상에서 TGF-β 약물을 2주 동안 환자에게 투여하고, 2주 동안 약물 투여를 쉬는 프로토콜을 이용하기도 한다. 그러나 제한적인 수준에서 이루어지는 식의 통제로는 아직 On-target 문제를 해결하는 데 한계가 있다.

Off-target 부작용은 치료 타깃이 아닌 다른 타깃에 약물이 결합해, 이를 저해하거나 독성이 나타나는 경우다. 몸 안에 단백질의 종류가 너무 많고, 서로 비슷하게 생긴 것들도 많으며, 단백질끼리 복잡하게 작용하는 것까지 생각한다면, 즉 아직 밝혀지지 않은 것이 많다는 점을 감안하면 Off-target 부작용은 당연한 일이다. 따라서 충분한 시뮬레이션으로 위험을 줄이는 것이 중요하다. 규제 당국에 제출하는 많은 독성 시험 데이터는 거의 Off-target 부작용에 대한 것이다. 규제를 통과해 판매가 되다가 뒤늦게 Off-target 부작용이 발견되어 퇴출당하기도 한다.

Off-target 부작용이 반드시 나쁜 것만은 아니다. 독성에 주목해서 이야기를 했을 뿐, 예상하지 못한 긍정적인 결과가 나오기도 하기 때문이다. 나아가 약물 재창출(repositioning)으로 이어지기도 한다. 임신한 여성이 입덧 치료 목적으로 복용했을 때 기형아를 출산해 문제가 되었던 탈리도마이드의 유사체인 레날리도마이드가 다발성 경화증 치료제로 쓰이거나, 심혈관 질환 치료제로 개발되었으나 발기부전 치료제로 쓰이는 비아그라 등이 대표적인 사례다.

결합력(Kd)

타깃 물질에 대한 항체의 결합력을 나타내는 지표로, Kd 값이 작을수록 결합력이 크다. 항원-항체 결합은 가역적인 반응으로, Kd 값은 항원에 대한 항체의 해리 속도(dissociation rate, koff)와 결합 속도(association rate, kon) 측정값을 바탕으로 계산한다.

교세포(glia cell)

신경세포는 크게 뉴런과 이를 둘러싼 교세포로 나뉜다. 뉴런(neuron or nerve cell)은 뇌 신경계를 구성하는 기본 단위다. 뇌에 약 1,000억 개의 뉴런이 있다고 알려져 있다. 각 뉴런에는 평균 7,000개의 시냅스가 뻗어 나와 있다. 시냅스는 뉴런이 다른 뉴런으로 신호를 전달하는 틈(연결 지점)이다. 뉴런과 뉴런은 전기 신호와 화학 신호를 주고받는다. 축삭을 따라 흐른 전기 신호가 시냅스에서 화학 신호(신경전달물질: neurotransmitter)로 바뀌어 다음 뉴런으로 전달된다.

교세포(glia cell)는 뉴런이 아닌 세포를 일컫는다. 교세포는 성상교세포(astrocyte), 미세아교세포(microglia), 희소돌기아교세포(oligodendrocyte), 뇌실막세포(ependymal) 네 가지로 나뉜다. 성상교세포는 별 모양을 하고 있다. 뇌세포가 살아가는 환경

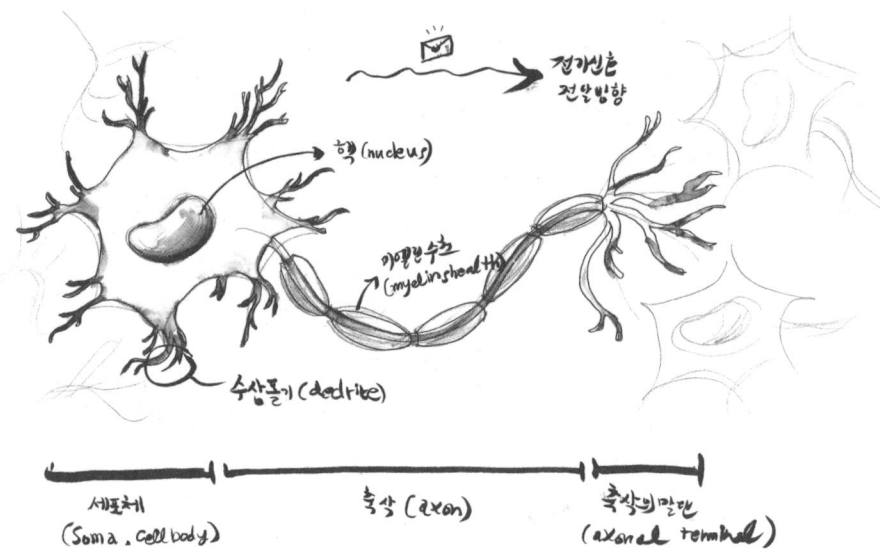

[그림 11.3] 뉴런의 기본 구조

을 만들고 활동을 돕는다. 성상교세포는 시냅스의 신경전달물질과 이온 농도를 조절하고, 에너지 대사를 조절한다. 성상교세포가 뉴런 주변의 환경을 유지하고 뉴런의 신호전달 조절에도 직접 관여한다는 점이 밝혀지고 있다. 미세아교세포는 뇌의 면역세포로 주변 환경(감염원, 손상, 질환 등)의 이상 신호를 감지하고 제거해, 뇌를 보호한다. 미세아교세포가 단순히 뇌를 청소하는 것뿐만 아니라 초기 시냅스 발달과 시냅스 가지치기(pruning)에 중요하다는 연구 결과도 발표되고 있다. 희소돌기아교세포가 뉴런의 축삭(axon)이 전기 신호를 전달하는 전선이라면, 미엘린(myelin)은 전선 피막처럼 축삭을 감싸 전기 신호가 유출되는 것을 막아 전기 신호가 빠르고 효율적으로 전달되도록 돕는다. 희소돌기아교세포는 미엘린 수초를 만드는 세포다. 뇌실막세포는 뇌 척수와 뇌실(ventricles)을 줄지어 덮고 있는 세포다. 뇌척수액을 만드는 데 관여한다.

뇌 림프관

미국 NIH 다니엘 라이히(Daniel S. Reich) 연구실에서는 자기공명영상(magnetic resonance imaging, MRI)으로 신경질환을 연구하고 있었다. 연구실에는 신경과 의사, 물리학자, 병리학자 등 여러 분야의 연구자들이 있었다. 라이히 연구실에서 다발성 경화증 환자의 뇌의 병변과 혈류를 MRI 영상으로 분석하던 중, 뇌 상부에 있는 상시상정맥동(superior sagittal sinus)에서 반짝이는 점 세 개를 관찰했다. 이를 이상하게 여긴 라이히 연구팀은 MRI 조영제인 가도부트롤(gadobutrol)과 가도포스베셋(gadofosveset)을 이용해 뇌를 촬영하기로 했다. 혹시 뇌에 림프관이 있는 것이 아닐까 하는 의심에서였다.

가도부트롤은 다발성 경화증이나 암처럼, 혈관이 손상된 환자의 뇌혈관을 촬영할 때 쓰인다. 그런데 가도부트롤은 혈뇌장벽은 통과할 수 없는 크기다. 연구팀은 알부민을 결합한 가도포스베셋을 파트너 조영제로 선택했다. 가도포스베셋은 혈뇌장벽을 통과할 수 있는데, 두 조영제를 함께 투여해 MRI를 찍고 그 차이를 이미지로 구현하면 림프관을 볼 수 있을 것이라는 가정이었다.

연구팀의 가설이 한 번에 확인된 것은 아니지만, 결국 뇌를 둘러싸고 있는 얇은 경막에서 혈관을 따라 림프관으로 추정되는 작은 선을 찾았다. 림프관은 뇌 혈액이 흐르는 정맥동(venous sinuses)을 따라 뇌 양쪽에 있었다. 그러나 뇌에 림프관이 있다는 것을 증명하려면 이것만으로 충분하지 않았다. 혈관이 아닌 림프관만 특이적으로 염색하는 마커를 찾아내 증명해야 했다. 조직 연구를 주도한 것은 연구팀에 있던 하승권 박사였다. 하승권 박사는 약 1년에 걸쳐 LYVE1, CCL21, COUP-TFII 등 20개 이상의 마커를 이용해 조직을 염색하며 뇌 림프관의 실체를 찾았다. 혈관 마커로는 CD31을 사용했다. 그렇게 찾은 뇌 림프관 마커는 PROX1, D2-40 항체로 뇌 조직에서 림프관을 관찰할 수 있었다. D2-40는 큰 림프관, PROX1은 작은 림프관에 결합한다. 2019년 현재 라이히 연구팀은 다발성 경화증을 포함한 신경염증 질환에서 림프관 시스템이 어떻게 변하는지 연구하고 있다.

단핵구

단핵구는 골수의 조혈모세포에서 만들어지는 백혈구의 한 종류로 아메바처럼 생겼다. 혈액을 돌아다니는 단핵구는 조직에 들어가 선천면역세포인 대식세포나 수지상세포로 분화할 수 있으며, 대식작용, 항원제시, 사이토카인 분비 등의 기능을 한다.

브라크 단계

브라크 단계는 1991년 헤이코 브라크(Heiko Braak)와 에바 브라크(Eva Braak)가 사망한 정상 노인과 알츠하이머 병 환자의 뇌 83개를 잘라 연구한, 단계별 알츠하이머 병 분류 척도다. 신경엉킴(neurofibrillary tangle, NFT)이 뇌 각 부위로 퍼진 정도로 구분한다(doi: 10.1007/BF00308809). 브라크 단계는 알츠하이머 병 환자의 병리 증상 정도와도 관계가 있다.

- 1~2단계: 기억 형성에 중요한 내후각피질(entorhinal cortex)
- 3~4단계: 감정조절에 중요한 변연계(limbic system)
- 5~6단계: 인지 판단에 중요한 신피질(neocortex)로 퍼져나간다.

사이토카인(cytokine)

사이토카인은 세포 신호전달에 관여하는 신호분자 단백질(~5-20kDa)을 통틀어 부르는 명칭이다. 세포를 뜻하는 'cyto'와 움직임을 뜻하는 'kinos'를 합친 말이다. 면역세포를 포함해 내피세포, 섬유아세포(fibroblast), 스트로마세포(stromal cell) 등이 다양한 세포가 사이토카인을 분비한다.

사이토카인은 기본적으로 세포막을 통과하지 못해 세포 밖에서 세포막 수용체에 결합해 작동한다. 면역 시스템에서 사이토카인의 역할은 중요하다. 면역반응 조절, 면역세포 성장, 증식, 성숙, 항체반응 등에 관여한다. 사이토카인은 기능에 따라 면역세포 반응에 관여하는 타입1, 항체 반응에 관여하는 타입2로 나뉜다.

선천면역 시스템에서 기억작용

선천면역세포의 기억 작용은 며칠에서 최대 3개월까지 유지되며, 후성유전학적 리프로그래밍(epigenetic reprogramming)이 일어난다고 알려져 왔다. 대부분의 연구는 혈액 안에서 돌아다니는 단핵구에 초점을 맞추고 있으며, 조직에 오랫동안 있는 대식세포 등의 골수성세포에도 면역기억이 작용하는가와 병기진행에 영향을 미치는지에 대해서는 알려져 있지 않았다. 그런데 2010년대 중반부터 적응면역 시스템뿐만 아니라 골수성세포(myeloid cells)에도 기억 작용이 있다는 연구 결과가 나오기 시작했다. 연구 결과가 맞다면 골수성세포의 일종인 미세아교세포에도 기억 작용이 있을 것이고, 이를 이용해 퇴행성 뇌질환 치료제를 개발하는 데 활용할 수 있을 것이라는 기대도 가능해질 것이다.

센틸로이드(centiloid)

PET 영상 분석은 측정 기관, 장비, 추적자 종류, 분석법에 따라 결과가 달라질 수 있다. 이를 표준화하는 단위가 센틸로이드다. 음성 대상자의 평균값을 0으로 정하고 전형적인 알츠하이머 병 환자의 평균값을 100으로 정해 점수로 만들었다.

수송체

수송체(transporter)는 세포막에 있는 단백질로, 특정 물질이 지나가는 통로다. 퇴행성 뇌질환 관련 소식을 접하다보면 운반체(vehicle)라는 말도 나온다. 운반체는 생물학 용어라기보다는 매개체와 같이 어떤 물질을 옮기는 역할을 하는 것을 지칭할 때가 많다. 예를 들어 디날리테라퓨틱스의 ATV에서 비히클(vehicle)은 항체를 운반시키는 플랫폼 이름이다. 다만 비히클(vehicle)은 실험군 시약과 비교하기 위한 대조군(vehicle) 약물이라는 뜻으로도 사용한다. 착각하는 쉬운 단어 가운데는 vesicle(소포체 혹은 소낭)도 있다. vesicle은 세포 안에서 이곳저곳으로 물질을 옮기는 세포 운반체다.

시냅스 가지치기와 시냅스 가소성

미세아교세포는 발생 초기부터 전 생애에 걸쳐 뉴런에서 일어나는 가지치기(neuronal pruning), 시냅스 가소성(synaptic plasticity) 등 다양한 현상에 관여한다. 시냅스 가지치기는 시냅스를 없애는 과정이다. 보통 시냅스는 계속 생겨나다가 사춘기 정도부터 없어지기 시작한다. 시냅스 가지치기를 거친 20대 중반의 뇌와 시냅스가 가장 많을 때의 뇌를 비교해보면, 시냅스 숫자가 반으로 줄어들어 있다.

시냅스 가지치기는 '쓰거나 버리거나(use it or lose it)'라는 단순한 규칙을 따른다. 이는 뉴런 사이의 소통이 더 효율적으로

[표 11.1] 증상이 나타나기 전 알츠하이머 병의 진행과 1차, 2차 예방임상 컨셉
출처: Todd E. Golde, et al., Alzheimer's disease: The right drug, the right time, *Science*, p.1251, 2018.12.

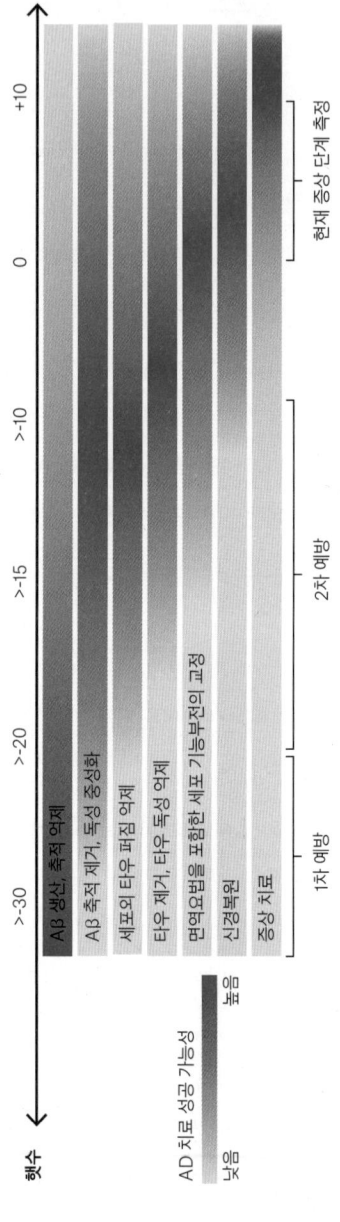

일어나게 돕는다. 시냅스 가지치기는 정상적인 뇌 기능 유지에 중요하다. 시냅스가 너무 많이 없어지면 조현증(schizophrenia), 적게 없어지면 자폐증이나 간질 등이 일어난다고 알려져 있다.

시냅스 가소성은 자극에 따라 시냅스가 강화되고 약해지는 현상이다. 보통 시냅스에서는 자극을 수용하는 수용체의 숫자, 종류 등이 변하면서 같은 자극도 다르게 반응하게 된다. 시냅스 가소성의 경우 '함께 활성을 일으킨 뉴런은 연결된다(neurons that fire together wire together)'라는 헤비안 법칙(Hebbian rule)을 따른다. 시냅스 가소성은 기억과 학습을 일으키는 기본 단위라고 생각된다. 이러한 현상은 미세아교세포가 뇌에서 기억, 학습, 인지와 정신질환, 퇴행성 뇌질환 등 거의 모든 영역에 영향을 미칠 수 있다는 것을 보여준다.

예방임상

아밀로이드 베타 단백질 플라크는 인지손상이 감지되기 20년 전부터 쌓이고, 타우 단백질은 각각의 퇴행성 뇌질환 증상이 나타나기 10~15년 전부터 쌓인다. 인지손상이 나타날 때는 아밀로이드 베타 단백질이 이미 충분히(?) 쌓여 더이상 쌓이지 못하는 평평한 고원(amyloid plateau)과 같은 상태가 된다. 타우가 쌓이고 있어 축적된 정도에 따라 인지손상이 나타난다.

알츠하이머 병은 느리게 진행되는 질환이다. 보통 아밀로이드 베타 단백질을 타깃하는 약물의 임상시험 대상군이 되는 경도인지장애나 전구 단계에는, 뇌 세포가 망가질 때로 망가진 상태다. 뇌 구조가 바뀌기 시작해 기억력이 떨어지는 가벼운 증상이 나타날 때 환자의 뇌는 아밀로이드 베타 단백질 플라크와 타우로 뒤덮여 있다. 때문에 인지손상이 확인되는 전구 단계를 기준으로, 밖으로 드러난 증상만으로 병을 진단해 아밀로이드 약물을 투여하면 제대로 된 치료 효과를 기대하기 힘들다.

그동안의 임상시험 실패는, 아밀로이드 베타 단백질이 본격적으로 환자의 뇌에 쌓이기 전에 임상이 진행되어야 한다는 주장에 힘을 실어준다. 아밀로이드 베타 단백질 플라크와 타우 단백질이 쌓이기는 하나 기존에 알츠하이머 병이라 진단할 때 보이는 증상은 아직 없는 경우다. 인지 기능이 아직 정상이지만 약물을 투여하므로, 예방임상(prevention trial)이라고 부른다.

예방임상에 도전한 사례도 있다. 인지손상은 없지만 알츠하이머 병 고위험군 그룹에게 알츠하이머 병 예방임상을 시도했다. 다케다-진판델 파마슈티컬스와 2013년 시작한 예방임상에는 총 3,500명이 참여했다. 이들은 *APOE*, *TOMM40* 유전자를 가진 정상인이었고, 이들에게 당뇨병 약인 피오글리타존(PPAR-γ agonist)을 5년 동안 투여했다(NCT01931566). 임상시험의 규모는 더 커진다. 50개의 임상 기관에서 25,000명을 검사해 유전자 바이오마커를 가진 임상시험 대상을 찾았다. 경도인지장애 발병을 지연시킨다는 것을 증명하기 위한 임상을 진행했으나 성공하지 못했다. 임상은 실패했으나 제약사가 주도하는 첫 예방임상을 시도했다는 점에서 의미가 크다.

다케다-진판델 파마슈티컬스의 예방임상이 그때까지의 알츠하이머 병 신약 임상시험과 달랐던 부분은 '고위험군 유전자 바이오마커를 이용한 환자 선별'과 '임상 프로토콜'이었다. 다케

[표 11.2] 2018년 1월 기준(clinicaltrials.gov) 진행하고 있는 알츠하이머 병 예방임상
출처: Jeffrey Cummings, *et al.*, Alzheimer's disease drug development pipeline: 2018, *Alzheimer's & Dementia*, p.200. 2018.05.

단계	스폰서	약물	MOA	대상 선별기준
P3	일라이릴리	솔라네주맙	모노머 Aβ 항체	아밀로이드 PET
P2/3	노바티스	CAD106, CNP520	백신 (Aβ1-6+Qβ VIP), BACE 저해제	동형접합 *APOE4*
P2/3		CNP520	BACE 저해제	아밀로이드 PET, CSF
P2/3	VA R&D	이코사펜 에틸 (IPE)	오메가-3	AD 가족력, *APOE4* 대립 유전자
P2/3	얀센	JNJ-54861911	BACE 저해제	아밀로이드 PET, CSF
P2/3	일라이릴리, 로슈, 얀센, NIA	솔라네주맙, 간테네루맙, JNJ-54861911	Aβ 항체 (모노머, 피브릴), BACE 저해제	AD 가족력&유전자 변이
P2	제넨텍	크레네주맙	Aβ 플라크 결합 항체	프레세닐린-1 E280A 돌연변이
P2/3	더글라스 정신 건강 대학	프로부콜	LDL 이화 반응 촉진	AD 가족력
P1	에모리 대학	텔미사르탄	안지오텐신 II 수용체 길항제	부모의 AD 여부

다-진판델 파마슈티컬스는 뇌 대사가 망가지면 알츠하이머 병에 걸린다고 생각했다. 그러니 뇌의 대사에 관여하는 유전자 이상이 있는지 여부를 기준으로 임상시험 대상자를 골랐다. 아밀로이드 베타 단백질이 쌓였는지가 아닌 유전자를 바이오마커로 삼은 것이다. 임상 프로토콜도 달랐다. 다케다-진판델 파마슈티컬스는 경도인지장애가 천천히 나타난다는 점에 주목했다. 보통 1~2년 정도 진행하는 알츠하이머 병 임상시험과 비교해, 5년 동안 약물을 투여하는 임상시험을 진행했다.

다케다-진판델 파마슈티컬스의 시도는 자극이 되었다. 2018년 1월 기준, 모두 9건의 예방임상이 진행되고 있다. 이 가운데 제약기업이 주도하는 임상시험은 6건으로 모두 뇌에 있는 독성 아밀로이드 베타 단백질을 제거하는 약물에 대한 것이다. 알츠하이머 병 치료제 개발에서 예방임상 흐름이 뚜렷해지고 있다. 2019년 4월에는 바이오젠이 임상3상에서 전구, 경증 알츠하이머 병 환자에게 테스트하고 있는 아밀로이드 항체 아두카누맙을 더 초기 환자에게 투여하는 예방임상을 보류했다. 그럼에도 예방임상을 향한 시도는 계속 되고 있다. 2019년, 에자이는 아밀로이드 베타 단백질을 타깃하는 항체 BAN2401로 A5 스터디, BACE 저해제인 엘렌베세스타트(elenbecestat)로 A3 스터디를 하겠다고 밝혔다. 두 가지 약물로 2020년 초 예방임상을 시작할 계획이다.

요추천자

혈뇌장벽을 무시하고 뇌까지 약물을 보내는 방법이 있다. 요추천자(腰椎穿刺, lumbar puncture)는 척추 뼈 사이에 바늘을 찔러 넣어 약물을 주입한다. 반대로 환자의 뇌척수액이 필요한 경우에도 요추천자로 빼낸다. 안으로 무엇인가를 넣든 안에 있던 무엇인가를 꺼내든, 요추천자를 받는 환자는 매우 고통스럽다. 요추천자를 받는 20~30분 동안 순간적으로 뇌압이 낮아진다. 두통, 요통, 구토 등이 함께 찾아온다. 두통은 짧으면 몇 시간에서 길게는 몇십 일까지 이어진다. 뇌에 감염이 일어났거나 특정 약물 주입해야 하는 상황에서 현재 기준으로 요추천자가 최선이다. 요추천자는 경막에 두꺼운 바늘을 직접 찔러넣는 것이라 부작용 위험도

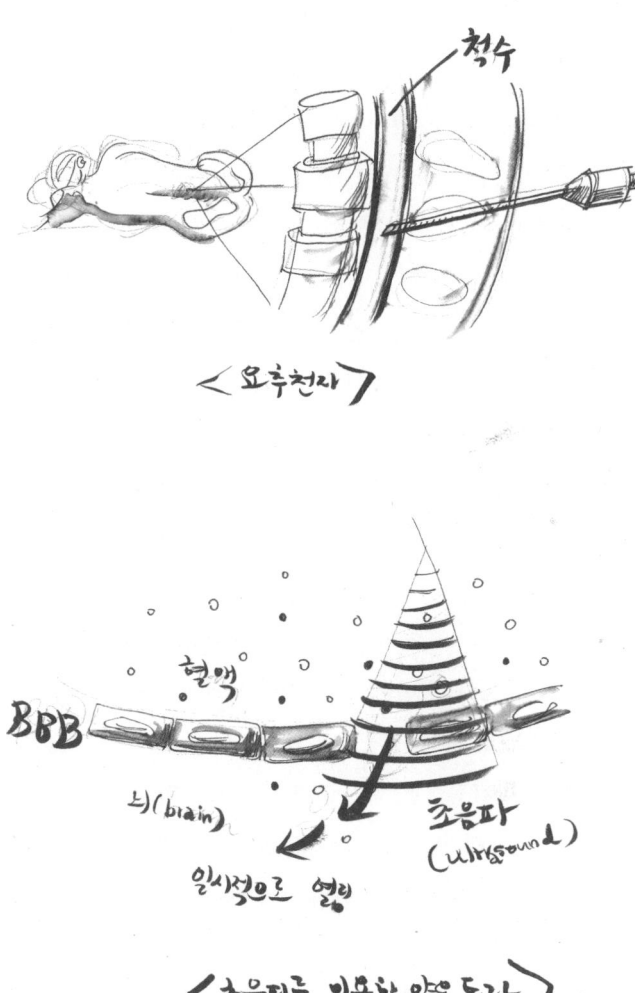

[그림 11.4] 요추천자와 초음파를 이용한 혈뇌장벽 약물 투과 메커니즘

크다. 극단적인 사례지만 요추천자를 받던 환자가 쇼크로 사망하기도 한다.

아밀로이드 베타 단백질을 잡는 항체를 뇌 속에 넣어 알츠하이머 병을 잡는다고 했을 때, 한 번의 항체 투여로 치료가 가능하다면 요추천자도 고려해볼 수 있다. 그러나 아두카누맙과 같은 항체 의약품은 평균 1~2년 정도 걸리는 임상시험 기간 동안 월 1회 정도는 맞아야 한다. 척수에 주사를 여러 번 맞아야 한다는 이야기인데, 퇴행성 뇌질환을 앓고 있는 환자의 대부분이 고령의 노인이라는 점을 생각하면 쉬운 일이 아니다.

연구자들은 주사와 같은 공격적(?)인 방법 말고 다른 방법을 찾고 있다. 예를 들어 약물을 담은 (일종의 조영제인) 미세 버블(microbubble)을 환자에게 주입하고, 뇌에 초음파를 가한다(focused ultrasound, FUS). 약물을 주입하는 뇌 부위에 아주 짧은 시간 동안 220kHz 정도의 고주파 초음파를 여러 번 가하면, 미세 버블의 크기가 바뀌면서(확장-수축) 압력이 생긴다. 이때 혈뇌장벽이 열리고 약물이 뇌로 들어간다. 그런데 진단용으로 쓰는 초음파가 보통 20kHz라 혈뇌장벽을 여는 효과가 부족했다. 부족한 효과를 보완하려고 초음파를 가하는 횟수를 늘렸더니, 이번에는 혈뇌장벽이 망가지는 문제가 있었다. 쥐의 뇌에서 먼저 진행했던 연구를 바탕으로, 2018년 서니브룩(Sunnybrook) 연구소 쿨레르보 히니넨(Kullervo Hynynen)과 산드라 블랙(Sandra E. Black) 연구팀은 알츠하이머 병 환자 4명의 대뇌 전두엽에 초음파를 가하는 실험을 했다. 의도했던 대로 혈뇌장벽이 열렸고 부작용은 없었다.

희망적인 연구 결과이기는 하나, 아직 원하는 약물만 선택적으로 뇌에 넣는 방법은 찾지 못했다. 쥐 뇌의 혈뇌장벽을 초음파로 열어 약물을 넣는 경우, 항체가 초음파를 가한 국소 부위 이상 퍼져나가지 않는 문제도 남아 있다. 가장 큰 문제는 부작용이다. 초음파로 혈뇌장벽이 열리면서 생기는 감염, 발작, 뇌 팽창 등은 여전히 위험하다. 매번 초음파로 혈뇌장벽을 연다면 감수해야 할 위험이 크다.

유전자 변이 관찰

APOE4, TOMM40, PSEN1, PSEN2와 같은, 알츠하이머 병 고위험군 환자에게서 나타나는 것으로 알려진 특정 유전자 변이를 가진 대상자를 찾아 임상시험에 참여시킨다. 보통 임상시험 대상 환자를 찾는 유전자 바이오마커로, 산발성(sporadic) 알츠하이머 병 고위험 유전자인 APOE4가 있다. 산발성 알츠하이머 병은 나이에 관계없이 나타난다. APOE 유전자 상에 E4 변이가 생겨 만들어진 ApoE는 세포 안에서 콜레스테롤과 지질에 결합해 아밀로이드 베타 단백질 플라크가 빨리 뭉치게 한다. 따라서 APOE4 변이가 하나 있으면 후기 발병 알츠하이머 병(late-onset AD) 위험이 2배 높고, 두 개 있으면 12배까지 늘어난다. APOE4 변이가 있는 조기 발병 알츠하이머 병(early-onset AD) 환자는 발병 시점이 40~60대로 앞당겨진다.

PSEN1, PSEN2는 가족성 알츠하이머 병 고위험 유전자로, 알츠하이머 병이 일찍 발병한다. PSEN1, PSEN2는 프레셀리닌(presenilin) 단백질을 암호화하는 유전자에 변이가 일어난 경우다. 프레셀리닌은 아밀로이드 전구 단백질(amyloid precursor protein, APP)을 잘라 아밀로이드 베타 단백질을 만드는 효소, 감마 세크리타아제(γ-secretase)를 구성하는 핵심 단백질 가운데 하나다. PSEN1, PSEN2가 왜 알츠하이머 병 발병을 앞당기는지에 대해서는 확실하게 밝혀진 것은 없다. 다만 PSEN1, PSEN2 때문에 프레셀리닌이 아밀로이드 베타 단백질 가운데 독성이 큰 Aβ42 생성 비율을 90% 이상 높인다는 가설이 있다.

전임상과 비임상

전임상(Pre-Clinical)은 임상시험에 들어가기 전에 안정성(safety)과 약효(efficacy)에 대한 정보를 모으는 것이며, 비임상(Non-Clinical)은 사람이 아닌 동물을 대상으로 임상시험을 뒷받침할 정보를 모으는 것이다. 이 두 가지는 혼용되어 사용되며, 최근에는 비임상이라는 용어가 더 많이 사용된다.

종간 유사성(cross-reactivity)

신약 후보물질을 개발하는 연구자는 막막하다. 자신이 찾은 후보물질을 어떤 질병 치료에 적용할 수 있을지, 환자 가운데에서도 어떤 특징을 가진 환자들에게 효과가 있을 것인지, 정말 약이 될 수는 있는 건지 알 수 없다. 이 막막한 문제들을 풀어가는 과정이 임상시험이다. 우선 동물을 대상으로 하는 전임상시험을 하게 된다. 만약 혈관내피세포성장인자(vascular endothelial growth factor, VEGF) 계열 항체로 신약을 만든다면, 항체가 인간 VEGF 말고도 쥐 VEGF과 원숭이 VEGF에 결합할 수 있어야 한다. 그래야 최소한 사람을 대상으로 실험을 해볼 수 있기 때문이다. 종간 유사성 개념이 중요한 이유다.

신약으로 쓸 항체를 만들 때 인간 서열을 바탕으로 만든다. 그런데 사람에게 결합하는 항체가 동물에도 결합한다는 보장은 없다. 만약 사람에게 결합하는 항체가 쥐나 원숭이의 항원에 결합한다고 하면, 종간 유사성이 있다. 종간 유사성이 없어 고생한 사례는 많다. 대표적으로 일라이릴리의 사이람자®(Cyramza®, 성분명: ramucirumab)는 인간 VEGFR2에만 결합해 종양의 신생혈관 증식을 막을 것으로 예상했다. 그런데 동물시험을 할 수 없으니 사람에게 먼저 실험을 해봐야 한다. 사이람자®는 현재 위암 위식도 접합부 선암, 대장암, 간암 등 치료제로 사용하고 있지만, 그 전에 동물실험 데이터 없이 사람을 대상으로 한 대규모 임상시험에 들어갔다가 실패했다.

케모카인(chemokine)

사이토카인의 한 종류로, 세포를 끌어당기는 화학물질이다. 보통 면역세포는 방향성을 갖고 움직인다. 케모카인이 이웃한 면역세포 수용체에 결합하면 케모카인이 분비된 곳으로 면역세포가 이동한다. 이런 특성 때문에 케모카인은 크게 두 가지 일을 할 수 있다. 첫째, 염증 조직으로 면역세포를 불러 모은다. 둘째, 특정 기관으로 되돌아가는 호밍(homing)이다. 면역세포는 호밍 분자를 갖고 있어, 2차 림프기관이나 암 조직 등 특정 목적지로 돌아가는 특성을 가진다. 이는 항상성 유지에 중요하다. 예를 들어 혈액 안을 돌아다니는 미성숙 T세포(naïve T cells)는 망상세포(T cell zone reticular cells, TRC)가 고농도로 분비하는 CCL19, CCL21

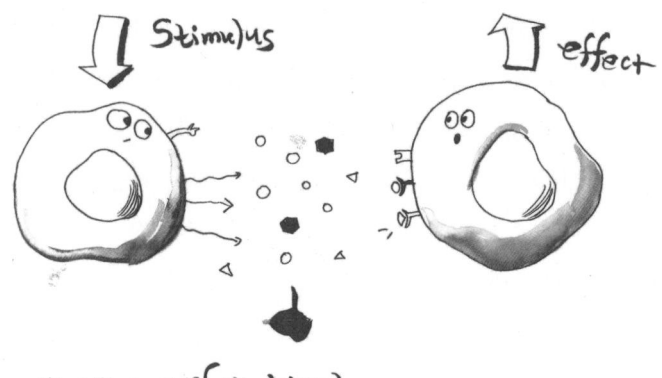

[그림 11.5] 사이토카인과 케모카인

등을 인지하는 수용체를 가지고 있어 림프절로 가는 특성을 가진다. 림프절에서는 특정 케모카인과 사이토카인을 인지해 모인 항원제시세포와 T세포, B세포 등 면역세포가 계속해서 만나, 위험인자(혹은 비[非]자기)를 인지하고 대응할 수 있다. 단 면역세포 기능에 따라 호밍 장소는 다르다. 미접촉 T세포와 달리 효과 T세포(effector T cell)는 암 조직, 감염 부위 등으로 호밍한다.

타우 전파

타우는 신경 다발이 있는 미세소관(microtubule)을 지탱하지만, 타우가 인산화되면 미세소관에서 떨어져나온다. 이렇게 되면 뉴런에서 전기 신호를 전달하고 물질을 수송하는 축삭이 무너지고, 신호전달이 비정상적으로 변해 뉴런은 죽는다. 뉴런은 외부 신호를 받아들여 통합한 다음 $Na+$, $K+$ 등 이온의 움직임으로 한쪽 방향으로만 전기 신호를 보낸다. 그래야 다음 뉴런으로 신호가 전달될 수 있다. 이렇게 뉴런과 뉴런 사이에서 신호를 전달하는 물질이 신경전달물질(neurotransmitter, NT)이다.

신경전달물질은 뉴런의 정체성을 결정한다. 예를 들어 '도파민 뉴런'은 말 그대로 뉴런의 말단에서 도파민을 분비한다. 아주 드문 경우 두 가지 종류의 신경전달물질을 분비하기도 하지만, 대부분은 한 가지 신경전달물질을 분비한다. 한편 뉴런 안에서 이온으로 전기 신호를 전달한다면 뉴런-뉴런 사이의 시냅스에서 신호전달은 이 신경전달물질이 수행한다. 시냅스 틈을 이동하는 메신저다. 신호전달을 위해 뉴런 안에서는 전기 신호, 뉴런과 뉴런 사이에서는 화학 신호로 신호를 전달한다.

한편 축삭에서는 이런 전기 신호뿐만 아니라 물질도 이동한다. 뉴런은 세포핵이 한쪽으로 치우쳐 있다. 세포핵은 단백질, 당, 지질 등 세포를 이루고 항상성을 유지하는 데 필요한 물질을 만든다. 대부분의 세포는 둥근 모양이니 한가운데 있는 핵에서 세포 생존에 필요한 물질을 만들면 소포체로 포장해서 세포 곳곳으로 보낸다. 뉴런도 세포이니 세포핵에서 만드는, 세포 생존에 필요한 물질을 세포 곳곳을 보내야 한다. 문제는 공 모양의 보통 세포에서는 물질을 전달해야 하는 거리가 짧은데, 뉴런에서는 길다는 점이다. 세포핵이 한쪽에 있어 세포 생존에 필요한 물질을 뉴런 말단까지 많은 에너지를 써서 보내야 한다. 이렇게 세포핵에서 만들어진 물질이 축삭을 거쳐 뉴런의 끝으로 이동한다. 축삭에 신호전달 기능 말고도 뉴런 생존에 중요한 물질 수송 보급로 기능도 있는 것이다. 그런데 축삭을 잡고 있던 타우가 떨어져 나와 축삭이 망가지면, 물질 수송 기능도 멈춘다. 뉴런의 항상성이 무너지고, 신경이 퇴행해 기억과 사고 기능, 운동 기능이 망가진다. 한편 뉴런이 죽으면서 세포 밖으로 빠져나온 병든 타우는 다른 뉴런으로 전파(propagation)되며 뇌 전체로 퍼진다.

퇴행성 뇌질환과 PD 마커
임상시험 과정에서 환자에게 약물을 투여한 다음, 두 가지 지표를 평가한다. PK(pharmacokinetics, 약동학적) 마커와 PD(pharmacodynamic, 약력학적) 마커다. PK 마커는 약물이 환자에게 얼마나 잘 흡수되는지 확인하는 지표다. PD 마커는 흡수된 약물이 얼마나 효과를 나타내는지를 본다. PD 마커는 약물을 투여했는데 효능을 예측하기 힘들 때 활약한다. 예를 들어 암 환자에게서 ^{18}F-FDG를 투여하고 PET로 이미지를 구현한 것을 PD 마커로 활용할 수 있다. 환자 몸 안에 있는 암이 어디에 있고 어디로 전이되고 있는지 눈으로 확인할 수 있기 때문이다. 이렇게 PD 마커로 약물 용량 결정, 독성 평가, 약물 메커니즘 검증이 가능하다. 넓게 본다면 PD 마커는 바이오마커에 포함될 수 있는 개념이다. PD 마커는 생체 안으로 투여한 약물 효능을 보기 위한 바이오마커이기 때문이다.

단 모든 약물에 대한 PD 마커가 있는 것은 아니다. 예를 들어 PD-1 항체를 투여하고 빠르게 약물 효능을 평가할 수 있는, 합의된 PD 마커는 없다. 이는 종양이 줄어든 정도로 약물이 효능을 냈는지 보기 때문이다. 그런데 PD-1 약물을 투여하면, 면역세포가 종양에 침투하면서 종양이 일시적으로 커지기도 한다. 오히려 병이 진행되는 것처럼 보이는 가짜 진행(pseudo-progression) 반응이다. 시간이 더 지나 종양의 변화를 확인하고 나서야 실제로 병이 진행된 건지, 혹은 가짜 진행이 일어났던 건지 평가할 수 있다. 2019년 현재까지도 PD-1 약물이 환자에게 효능을 조기에 측정할 수 있는 검증된 PD 마커는 없으며, 가짜 진행을 판별할 수 있는 바이오마커도 없다.

퇴행성 뇌질환 치료제 개발에는 아직 문진법을 이용해 약물의 효능을 판별하고 있다. 대표적으로 1970년대에 개발된 간이정신상태검사(mini-mental state examination, MMSE)가 있다. 검사 시간에 총 10분 정도 걸리며, 30점 만점으로 증상을 판별한다. 환자와 보호자가 면담하면서 점수를 매기는 치매임상평가척도 박

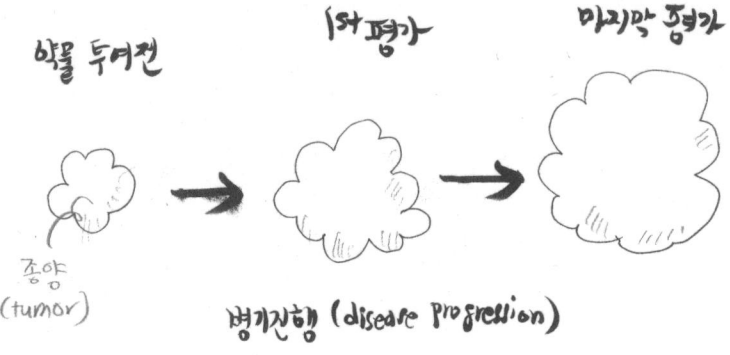

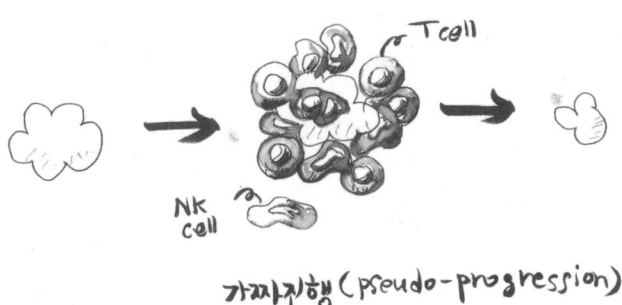

[그림 11.6] 고형암 환자에게 면역관문억제제를 투여했을 때 나타나는 가짜 진행(pseudo-progression) 반응

스 총점(Clinical Dementia Rating Sum of Boxes, CDR-SB)도 문진법으로, 신약개발 약물 효능 평가에 사용된다. 그러나 이런 방법은 평가 대상자의 주관성이 개입될 여지가 있고, 병기가 진행되고 난 다음에야 정리가 되기 때문에 임상시험에 참여할 초기 단계 환자를 찾아내기 어렵다는 한계가 있다.

퇴행성 뇌질환에서 현실적인 PD 마커로는 뇌척수액 검사나 PET 이미지가 있다. 아밀로이드 베타 단백질을 없애는 물질로 임상시험을 진행하면, 뇌척수액 안에 있는 Aβ42 수치나 PET에서 나타나는 아밀로이드 베타 단백질의 변화를 PD 마커로 활용한다. 아밀로이드 베타 단백질을 없애는 것만으로 치료가 되었다고 할 수 없으므로, 병리 증상과 신경퇴행이 멈추는 것도 평가해야 한다. 이때는 시냅스의 손상을 평가하는 PD 마커를 사용하게 되는데, 뉴로그라닌(neurogranin), 타우의 병리화 정도를 확인하는 인산화 타우(p-Tau), 뉴런의 엑손이 퇴행된 것을 평가하는 신경 미세섬유 경쇄(neurofilament light chain) 등을 확인한다.

피오글리타존(pioglitazone)

조기 발병 알츠하이머 병(early-onset alzheimer's disease, EOAD)은 65세 전에 발병하는데, 전체 환자 가운데 약 5~10%를 차지한다. 희귀한 경우 빠르면 30~40세에 나타나기도 하지만, 보통은 가족성 유전병으로 50~60세에 발병한다. 조기 발병 알츠하이머 병은 아밀로이드 전구체나 이를 만드는 효소를 암호화하는 *APP*, *PSEN1*, *PSEN2* 등 세 가지 유전자에 특정한 변이가 생기면 발병하는 것으로 알려져 있다. 후기 발병 알츠하이머 병(late-onset alzheimer's disease, LOAD)은 전체 알츠하이머 병의 90~95%을 차지한다. 후기 단계 알츠하이머 병의 유전자 수준의 원인은 정확하게 알려져 있지 않다. 다만 *APOE4*가 대표적인 후기 발병 알츠하이머 병 관계가 있을 것으로 보고 있다. 연구 결과 *APOE4* 유전자가 1개(copy)가 있으면 후기 발병 알츠하이머 병 발병률이 2배, *APOE4* 유전자가 2개(copy)가 있으면 12배가 높아지는 것으로 본다.

알츠하이머 병과 관계된 유전자로는 *APOE4* 말고 *TOMM40*(Translocase Of Outer Mitochondrial Membrane 40)도 제시된 바 있다. *TOMM40*은 미토콘드리아 밖에서 미토콘드리아 안으로 단백질을 이동시키는 역할을 하는 인자를 발현하는 유전자다. 미국 듀크(Duke) 대학에서 알츠하이머 병을 연구하던 앨런 로즈(Allen Roses)는, 1993년 *APOE4*가 알츠하이머 병 발병률을 높이는 유전자라는 것을 처음으로 밝혔다. 이후 앨런 로즈는 자신이 발표한 *APOE4* 유전자와 알츠하이머 병의 관계를 스스로 뒤집는 연구 결과를 발표했다. 알츠하이머 병의 발병률을 높이는 데 중요한 것은 *APOE4* 자체가 아니라 인접한 유전자인 *TOMM40*라는 내용이었다. *TOMM40* 유전자의 인트론(intron) 안의 폴리 T 부위(poly T region)에 변이로 길이가 길어지는 것이, *APOE4* 변이와 함께 발현되어 알츠하이머 병 발병을 앞당긴다는 설명이었다. 앨런 로즈는 *APOE4*, *TOMM40* 유전자 변이는 궁극적으로 미토콘드리아가 뉴런에 에너지를 공급하는 것을 막아 세포가 사멸하고 발병 시점을 앞당긴다고 주장했다. 앨런 로즈는 *APOE4*, *TOMM40* 변이를 가지고 있어 미토콘드리아 기능에 이상이 생긴 피험자에게 피오글라타존을 투여해 발병 시점을 늦추는 실험을 했다.

피오글리타존은 당뇨병 치료제다. 핵 수용체인 PPAR-γ 작용제(peroxisome proliferator-activated receptor gamma agonist)로 지방조직, 근육조직에 있는 PPAR-γ에 결합해 활성화한다. 이렇게 되면 인슐린 민감도(insulin sensitivity)가 높아지며, 지방조직과 근육조직의 당 섭취가 늘어나고, 혈액 안의 당 수치는 줄어드는 원리다.

당뇨병 치료제인 피오글리타존을 알츠하이머 병 환자에게 투여해 증상을 늦출 수 있는지 확인해보려 한 것은, 알츠하이머 병에 대한 개념을 바꾸어보려는 시도였다. 앨런 로즈는 알츠하이머 병이 당이나 산소가 뇌에 공급되는 것이 무너지면서 뇌 대사에 이상이 생기는 병이라고 생각했다. 따라서 저용량의 피오글리타존을 알츠하이머 병 환자에게 투여하면 미토콘드리아 기능이 향상되고, 전체 뇌 대사가 높아질 것이라 예상했다.

앨런 로즈를 비롯한 여러 연구자들은 동물실험에서 (반대 결론이 나오기도 했지만) 이런 예상을 확인했다. 알츠하이머 병 동물모델(설치류)에 피오클리타존을 투여하자 신경염증이 낮아지고, 아밀로이드 베타 단백질 플라크가 쌓이면서 나타나는 병리 증상들이 완화되었다. 42명을 대상으로 한 소규모 임상시험에서는 피오클리타존이 뇌 대사를 높인다는 결과도 얻었다(doi: 10.1016/j.neurobiolaging.2009.10.009). 피오클리타존은 당뇨병 환자들에게 이미 처방하고 있는 약이었으므로 안전성도 어느 정도 확인되었고, 장기간 약물을 투여하는 예방임상시험에 적합하기도 했다.

앨런 로즈는 진판델 파마슈티컬스(Zinfandel Pharmaceuticals) 설립해 알츠하이머 병 치료제 신약개발에 뛰어들었다.

한편 글로벌 대형 제약기업인 다케다(Takeda)는 알츠하이머 병의 진행을 늦추는 치료제 개발에 관심을 두고 있었다. 알츠하이머 병이 완치까지는 어렵더라도, 병의 진행을 늦추는 것만으로도 효과가 있기 때문이다. 알츠하이머 병에 걸린 환자는 인지, 기억, 판단 능력 등이 떨어지면서 일상생활이 어려워진다. 합병증 등으로 일찍 사망하는 경우도 있지만, 대부분 알츠하이머 병 진단을 받고 15~20년 정도 생존한다. 이 가운데 마지막 4~5년은 심각한 장애 상태가 나타나는데, 이렇게 일상생활이 힘든 알츠하이머 병 환자를 간병하는 사회적 비용이 늘어나고 있다. 완치가 아닌 발병을 늦추는 것에도 미충족 의료 수요가 충분하다는 점에 다케다는 주목했다. 피오글리타존을 이용한 임상시험에 알츠하이머 병의 진행을 늦출 수 있다면 말이다.

문제는 피오글리타존은 모든 알츠하이머 병 환자에게 적용할 수 있는 치료제가 아니라는 점이었다. 피오글리타존은 알츠하이머 병 발병 위험을 높인다고 알려진 특정 유전자 변이를 가진 환자에게만 적용하는 것이 필요했다. 임상시험에 적합한 환자를 고르는 것이 중요했다. 다케다는 임상시험 대상 환자를 찾기 위해 기술을 보유하고 있는 진판델 파마슈티컬스와 손을 잡았다. 다케다와 진판델 파마슈티컬스는 알츠하이머 병 고위험군 환자를 선별하는 데 성공했다.

다케다와 진판델 파마슈티컬스는, 5년 안에 경도인지장애를 보일 것으로 예상되는 3,494명에게 길게는 5년 동안 매일 저용

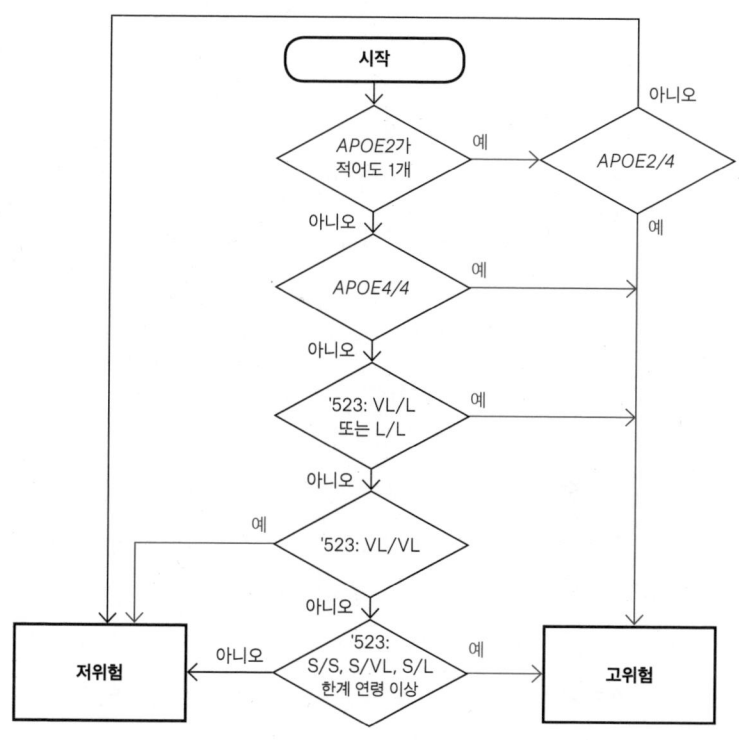

APOE 유전자형	위험(Risk)
APOE ε2/2	저위험
APOE ε2/3	저위험
APOE ε3/3	TOMM40 할당 '523/연령
APOE ε3/4	TOMM40 할당 '523/연령
APOE ε2/4	고위험
APOE ε4/2	고위험

TOMM40'523	연구위험 (Risk for the Study)
523 L/L	고위험
523 VL/L	고위험
523 S/L	74살 이상 = 고위험
523 S/S	77살 이상 = 고위험
523 S/VL	77살 이상 = 고위험
523 VL/VL	저위험

[그림 11.7] 앨런 로즈가 설계한 고위험군 선별 알고리즘
출처: Lutz MW, *et al.*, A Genetics-based Biomarker Risk Algorithm for Predicting Risk of Alzheimer's Disease, *Alzheimer's & Dementia*, p.33, 2016.01.

량(0.8mg, 당뇨병 환자에게는 15mg 투여)의 피오글리타존을 복용하게 하는 임상시험(프로젝트 명: TOMMORROW)에 들어갔다. 인지 기능 저하 등 알츠하이머 병 증상이 나타나는 시점을 늦출 수 있는지 확인하는 임상시험이었다. 2018년 피오글리타존은 유의미한 효과가 없는 것으로 확인되었고, 임상3상은 중단됐다.

비록 다케다와 진판델 파마슈티컬스의 임상3상은 실패했지만, 알츠하이머 병 치료제 개발에 유전자 바이오마커 알고리즘 개념을 도입해 임상시험 대상 환자군을 찾은 것은 의미를 가진다. 앨런 로즈는 병에 걸릴 위험도를 예측할 수 있는 알고리즘(biomarker risk algorithm)이라는 컨셉으로 임상시험을 디자인했다. 대규모 코호트 정보를 바탕으로 나이, APOE4, TOMM40 유전자 변이라는 세 가지 마커가 활용되었다. 예방임상시험이라는 점, 알츠하이머 병에서 모두가 주목하는(?) 아밀로이드 베타 단백질을 타깃하지 않는 새로운 메커니즘의 임상시험이었다는 점을 비롯해, 구체적인 알고리즘을 바탕으로 하는 바이오마커 개념이 도입되었다는 점은 의미가 깊다. 자기 연구 업적을 다시 자기 연구로 뒤집고, 현실에 적극적으로 적용하려고 했던 앨런 로즈는 피오글리타존 임상시험 대상자를 찾아내는 단계까지 참여하고, 2016년 심장마비로 세상을 떠났다.

항체 의약품 반감기

의약품의 반감기는 중요한 문제다. 반감기가 짧으면 투여 횟수가 늘어나야 하고 환자가 느끼는 편의성이 낮아진다. 항체 의약품은 몸속에 투여했을 때 반감기를 늘이는 방법으로 pH를 이용하기도 한다. 항체는 세포 안의 pH6.0에서 결합력이 높아지고, 세포 밖의 중성 환경인 pH7.4에서 더 많이 분리되어야 혈중 반감기가 늘어난다. 이를 위해 Fc 아미노산 서열을 바꿔 반감기를 늘인다. 항체가 세포 안으로 들어가면 리소좀(lysosome)에서 분해된다. 그런데 IgG의 반감기는 길다. 세포 안으로 들어가 분해되지 않고 다시 나오기 때문이다. 이러한 작용을 매개하는 것이 세포 표면에서 IgG와 결합하는 수용체인 FcRn(neonatal Fc receptor)다. 이렇게 반감기가 길어지게 만들면 뇌에 항체 의약품이 노출되는 시간도 길어진다. 최대 60배까지 약물 효능의 차이를 가져온다.

호중구

호중구는 면역세포 중 염증반응에 가장 먼저 반응하는 세포로 외부 병원균을 인식, 활성산소, 사이토카인 등 신호분자를 분비해 항 염증 작용에 관여하는 다른 면역세포를 불러들이는 역할을 한다. 호중구는 네토시스(netosis)라고 불리는 독특한 방어작용을 하는데, 외부 병원균을 먹어 치운 후, 자신의 유전물질인 염색질을 그물 형태로 분비해 이들을 포획하고 염증반응을 유도하는 현상이다.

희귀의약품 지정(Orphan Drug Designation, ODD)

FDA에서 지정하는 희귀질환은 미국 안에서 환자가 20만 명 이하인 질병 가운데 분류된다. 약 7,000개의 희귀질환이 있지만 약이 있는 것은 5%에 불과하다. FDA, EMA 등은 개발이 까다롭고 시장이 작은 희귀질환 치료제 개발을 독려하려고 희귀질환 관련

법안을 만들었다. FDA로부터 ODD 지정을 받으면 시판 후 7년 동안 시장 독점권을 보호받는다. 개발 과정에서 신약 신청 수수료 면제 등의 혜택을 받는다.

다만 마땅한 치료제가 없는 희귀질환이라면 ODD 지정이 아주 어려운 것은 아니다. 예를 들어 2018년까지 누적된 숫자를 기준으로 하면, 총 7,183개 품목이 희귀의약품 지정을 신청했는데 67.5%인 4,852개가 희귀의약품으로 지정됐다. 따라서 어떤 제약기업 제품이 ODD로 지정받았다는 것에 큰 의미를 부여하기는 힘들며, 개발 전략을 확인하는 정도로 볼 수 있다.

맺음말

폐암은 비소세포폐암과 소세포폐암으로 구분된다. 여기까지는 현미경으로 볼 수 있는 수준에서의 구분이다. 소세포폐암은 암세포가 작고, 폐암의 대부분을 차지하는 비소세포폐암은 암세포가 크다. 비소세포폐암은 EGFR 유전자에 변이로 인한 환자, PD-L1 발현 환자 등 암 조직에서 찾을 수 있는 여러 단백질 발현을 기준으로 다시 분류된다. 이렇게 폐암을 원인이나 병리 메커니즘 기준으로 분류하고 나면, 각각 상황에 가장 잘 대응할 수 있는 신약을 개발한다. 신약을 개발하는 일반적인 과정이자 상식적인 절차다.

폐암은 신약개발을 위해 원인과 병리 메커니즘을 기준으로 분류했다면, 퇴행성 뇌질환을 비롯한 알츠하이머 병은 증상을 중심으로 분류한다. '환자는 오늘 날짜를 기억하고 있는가?' '환자는 물건을 사고 거스름돈을 받는 계산에 불편함을 느끼나?' '환자 가까이에 있던 가족들이 보기에 환자는 많이 이상해졌는가?' 알츠하이머 병을 일으키는 것으로 아밀로이드 베타 단백질, 병리 타우 단백질, 신경면역 이상 등 여러 가설이 제기되어 연구 중이고, 알츠하이머 병과 관련된 것으로 보이는 유전체도 여럿 찾았다. 그러나 여전히 증상을 중심으로 진단하고, 연구하고, 치료제를 개발한다. 마치 기침이 잦고, 가래에 피가 섞여 나오고, 체중이 줄어드는 것을 보고 폐암으로 진단한 다음, 모든 폐암 환자를 치료할 기적의 신약을 개발하고 있는 것과 같다. '왜 알츠하이머 병 신약은 이렇게 안 나올까?'라는 궁금증에서 시작한 취재는 '알츠하이머 병에 대해 알고 있는 것과, 신약개발에 적용하는 것 사이의 불균형이 크다'는 중간 결론에 도착했다.

알츠하이머 병 신약개발에서도 항암 신약개발에서 사용하는 전략을 받아들여야 한다. 조직상의 특징과 원인에 집중하고, 유전자 변이를 살펴보고, 지금까지 밝혀진 알츠하이머 병의 다양한 원인과 병리 메커니즘을 바탕으로 알츠하이머 병을 세분화해야 한다. 세분화된 각각의 경우에 맞는 치료제 개발로 방향을 바꾼다면 가능성이 열릴 것이다. 이를 위해 바이오마커는 아무리 강조해도 지나치지 않다. 질병을 세분화할 수 있는 기준의 근거가 되는 바이오마커를 찾고, 개발하는 노력이 필요하다. 규제 기관인 FDA도 알츠하이머 병에서 증상이 아닌 바이오마커를 사용하는 것을 표준 진단법으로 승인했다. 그럼에도 아직 알츠하이머 병 신약개발에서 바이오마커에 집중하는 모습은 찾기 어렵다.

이런 면에서 보면 제넨텍에서 많은 실패를 경험한 멤버들이 뭉쳐 중추신경계 질환 신약개발에 도전하는 디날리테라퓨틱스의 움직임에 주목하는 것은 의미가 있다. 디날리테라퓨틱스는 알츠하이머 병 신약개발 모든 과정에서 바이오마커에 집중하기 때문이다. 디날리테라퓨틱스가 최초의 유의미한 알츠하이머 병 신약을 개발하는 기업이 될 것인지는 장담할 수 없다. 그러나 디날리테라퓨틱스처럼 바이오마커에 집중하지 않는다면, 어떤 알츠하이머 병 신약개발도 불가능할 것이라는 점은 확신할 수 있다.

이 모든 상황이 학계, 의료계, 제약업계의 탓만은 아니다. 사실 아직도 알츠하이머 병의 치료 타깃을 정확하게 모른다. 그나마 가장 근접했다고 여겨지는 아밀로이드 가설도 지위가 위태롭다. 아밀로이드 베타 단백질을 타깃하는 항체를 만들어, 임상시험에서 실제 아밀로이드 베타 단백질을 없애는 성과를 보여준 아두카누맙도 실패를 선언했다. 아밀로이드 베타 단백질을 없앨 수 있었지만, 환자의 인지 손상에는 변화가 없었기 때문이다.

지난 20여 년 동안 계속된 알츠하이머 병 치료제 개발은 모두 실패했다. 그러나 20여 년 동안의 시도가 모두 실패했다는 점에서, 이제 진짜 기회가 열리고 있는 것일 수도 있다. 최고의 수확은, 지난 20년 동안의 거의 모든 시도를 이끌었던 프레임들이 틀렸다는 것을 확인했다는 점이다. 즉 알츠하이머 병 치료제 개발을 위해 기존의 프레임에서 벗어날 수 있는 가장 좋은 기회다. 과감하게 해석하고, 새로운 검증 방법을 찾아낼 수 있는 순간이다. 알츠하이머 병 치료제 개발에 있어서 어느 시기보다도 혁신이 중요한 자리를 차지하고 내달릴 수 있는 상황이니, 혁신을 불러일으킬 수 있는 공격적인 해석이 필요하다.

알츠하이머 병 신약개발의 원동력이었던 아밀로이드 가설과, 아밀로이드 가설을 가장 충실하게 받아들여 탄생한 항체 치료제 후보물질 아두카누맙은 절반의 성과만을 거두었다. 그리고 절반의 실패를 어떻게 정확하게 바라볼 것인가에 하는 문제가, 아밀로이드 가설과 아두카누맙과 같은 항체 치료제의 다음 단계를 정확하게 안내할 것이다. 그럼에도 제약기업들이 꼽은 치료제 개발의 실패 원인은 너무 한정적이다. 예를 들어 임상시험 대상자를 좀더 초기의 환자로 옮기자는 주장은 타당하지만, 막연하다. 한편 아밀로이드 가설을 접고 다른 타깃을 찾아 떠나자는 주장은 가볍다. 문제는 프레임에 있었지, 아밀로이드 베타 단백질 자체에 있었던 것은 아니다. 여전히 알츠하이머 병과 아밀로이드 베타 단백질만큼 밀접한 관계를 맺고 있다고 밝혀진 것은 없다. 아밀로이드 가설을 서랍 속에 넣어버리는 것과, 그동안 아밀로이드 가설의 어떤 프레임이 문제였는지 검토하는 것은 다른 문제다.

알츠하이머 병은 복잡한 질병이다. 기준을 세워 알츠하이머 병을 나누는 것은 중요하지만, 한 명의 환자가 여러 가지 복합적인 상황에 놓여 있을 가능성이 높다. 이는 다른 질병에서도 마찬가지다. 신장암의 경우 하나의 암종 같아 보여도, 암 조직을 확인해보면 5~6개의 암종이 섞여 있는 경우가 있다. 그러니 알츠하이머 병을 세분화하면서 여러 원인과 병리 메커니즘을 동시에 타깃하는 병용투여에 대한 고민을 배치할 필요가 있다.

새로운 프레임에서 빠질 수 없는 것이 조기진단이다. 싸고 사용하기 쉬운 조기진단 키트는 치료와 신약개발은 물론 환자의 복지 차원에서도 중요한 문제다. 바이오마커를 바탕으로 가격이 싸고, 사용이 수월하며, 경도인지장애 증상 환자 가운데 알츠하이머 병 환자를 골라낼 수 있어야 한다. 인지 기능에 이상을 느껴 병원을 찾는 알츠하이머 병 환자는 이미 경증이나 중등도까지 진행된 경우가 많다. 경증이나 중등도에 이른 환자는 아밀로이드 베타 단백질이 너무 많이 쌓여 더 이상 늘어나지 않는 경우가 많다. 사실상 많이 늦은 상황이다. 경증보다 약한 경도인지장애 정도에서 환자 혼자 일상생활을 꾸려갈 수 있는 정도지만, 경증부터는 보호자의 보살핌이 필요하다. 만약 알츠하이머 병 조기진단 키트가 있다면, 경도인지장애가 시작되는 무렵부터 알츠하이머 병을 진단하는 것이 가능해진다면, 병의 진행 속도를 늦추어 돌봄이 필요한 시기를 최대한 늦출 수 있을 것이다.

알츠하이머 병 신약이 개발되더라도 개발 초기에는 가격이 매우 비쌀 것이다. 가격을 부담할 형편이 안 되는 환자를 포함한 보편적인 보건의료 체계에서는, 저가의 조기진단 키트로 예방하는 것이 중요하다. 더불어 알츠하이머 병 임상시험 진행에도 조기진단 키트가 중요한 역할을 할 것이다. 조기진단 키트로 경도인지장애 증상을 보이는 환자 가운데 알츠하이머 병을 찾아내고, 이들을 대상으로 병의 진행에 따른 변화 양상을 연구한다면, 치료제를 개발에 힘에 붙을 것이다.

아밀로이드 가설을 이어받을 다음 주자로 타우 단백질을 언급하는 목소리가 높다. 타우 단백질은 아밀로이드 베타 단백질 다음으로 연관성이 높은 병리 단백질로 주목받았던 것도 사실이다. 그러나 아직 아밀로이드 베타 단백질과 타우 단백질의 상호작용은 정확하게 밝혀지지 않았다. 알츠하이머 병 환자의 뇌에서 아밀로이드 베타 단백질과 타우 단백질이 증가한다는 것이 확인되었고, 둘은 서로 비례해 늘어난다는 것 정도가 밝혀진 상황이다. 이렇게 조금은 건조하게(?) 이야기하는 이유는 타우 단백질의 종류가 여럿이고, 뉴런 안에서 여러 효소를 매개로 복잡한 변형 과정을 거치기 때문이다. 타우 단백질은 뉴런 안에서 일어나는 여러 가지 일에 관여해, 알츠하이머 병에만 관계된다고 보기 어렵다. 타우 단백질과 관계된 퇴행성 뇌질환은 적어도 10개 이상이다. 아밀로이드 가설을 바탕으로 한 알츠하이머 병 신약개발이 어려움을 겪었던 데는, 아밀로이드 베타 단백질 하나만 타깃했기 때문이다. 타우 단백질도 같은 경로를 거친다면, 타우 단백질을 성공적으로 없앴는데, 질병은 치료되지 않는 상황을 맞을 가능성이 높다.

대표적인 프레임 전환으로는 신경면역이 있다. 신경면역은 뇌에서 면역 활동을 수행하는 미세아교세포의 오작동에 초점을 맞춘다. 알츠하이머 병을 앓고 있는 환자의 뇌에서는 신경염증 반응이 지나치게 일어난다. 그리고 그 과정에서 면역세포 기능이 망가진다. 미세아교세포가 오작동하기 시작하면 뉴런이 공격받는 것이다. 알츠하이머 병에서 뇌 조직이 망가지는 과정을 살펴보면 병리 단백질의 작용은 물론, 혈뇌장벽 손상으로 인한 염증반응, 신경세포 찌꺼기 등에 의한 파괴 등 다양하다. 그리고 이 모든 환경이 미세아교세포의 오작동을 유도할 수 있다. 뇌 속의 복잡한 면역 환경을 기본값으로 설정하고, 복합적으로 신경면역을 다룬다면 혁신적인 알츠하이머 병 치료법을 개발할 수 있을 것이다.

지금까지 알츠하이머 병 신약개발에서 타깃이 되는 병리 단백질을 찾을 때, 쥐와 사람을 비교했다. 그러나 쥐는 쥐고 사람은 사람이다. 쥐와 사람의 뇌가 완벽하게 같은 메커니즘으로 움직인다고 볼 수 없다. 질환 모델 쥐를 만들어 찾은 병리 단백질과, 사람이 걸린 알츠하이머 병 사이의 관계를 얼마나 믿을 수 있을 것인지는 판단이 어려운 문제다. 그러나 기술의 발전으로 알츠하이머 병 환자와 정상인 사이의 유전체 비교분석이 가능해지면서 연구 환경이 나아졌다. 여기에 사람 조직에서 얻은 세포로 인공 조직을 만들어내는 오가노이드 기술도, 사람에게 적합한 질환 모델을 만드는 것을 돕고 있다.

새로운 프레임을 세우는 데 있어 이와 같은 기술 혁신을 놓쳐서도 안 될 것이다. 혈뇌장벽 투과율을 높이는 이중항체 디자인이나 저분자 화합물 합성, 알츠하이머 병 관련 유전자를 타깃할 수 있는 핵산 치료제, 안티센스 올리고뉴클레오타이드 등에 대한 연구가 매일매일 발표된다. 한 가지 타깃만 바라보며 연구를 하다보면, 이렇게 새롭게 쏟아지는 다른 연구와 기술에 자칫 소홀해지기도 한다. 한 연구에서 막혀 있는 부분을 돌파할 수 있는 계기가, 다른 분야 연구에서 찾아지기도 한다.

그동안 면역세포가 뇌에 없다고 생각했지만, 최근 1년 사이에 면역세포가 뇌를 통과해서 다니는 길도 있다고 밝혀졌다. 뇌에 대한 이해도도 조금씩 높아져가고 있는 만큼 알츠하이머 병 치료제 개발에 도전해 볼 만한 메커니즘은 계속 늘어나고 있다. 게다가 이전보다 더 향상된 기술을 활용해 알츠하이머 병의 기전을 알아내고 치료제를 개발할 수 있는 환경이 만들어지고 있다. 하지만 그 과정에서 필요한 높은 비용과 접근하기 어려운 난이도로 인해 기업들의 관심을 못 받고 있다. 그래도 도전하는 회사가 많이 늘어나기를 희망한다. 도전하는 회사가 많아질수록 다양한 기전을 활용해 알츠하이머 병을 치료하기 위한 여러 가지 도구가 만들어질 것이다. 알츠하이머 병을 치료하기 위한 여러 가지 방안이 마련된다면, 바이오마커로 세분화한 알츠하이머 병을 각자의 경우에 맞는 치료제를 조합해 투여할 수 길이 열릴 것이다. 지금은 불가능해 보이는 알츠하이머 병도 치료가 가능해질 것이다. 알츠하이머 병에 대한 사고방식과 접근방식에 전환이 필요한 시기인 만큼, 다양한 가능성을 시도하는 기업이 필요하며 그 수가 지금보다 많아져야 한다.

알츠하이머 병 치료제 개발의 어제와 오늘을 정리하면서 이런 저런 불편한 이야기를 늘어놓았지만, 그럼에도 불구하고 알츠하이머 병 치료제 개발에 뛰어든 제약기업들이 치명적인 함정과 커다란 위험이 곳곳에 놓여 있다는 것을 알면서도 과감하게 걸어 들어갔다는 점은 인정해야 할 것이다. 책을 쓰면서 어쩌면 가장 많이 한 말은 '아직 알츠하이머 병의 정확한 원인도 모른다'였던 것 같다. 제약기업들은 원인도 모르는 질병 치료제를 개발하겠다고 무려 20년 가까이 천문학적 비용을 써가며 도전을 이어오고 있다. 다른 질병 임상시험이라고 수월하지는 않겠지만 퇴행성 뇌질환, 특히 알츠하이머 병 신약개발 임상시험은 나름의 어려움이 있다. 알츠하이머 병 치료제 임상시험은 다른 질병 임상시험에 비해 평균적으로 4~5배 이상 오래 걸린다. 임상시험에 참여할 대상자를 찾는 기간도 오래 걸린다. 기본적으로 알츠하이머 병에 걸렸다는 것을 알아차리기 힘든 사람이 임상시험에 참여해야 하기 때문이다. 높은 비용과 위험은 이를 감당할 수밖에 없는 전 세계적 규모의 대형 제약기업들, 그것도 경험이 있어 그나마 이를 버티면서 나아갈 수 있는 몇 곳의 제약기업들만이 알츠하이머 병 신약개발을 진행하게 만든다. 이들 소수의 제약기업들에게만 이 모든 문제를 해결하라고, 알츠하이머 병 신약을 세상에 내놓으라고 요구하는 것은, 어쩌면 너무 몰아붙이는 것인지도 모르겠다는 생각이 들었다.

    퇴행성 뇌질환, 특히 알츠하이머 병으로 인한 고통은 환자 본인만의 것이 아니다. 오랫동안 환자를 돌봐야 하는 가족과 사회가 질병의 고통을 함께 가져간다. 기대수명이 길어지면서 암이 보편적 질병이 된 것처럼, 알츠하이머 병을 비롯한 퇴행성 뇌질환도 보편적 질병이 되어가고 있다. 책을 정리하면서 고군분투하고 있는 몇몇 제약기업들에게만 이 무거운 짐을 맡겨 놓는 것이 과연 합당한지에 대해 생각해보았다. 위험이 크고 돈이 많이 들어간다면, 그러나 그것이 꼭 해결해야 하는 문제라면, 재촉하기만 할 것이 아니라, 짐을 어떻게 나누어 하루라도 빨리 신약을 개발할 것인가에 대한 고민도 빠르게 시작해야 할 것이다.

찾아보기

1차 충족점(primary endpoint) 63
3차원 구조 에피토프(conformational epitope) 180

A

A2AR(adenosine A2A receptors) 140
A3 스터디(A3 study) 350
A4 스터디(A4 study) 30
A5 스터디(A5 study) 350
AADvac-1 171, 172
AAV(adeno-associated virus) 319
    AAV9 320, 321
    AAV 전달 플랫폼 320
ABBV-8E12 179, 194, 319
ABCA7(ATP-binding cassette transporter A7) 279
ACI-35 172
ACI-3024 168
AC이뮨(AC Immune) 168, 172
ADAM10 285
ADAS(Alzheimer's Disease Assessment Scale)-Cog 36, 37, 47, 311, 332
    ADAS-Cog14 30
ADCOMS(Alzheimer's Disease Composite Score) 311
ADCS(Alzheimer's Disease Cooperative Study)
    ADCS-ADL(Activities of Daily Living)-MCI(Mild Cognitive Impairment) 47
    ADCS-iADL(instrumental Activities of Daily Living Inventory) 30, 332
ADNI(Alzheimer's Disease Neuroimaging Initiative) 104, 129, 332
    ADNI-3 130
AIBL(The Australian Imaging, Bio-marker & Lifestyle Flagship Study of Ageing) 28, 334
AL001 263, 264

AL002 287
AL003 268
AL101 266
ALZ-801 32, 33
AN-1792 170, 172, 201
ANG1005 214
ANG4043 214
APOE(Apolipoprotein E) 33, 34, 211, 273, 284
    APOE4 34
APOE 282, 348, 353, 365
    APOE4 27, 28, 32, 36, 49, 277, 310, 327, 353, 362
APOJ 284
    CLU(clusterin) 262, 279
APP/PS1 286
ARIA(amyloid related imaging abnormalities) 34, 48, 49, 51, 305, 313, 334
    ARIA-E(edema) 48, 49, 51
    ARIA-H(haemosiderin) 49
ARV-110 191

B

BACE(β-secretase) 21, 22
    BACE1 23, 25, 32, 213, 303, 304
    BACE 저해제 29, 300, 301, 303, 325
BAN2401 46, 138, 205, 230, 310~312
basigin(CD147) 225
BIIB076 183, 185
BIIB092 178, 179, 194
BMP di22:6 112
BMS-986168 178
BRD4 323
B세포 74, 170
    B세포 수용체 42
    기억 B세포 41, 42, 183, 304

C

C4테라퓨틱스(C4 Therapeutics) 191
C9ORF72 186, 266
CAA-ri(cerebral amyloid angiopathy-related inflammation) 334
CaMKII(calcium/calmodulin-dependent protein kinase II) 159
CBL-B E3 리가아제 저해제 325
CBP(cAMP-responsive element-binding protein[CREB] binding protein) 163
CCL2[MCP-1] 252
CCL19 355
CCL21 355
CCR2 248
CCR5 248
CD2AP 279
CD4 T세포 86
CD11b/CD18 74
CD31 342
CD33 245, 267, 316
CD36 27
CD45(CD22) 283
CD98hc 225, 229
CD200R(CD200) 283
CDK(cyclin-dependent kinase)
   CDK2 149
   CDK5 149, 159, 161
CEA(carcinoembryonic antigen) 100
CELMoD 191
CK1(casein kinase 1) 159
COX(cyclooxygenase)
   COX-1 140
   COX-2 140, 235
   COX-2 저해제 281
CR(complement receptor)
   CR1 279
   CR1 245, 262
CSF(colony stimulating factor)

CSF-1 243
CSF-1 수용체(receptor) / CSF1R 275
CT(computed tomography) 99, 100
CTAD(Clinical Trials on Alzheimer's Disease) 47, 51, 122, 178, 310
CTLA4 269
Ctsd 282
CX3CR1 248, 283
CX3CRL 258
C-터미널 152
    C-터미널 절단 162

D

D2-40 342
DAM(disease-associated microglial) 259, 282
DAMPs(damage-associated stress signals) 279
DaTscan™(성분명: ioflupane) 113
dMMR 87, 88
DNL201 110, 112
DNL747 253, 255, 256
DNL758 256

E

E3 리가아제(ligase) 193, 322, 325
ELISA(enzyme linked immunosorbent assays) 71
EMA(European Medicines Agency) 61, 320
EPHA1(ephrin type A Receptor 1) 279
EPPS 76, 77
ERK(extracellular-signal regulated kinase) 275

F

Fab(fragment antigen binding) 212, 213
FC5 219, 221, 223
FC44 219
Fcab™(Fc-domain with antigen binding sites™) 319
FcRn(neonatal Fc receptor) 224, 367

Fcγ 34, 42, 197, 305
Fc-매개 작용 기능 224
Fc 엔지니어링 224
FDA(U.S. Food and Drug Administration) 33, 61, 63, 64, 85, 87, 94, 95, 320, 322

G
GE헬스케어(GE Healthcare) 124
GLP-1(Glucagon like peptide 1) 211
Glut1 225
GPR34 257
GSK(glycogen synthase kinase)
  GSK3 159
  GSK3β 149, 159

H
HAE-4 33
HAM(human Alzheimer's microglia/myeloid cells) 282
HB-EGF(heparin-binding epidermal growth factor) 214
HDAC6(histone deacetylase 6) 163

I
Iba1 양성 250
ICAM(intercellular adhesion molecule) 248
IDS(iduronate 2-sulfatase) 109
IGF1R(insulin-like growth factor 1 receptor) 219, 221, 223
IgG 74, 367
  IgG4 176, 178, 224
  IgG 백본(backbone) 305
IGN523 226
IL(Interleukin)
  IL-1b 252
  IL-1β 249, 255
  IL-4 243
  IL-6 249, 252, 255

IL-6R 253
IL-10 249
IL-18 255
IL-34 243
IME(interdigitated microelectrode) 76
IONIS-C9Rx 186
IONIS-MAPTRx 185
IONIS-SOD1Rx 186
IP-MS(immunoprecipitation in combination with mass spectrometry) 71
ITAM(Immuno-receptor tyrosine-based activation motif) 275

J

JCR파마슈티컬(JCR Pharmaceutical) 229
JC바이러스 240
JNJ-067 133
JNJ-311 133
JNJ-54861911 302
JNJ-63733657 181

L

LAT1(large neutral amino acid transporter) 225
LMTM(leuco methylthioninium) 173, 175
LMTX 314
Lpl 282
LY3002813 310, 312
LY3202626 32, 313
LY3303560 180

M

M1 대식세포 280
M2 대식세포 280
MAO-A 130
MAO-B 130, 140
MAPK(mitogen-activated protein kinases) 159
MBD(microtubule-binding domain) 152

MCP1 255
MDS-UPDRS 112
MEDI-1341 315
MEDI-1814 310, 312
MGnD(microglia neurodegenerative phenotype) 282
MIP-1a 255
MK-6240 132
MK-8719 163
MRP-14 290
MS4A6A/MS4A4E 279
MSI-H 87, 88
MTf(melanotransferrin) 215, 229, 230

N

N3pG(LY3002813) 32
nAChRs(nicotinic acetylcholine receptors) 140
NAMPs(neurodegeneration associated molecular patterns) 280
NK세포 275
NLRP3 염증조절복합체(inflammasome) 261
NTRK 융합 유전자(neurotrophic tyrosine receptor kinase gene fusion) 88, 89
N-당화(glycosylation) 162
N-터미널 152, 153, 177

O

Off-target 130, 134, 337
O-GlcNAc(GlcNAcylation) 162, 163
On-target 337

P

P2RY12 247
　P2RY12 257
P2RY13 257
P2X7(receptor subtype 7) 140
p300 HAT(histone acetyltransferase p300) 163
PAMPs(pathogen-associated stress signals) 279, 280

PD-1 241, 260, 267, 269
　PD-1 항체 359
　가짜 진행(pseudo-progression) 359
PDE4 저해제 165
PD-L1 241, 269
P-glycoprotein 224
pH 213, 366
PH002 34
PI3K(phosphatidylinositol 3-kinase) 267, 275
PLA2(phospholipase A2) 140
PNAS(*Proceeding of the National Academy of Science of the United States of America*) 191
PP2A(protein phosphatase 2A) 160, 161
PPAR-γ 작용제(peroxisome proliferator-activated receptor gamma agonist) 363
PROX1 342
PS19 185
PSEN1 27, 78, 79, 178, 237, 353, 354, 361
　PSEN1 E280A 78
PSEN2 27, 79, 178, 237, 353, 354, 361

R
Rab 109
　Rab10 110
RAGE(receptor for advanced glycation end products) 21, 27, 65, 66, 261, 328
　RAGE 저해제 327
RAP 215
RG7345 175, 194
RIPK1(receptor-interacting serine/threonine-protein kinase 1) 252, 253, 255, 256
RO7105705 176, 177, 194
RTM™(Reverse Translational Medicine™) 41, 183

S

SHP1(Src homology region 2 domain-containing phosphatase-1) 275
SIGLEC3(sialic acid binding Ig-like lectin 3) 260, 266, 268
SIGLECH 258
SIRP(CD47) 283
SNCA 315
SOD1(superoxide dismutase 1) 186
SORT1 264
SPECT(single-photon emission computed tomography) 113
SUV(standardized uptake value) 120
    SUVR(standardized uptake value ratios) 44, 105, 120, 121, 123
Syk(spleen tyrosine kinase) 275

T

TauPS2APP 176
TDP-43 95
TGF-β 337
THY-Tau22 모델 175
TMEM30A 214
TMEM119 247, 257, 290
TNF 249
    TNFR1 255
    TNF-α 253
TOMM40(*Translocase Of Outer Mitochondrial Membrane 40*) 348, 353, 362, 366
    TOMM40'523 365
TREM2(triggering receptor expressed on myeloid cells 2) 25, 27, 218, 245, 266, 275, 276, 282, 284, 285, 317, 318
    TREM2 258, 277, 316
    용해성(soluble) TREM / sTREM 288
    용해성(soluble) TREM2 / sTREM2 285, 286, 289
TREM/DAP12(TYROBP) 273
    Tyrobp 282
TRIM21 189, 190, 191
TRK(tropomyosin receptor kinase) 88

TRK 91, 92
T세포 74, 170, 206, 248
    도움 T세포(helper T cells, Th1) 170
    미성숙 T세포(naive T cells) 355
    지친(exhausted) 상태 T세포 325
    효과 T세포(effector T cell) 357

U
UB-311 171
UCB0107 182

V
vTv 테라퓨틱스(vTv Therapeutics) 327, 328

Y
YINM 275

ㄱ
가도부트롤(gadobutrol) 341
가도포스베셋(gadofosveset) 341
가속 승인(accelerated approval) 63, 94, 327
가츠히코 야나기사와(Katsuhiko Yanagisawa) 70
간이정신상태검사(mini-mental state exam, MMSE) 29, 43, 45, 47, 58, 309, 328, 359
간질(epilepsy) 347
간테네루맙(gantenerumab) 46, 49, 310, 312
갈라닌(galanin) 223
감마 세크리타아제(γ-secretase) 285, 354
개념입증(proof of concept, PoC) 312
거미막(arachnoid membrane) 239
게리 란드레스(Gary E. Landreth) 286
결합력(Kd) 339
    결합 속도(association rate, kon) 339
    해리 속도(dissociation rate, koff) 339
경도인지장애(mild cognitive impairment, MCI) 63, 80, 136, 310, 336

경막(dura mater) 239
경부림프절(cervical lymph node) 240
경증(mild) 28, 29, 37, 48, 58, 64, 82, 304, 310
경화성 백질 뇌병증(sclerosing leukoencephalopathy) 276
고류신 반복 키나아제 2(leucine-rich repeat kinase 2, LRRK2) 109~112
골수성세포(myeloid cells) 245, 344
   골수아세포(myeloblast) 267
   골수 전구체(myeloid progenitor cells) 242
과인산화(hyperphosphorylation) 153
관문 수용체(checkpoint receptor) 266
교세포(glial cell) 339
   성상교세포(astrocyte) 244, 290, 316, 339
      A1 타입 성상교세포 290
      성상교세포의 발 끝(astrocyte endfoot) 203
   미세아교세포(microglia) 25, 42, 74, 140, 197, 236, 242~245, 247, 250, 253, 263, 269, 273, 280, 281, 287, 310, 316, 317, 339, 341, 344
      미세아교세포 감각체(microglial sensomes) 257, 258, 263
      특징적으로 비정상적인 미세아교세포(dystrophic microglia) 250
   희소돌기아교세포(oligodendrocyte) 244, 339, 341
   뇌실막세포(ependymal) 339, 341
구강 내 박테리아(*Porphyromonas gingivalis*) 298
근본적으로 치료하는 신약(disease modifying drug) 297
근위축성 측삭경화증(amytrophic lateral sclerosis, ALS) 186, 284
   근위축성 측삭경화증 모델(SOD1-G93A) 286
글루코세레브로시다아제(glucocerebrosidase, GBA) 109
글리벡®(Gleevec®, 성분명: imatinib) 89
급성 골수성 백혈병(acute myeloid leukemia, AML) 226, 267
급성 망상적혈구 고갈증(reticulocyte depletion) 231
기업공개(IPO) 295
길 라비노비치(Gil Rabinovici) 136
김영수 76
김혜연 76

ㄴ

나수-하코라 병(Nasu-Hakola disease, NHD) 276

나이트스타 테라퓨틱스(Nightstar Therapeutics) 300
나프록센(naproxen) 235
난황낭(yolk sac) 242
내측 측두엽(medial temporal lobe) 57, 79
내후각피질(entorhinal cortex) 343
네이처(*Nature*) 43, 70, 75, 249
네이처 뉴로사이언스(*Nature Neuroscience*) 247, 257
네이처 메디슨(*Nature Medicine*) 65, 74, 77
네이처 제네틱스(*Nature Genetics*) 27
노바섹(Novaseq)6000 92
노시라(Noscira) 160
노지훈 76
노화(aging) 250, 258
뇌실(ventricles) 341
뇌염(encephalitis) 171
뇌 위축(atrophy) 62
뇌종양(brain tumor) 214
뇌줄기세포(neural stem cells, NSCs) 242
뇌 질환에 걸린 환경에서 특이적으로 발현하는 미세아교세포(disease-associated microglial, DAM) 259, 282
뇌척수액(cerebrospinal fluid, CSF) 31, 60, 62, 65, 66, 93
    뇌척수액 검사(examination) 102, 336, 361
뇌 혈관내피세포(brain endothelial cell, BEC) 203, 219, 335
누릭스(Nurix) 325
뉴라첵™(NeuraCeq™, 성분명: 18F-florbetaben) 120, 121, 124
뉴런(Neuron) 106, 223, 244, 284, 339, 358
    가지치기(neuronal pruning) 341, 345
    뉴런 생성(neurogenesis) 247
    수상돌기(dendrite) 157
    시냅스(Synapse) 244, 339, 357
        시냅스 가소성(synaptic plasticity) 345, 347
        시냅스 전 말단(presynaptic terminal) 158, 314
뉴로그라닌(neurogranin) 361
뉴로켐(Neurochem) 32
뉴롤로지(*Neurology*) 104

뉴리뮨(Neurimmune) 41, 304
뉴잉글랜드 의학 저널(*New England Journal of Medicine, NEJM*) 277
능동면역 치료제(active immunotherapy) 169, 170, 201
　　치료 백신(therapeutic vaccine) 170
능동적 배출 운반체(active efflux transporters, AET) 209

ㄷ

다그 셰린(Dag Sehlin) 138
다니엘 라이히(Daniel S. Reich) 240, 241, 341
다니카 스타니미로비크(Danica Stanimirovic) 219
다발성 경화증(multiple sclerosis) 240, 256, 342
다이머(dimer) 24
다케다(Takeda) 288, 317, 326, 348~350, 364
단계 표지(stage marker) 102
단백질-단백질 상호작용(protein-protein interations, PPIs) 152
단백질 분해 약물(protein degrader) 193
단백질체학(proteomics) 223
단일세포 유전체 기술(single cell genomic technology) 258
단일염기서열 변이(single nucleotide variant, SNV) 261
단일클론항체(monoclonal antibody, mAb) 205, 207
단핵구(monocyte) 248, 343
단핵구에서 유래한 대식세포(monocyte-derived macrophage) 245
당화혈색소(HbA1c) 86
대리 임상충족점(surrogate endpoint) 85, 94
대식세포(macrophage) 242, 257, 279
대식작용(phagocytosis) 243, 250, 259, 317
데이비드 홀츠만(David M. Holtzman) 31, 33, 65
도널드 포돌로프(Donald A. Podoloff) 100
도파민(dopamine) 314
독성 단백질(toxic protein) 95
동반진단 권고 가이드라인(In Vitro Companion Diagnostic Devices) 87
동반진단 키트(companion diagnostics, CDx) 93
동형 단백질(isoform) 151
두개골(cranium) 239
디날리테라퓨틱스(Denali Therapeutics) 31, 33, 107, 110, 207, 215, 217, 229,

242, 253, 295, 316, 318, 319
디네인(dynein) 157
디트마르 루돌프 탈(Dietmar R. Thal) 126

ㄹ

라나베세스타트(lanabecestat) 303
라마(*Lama glama*)의 항체 219
랜달 베이트만(Randall J. Bateman) 68, 106, 167
레날리도마이드(lenalidomide) 339
레미케이드®(Remicade®, 성분명: infliximab) 253
레블리도마이드(lenalidomide) 325
레스타우티닙(lestaurtinib) 91
렙틴(leptin) 215
로슈(Roche) 19, 49, 175, 326
로페콕시브(rofecoxib) 235
록소온콜로지(Loxo Oncology) 88, 92
루이소체(lewy body) 109, 314
    루이소체 치매(dementia with lewy bodies, DLB) 139
류철형 128
리보솜(ribosome) 337
리소좀(lysosome) 107, 110, 214, 367
    리소좀 축적 질환(lysosomal storage disease, LSD) 109, 214
리타 게레리오(Rita Joao Guerreiro) 276
림프관(lymph vessel) 239, 240, 241
    림프절(lymph node) 357
립 아무엘(Philippe Amouyel) 262

ㅁ

마르쿠스 톨나야(Markus Tolnaya) 169
마샬 폴스테인(Marshal F. Folstein) 335
마이크로어레이(microarray) 225
마이클 오닐(Michael J. O'Neill) 169
마크 민턴(Mark Mintun) 101
마티아스 주커(Mathias Jucker) 79
막단백질인 전이체 단백질(translocator protein, TSPO) 139, 289, 296

만성 골수성 백혈병(chronic myelogenous leukemia, CML) 88
말초신경계(peripheral nervous system, PNS) 249
망상세포(T cell zone reticular cells, TRC) 355
맥락막망(choroid plexus) 131, 245, 283
머크(MSD) 29
메드이뮨(MedImmune) 221, 310
메틸렌블루(methylene blue) 173
면역거부반응(immunorejection) 238, 239
면역관문(immune checkpoint) 283
   면역관문분자(immune checkpoint molecule) 259, 282, 289
   면역관문억제제(immune checkpoint inhibitor) 87
면역관용(tolerogenic) 249, 280
면역세포(immunocyte) 355
면역세포를 끌어들여 종양세포를 공격하는 항체의 작용(antibody-dependent cytotoxicity, ADCC) 224
면역원성(immunogenicity) 320
면역특권 지역(immuneprivileged) 238, 239, 241, 269
면역항암제(cancer immunotherapy) 224, 236, 238, 268, 269
모건 솅(Morgan Sheng) 284
모노머(monomer) 24, 33, 42, 66, 314
모두 결합하는 타우 항체(pan-Tau) 177
무진행 생존기간(progression-free survival, PFS) 86
미국 NIA-AA(National Institute on Aging and Alzheimer's Association) 20, 60~62, 69, 129
미국 의학협회 신경학회지(*JAMA Neurology*) 28, 296
미세돌기(spine) 151
미세 버블(microbubble) 352
미세소관(microtubule) 151, 152, 153, 157, 357
미세소관 결합 단백질(microtu-bule-associated protein, MAP) 149
  MAP2 149
  MAP4 149
미세소관 결합 타우 단백질(microtubule-associated protein tau, MAPT) 131, 151
  MAPT P301S 179
미세소관을 안정화하는 약물(microtubule stabilizer) 165

미세전극(microelectrode) 76
미세환경(microenvironment) 282
미셸 밀케(Michelle Mielke) 80
미엘린(myelin) 341
미할 슈워츠(Michal Schwartz) 258, 282
민감도(sensitivity) 69, 76, 81
밀착연접(tight junction) 203, 335

ㅂ

바스켓 임상(basket trial) 89
바이러스(virus) 320
바이엘(Bayer) 88
바이오마커(biomarkers) 20, 31, 38, 60~65, 68, 70, 74, 81, 85, 86, 89, 92~94, 226, 295, 327, 348
바이오아시스(Bioasis) 229, 230
바이오아틱(BioArctic) 138, 229
바이오젠(Biogen) 19, 41, 43, 44, 47, 52, 101, 122, 185, 298, 299, 300, 312, 321, 326
바피네주맙(bapinezumab) 49, 299, 312
반감기(half-life) 224, 366
반복 도메인(repeat domain, R) 151
　　3R 131, 135
　　4R 107, 131, 135, 167
반응성 미세아교세포(reactive microglia) 250
방사능(radioactivity)
　　방사능 사진 촬영(autoradiography) 210
　　방사성 동위원소(radioactive isotope) 117
　　방사성 물질(radioactive substance) 65
　　방사성 핵종 스캔 면역 영상(immunoscintigraphy) 100
방어(protect) 244
백질(white matter) 74
베루베세스타트(verubecestat) 29, 30, 301
베타 시트(β-sheet) 117, 126, 314
벨리슬라브 즐로코비치(Berislav Zlokovic) 74
변연계(limbic system) 343

병리 단백질(pathogenic protein) 103
병용투여(combination therapy) 52, 313, 326, 327
보이저(Voyager) 319, 320, 321
보 펭(Bo Peng) 247
부검(autopsy) 93, 94
부종(edema) 171
브라크 가설(braak hypothesis) 101
 브라크 단계(staging) 127, 166, 343
블린사이토®(Blincyto®, 성분명: blinatumomab) 206
비비디온(Vividion) 189, 325
비스테로이드 항염증제(non-steroidal anti-inflammatory drugs, NSAIDs) 163, 235, 281
비임상(non-clinical) 354
비자밀TM(VIZAMILTM, 성분명: 18F-flutemetamol) 120, 124, 126
비침습적(non-invasive) 96
비트락비®(Vitrakvi®, 성분명: larotrectinib) 88, 89, 91, 92
비히클(vehicle) 345
 대조군 345
 운반체 345

ㅅ

사이람자®(Cyramza®, 성분명: ramucirumab) 355
사이언스(*Science*) 19, 68, 76
사이언스 트랜스래셔널 메디슨(*Science Translational Medicine*) 111, 223
사이클로트론(cyclotron) 103, 117
사이토카인(cytokine) 343, 355
살살레이트(salsalate) 163
상시상정맥동(superior sagittal sinus) 341
상태 표지(state marker) 102
선택적 스플라이싱(alternative splicing) 151
선천면역(innate immunity) 42, 236, 283
 선천면역세포(cell) 243, 280, 316, 344
 선천면역세포의 기억(memory) 작용 344
선형 에피토프(linear epitope) 180
세레벌테라퓨틱스(Cerevel Therapeutics) 298

세레브론(cereblon, CRBN) 191, 325
세레콕시브(celecoxib) 235
세린(serine) 149, 159
　세린422 175, 176
세분화(segmentation) 64, 327, 328
세포부착분자(adhesion molecule) 248
세포체(soma) 157
세포핵(nucleus) 358
센틸로이드(centiloid) 305, 344
셀(*Cell*) 189, 258
셀 뉴런(*Cell Neuron*) 167
셀진(Celgene) 191, 312, 325
소포체(vesicle) 157, 358
솔라네주맙(solanezumab) 21, 29, 30, 46, 51, 312
수동면역(passive immunotherpay) 173, 201
수막뇌염(meningoencephalitis) 201
수송체(transporter) 345
수잔 란다우(Susan Landau) 104
수초(myelin) 74
　수초화(myelination) 255
스스로 복제(self renewal) 243
스캐폴드 단백질(scaffold protein) 152
스테파니 릴(Stephanie L. Leal) 105
스트레스 과립(stress granule) 298
스티븐 윤킨(Steven G. Younkin) 67
스티븐 프루(Steven T. Proulx) 240
스핀라자®(SPINRAZA®, 성분명: nusinersen sodium) 186
시가총액(market capitalization) 299
시누클레인 병증(synucleinopathies) 128, 321
시딩(seeding) 191
시판 후 임상4상(post-market surveillance[PMS] phase 4) 38
신경면역(neuroimmune system) 236~238, 242, 261, 316, 317
신경미세섬유(neurofilament) 256
신경미세섬유 경쇄(neurofilament light chain, NfL) 79, 80, 296, 361
신경 세로이드 리포푸신증(neuronal ceroid lipofuscinosis) 263

신경손상(neural damage) 285
신경심리학(neuropsychology) 63, 328
신경엉킴(neurofibrillary tangle, NFT) 60, 62, 127, 130, 343
신경연결(connectivity) 169
신경염증(neuroinflammation) 139, 235, 236
신경영양인자(neurotrophic factor) 244, 290
신경전달물질(neurotransmitter, NT) 158, 339, 357
신경퇴행(neurodegeneration) 61, 157, 245, 285
신피질(neocortex) 79, 343
신호전달 분자(component of a signaling cascade) 152
심각성(severity) 78
씨앗(seed) 165

ㅇ

아넥신(annexin) 153
아두카누맙(aducanumab) 21, 41~49, 51, 52, 101, 122, 205, 225, 230, 299, 304~312
아르마젠(ArmaGen) 229
아메바 모양(amoeboid) 250
아미비드™(AMYViD™, 성분명: ^{18}F-florbetapir) 105, 120, 122~124, 127, 304
아밀로이드 PET 62, 64, 136
아밀로이드 가설(amyloid cascade hypothesis) 19, 31, 34
아밀로이드 베타 단백질(amyloid beta protein, Aβ) 19~21, 23, 24, 28, 35, 41, 46, 58, 60, 61, 65, 68, 69, 82, 125, 126, 145, 326, 327
  Aβ38 60
  Aβ40 25, 66~69
  Aβ42 25, 60, 62, 66~69, 77
  Aβ42/Aβ40 60, 62
아밀로이드 베타 단백질 플라크(amyloid beta protein plaque) 24, 28, 34, 43, 52, 66, 68, 123, 287, 306, 310
  탈 아밀로이드 단계(thal amyloid phase) 126
아밀로이드 베타 올리고머(amyloid beta oligomer) 76, 273, 284
  올리고머 아밀로이드 베타 단백질 279
  용해성 올리고 아밀로이드 베타 단백질(soluble oligo Aβ) 67
아밀로이드 베타 타깃 항체(amyloid beta target antibody) 325

아밀로이드 전구 단백질(amyloid precursor protein, APP) 23, 25, 70, 79, 237, 301, 354, 361
   APP23 252
   APP669-711 70
아밀로이드 플래토(amyloid plateau) 125, 347
아비드 라디오파마슈티컬스(Avid Radiopharmaceuticals) 123
아빈드라 나스(Avindra Nath) 241
아세틸레이션(acetylation) 162, 163
아스트라제네카(AstraZeneca) 124, 326
아이오니스(IONIS) 185, 321
아이오딘-124(iodine-124) 139
아이제니카(Igenica Biotherapeutics) 226
아이피에리언(iPierian) 178
아젤리라곤(azeliragon) 327, 328
아주반트(adjuvant) 171
아퀴나(Aquinnah) 298
아타베세스타트(atabecestat) 302
아포 지질 단백질(apolipoprotein) 284
아프리노이아 테라퓨틱스(APRINOIA Therapeutics) 135
안드로겐 수용체(androgen receptor, AR) 191
안지오켐(Angiochem) 214, 229
안티센스 올리고뉴클레오타이드(antisense oligonucleotides, ASO) 187, 321
알렉토(Alector) 238, 259~261, 312, 316, 317
알렉토스 테라퓨틱스(Alectos Therapeutics) 162
알부민(albumin) 74, 209, 342
알제론(Alzheon) 32, 33, 37
알츠하이머 & 디멘시아(*Alzheimer's & Dementia*) 64
알츠하이머 병(alzheimer's disease, AD) 20
   가족성(familial) 알츠하이머 병 178, 237
   산발성(sporadic) 알츠하이머 병 237, 353
   알츠하이머 병 고위험군 364
   알츠하이머 병 쥐 모델(5xFAD) 241
      5xFAD/BAC-TREM2 284
   알츠하이머 연속체(continuum) 62
   조기 발병(early-onset) 알츠하이머 병 / EOAD 353, 361

후기 발병(late-onset) 알츠하이머 병 / LOAD 27, 258, 277, 353, 361
알츠하이머 병/파킨슨 병 학회(Alzheimer's and Parkinson's Conference, AD/PD) 183
알파시누클레인(α-synuclein) 109, 139, 215, 314, 315, 318
암 면역(antitumour immunity) 236
암젠(AMGEN) 206
애브비(AbbVie) 179, 229, 260, 312, 316, 319, 321
앨런 로즈(Allen Roses) 362, 363
야동 황(Yadong Huang) 34
야킬 키로스(Yakeel T. Quiroz) 78
약력학적(pharmacodynamic, PD) 마커 359, 361
약물 내성(tolerance) 323
약물 재창출(repositioning) 338
약물 전달 시스템(drug delivery system) 328
얀센(Janssen) 49, 170
양전자 방출 단층 촬영(positron emission tomography, PET) 31, 57, 60, 67, 94, 95, 98, 99, 101, 117, 124, 137, 336
  PET 이미지 361
  PET 추적자 117, 126, 138
    ^{11}C-PiB(Pittsburgh compound B) 71, 78, 106, 118, 119, 120
    ^{11}C-PBB3 132
    ^{18}F 117, 119
    ^{18}F-AM-PBB3 133
    ^{18}F-AV-1451 128
    ^{18}F-AZD4694 120, 125
    ^{18}F-FDG(fludeoxyglucose) 61, 62, 98, 100, 117, 359
    ^{18}F-FTP 78
    ^{18}F-GTP1(RO6880276) 133, 177
    ^{18}F-JNJ64349311 135
    ^{18}F-MK-6240 128, 135
    ^{18}F-PI-2620 133, 135, 168
    ^{18}F-PM-PBB3(APN-1607) 133, 135
    ^{18}F-RO69558948(RO-948) 132, 135
    ^{18}F-T807(AV-1451) 106, 130~132
    ^{18}F-THK5117 132

¹⁸F-THK5351 130, 132
에바 브라크(Eva Braak) 101, 343
에보텍(Evotec) 191, 325
에이비엘바이오(ABL Bio) 207, 215, 228
에자이(Eisai) 146, 205, 311
에프스타(F-star) 215, 296, 319
에피토프(epitope) 171
엑소좀(exosome) 167
엑손 뉴로사이언스(AXON Neuroscience) 171, 172
엔도좀(endosome) 213
엔브렐®(Enbrel®, 성분명: etanercept) 253
역분화 줄기세포(induced pluripotent stem cells, iPSC) 106, 167, 191, 290
연질막(pia mater) 239
염증반응(inflammatory response) 197, 305
예방임상(prevention trials) 52, 325, 326, 347~349
  예방임상시험 363
오가노이드(organoid) 290
오시아닉스(Ossianix) 229
올리고머(oligomer) 24, 27, 66, 310
왕 치엔(Wang Qian) 68
외상성 뇌손상(traumatic brain injury, TBI) 102
요나스 네허(Jonas Neher) 249
요추천자(腰椎穿刺, lumbar puncture) 66, 96, 350~352
용해성 올리고머(soluble oligomer) 42
웨이브 라이프 사이언스(Wave Life Sciences) 187
윌리엄 자거스트(Willam Jagust) 101
윌리엄 클런크(William E. Klunk) 118
유나이티드 뉴로사이언스(United Neuroscience) 171
유비퀴틴(ubiquitin) 322
  유비퀴티네이션(ubiquitination) 162, 322
  유비퀴틴-프로테아좀 시스템(ubiquitin-proteasome system, UPS) 158, 188
유전체학(genomics) 223
응집포식(aggrephagy) 188, 189
이도 아미트(Ido Amit) 258
이뮤노브레인 체크포인트(ImmunoBrain Checkpoint, IBC) 259

이중항체(bispecific antibody, bsAb) 189, 205, 211, 295, 318, 319
이질성(heterogenicity) 290
인산화 타우(phosphorylation Tau, p-Tau) 61, 62, 78, 102, 107, 158, 167, 285, 361
   p-Tau181 61
   p-Tau199 61
   p-Tau231 61
인산화 효소(phosphorylase) 159, 161
인슐린(insulin) 209, 210
   인슐린 민감도(sensitivity) 363
   인슐린 수용체(receptor, IR) 209, 210, 214, 223, 229, 232
   인슐린 유사 성장인자(insulin-like growth factor) 209
인지손상(cognitive impairment) 59, 64, 67, 127
인테그린(integrin) 248
일라이릴리(Eli Lilly) 19, 29, 32, 51, 124, 168, 310, 326
일루미나(Illumina) 92
임상충족점(endpoint) 327
임상 프로토콜(clinical trial protocol) 348

ㅈ

자가포식(autophagy) 158, 189
자가포식 리소좀(autophagylysosome) 188
자가항체(anti-autoantibodies) 335
자기공명영상(magnetic resonance imaging, MRI) 48, 57, 61, 96~98, 341
   3T MRI 97
   7T MRI 97
   vMRI(volumetic MRI) 62
자폐증(autism) 347
항체의 작용 기능(effector funciton) 305
작용제 항체(agonistic antibody) 288
잔류 암(residual cancer) 100
재발 암(reccurent caner) 100
재현성(reproducibility) 69, 81
저밀도 지단백(low-density lipoprotein, LDL) 209
저분자 화합물(small molecule drug) 168, 318

적응면역(adaptive immunity) 236
전구(prodromal) 28, 29, 58, 63, 82, 336, 347
전두측두엽 치매(frontotemporal dementia, FTD) 147, 153, 263~265, 276, 284
전사체 유전자 발현 패턴(transcriptomic signature) 257
전사 후 변형(post-translational modification, PTM) 157, 162, 182
전신성 염증 질환(systemic inflammatory diseases) 256
전신투여(systemic administration) 320
전임상(preclinical) 29, 82, 307, 336, 354
전장 유전체 연관분석(genome-wide association studies, GWAS) 27, 261, 262, 278, 283, 315, 317
전체 반응률(overall objective response, ORR) 85, 88, 89
전체 생존기간(overall survival, OS) 86
전체 엑솜 분석(whole-exome sequencing, WES) 261, 276
전체 염기서열 분석(whole Genome Sequencing, WGS) 261
전파(propagation) 32, 165, 167, 181, 314, 358
정맥동(venous sinuses) 342
정맥투여(intravenous administration, iv) 320
제2형 당뇨병(type 2 diabetes mellitus) 328
제넨텍(Genentech) 223, 225, 229, 295
제니퍼 먼슨(Jeniffer Munson) 241
제럴드 히긴스(Gerald A. Higgins) 19
제임스 엘리슨(James M. Ellison) 137
제프리 커밍스(Jeffrey Cummings) 64
제휴(partnership) 326
조기진단(early diagnosis) 59, 69, 74, 82
   조기진단 바이오마커(biomarkers) 66, 71
   조기진단 키트(kit) 81, 82
   혈액(blood) 조기진단 67
조셉 엘 코우리(Joseph El Khoury) 257
조현증(schizophrenia) 347
조혈모세포(hematoblast) 343
존 브레이트너(John Breitner) 235
존 하디(John A. Hardy) 19, 276, 277
종간 유사성(cross-reactivity) 231, 354, 355

종양미세환경(tumour microenvironment) 325
주변세포(pericyte) 203
줄리 윌리암스(Julie Williams) 262
중등도(moderate) 29, 48, 58, 64, 82
중추신경계(central nervous system, CNS) 48, 236, 273
증상(symptom) 20, 63
지놈프로젝트(human genome project) 92
지질(lipid) 273
지질분자(lipopolysaccharide, LPS) 249
지질운반체(lipoprotein receptor-related protein, LRP) 65
    LRP1 209, 211, 214, 223, 225, 231
    LRP1R 229
    LRP2 214
진단(diagnosis) 20, 57, 58, 62, 137
    진단 바이오마커(diagonistic biomarker) 59
진판델 파마슈티컬스(Zinfandel Pharmaceuticals) 348~350, 364
진행성 다초점 백질 뇌병증(progressive multifocal leukoencephalopathy, PML) 240, 241
진행성 핵상 마비(progressive supranuclear palsy, PSP) 20, 128, 146, 153, 163, 178, 179, 313, 319

ㅊ

차세대 염기서열 분석(next generation sequencing, NGS) 92
척수성 근위축증(spinal muscular atrophy, SMA) 186
척추강 내 주사(intrathecal injection) 185
체스터 매티스(Chester A. Mathis) 118
초음파(ultrasound) 351, 353
    FUS(focused ultrasound) 352
총 타우(total Tau, t-Tau) 62, 102
축삭(axon) 157, 341, 358
치매임상평가척도 박스 총점(clinical dementia rating scale sum of boxes scores, CDR-SB) 36, 37, 43, 45, 47, 58, 308, 311, 359

ㅋ

카나비노이드 수용체-2(cannabinoid type 2 receptor, CB2R) 140

카테리나 아카소글루(Katerina Akassoglou) 75
칼진 파마슈티컬(KalGene Pharmaceuticals) 221
캐리어 매개 운반체(carrier mediated transporters, CMT) 209
캡시드(capsids) 320
케모카인(chemokine) 355
케미컬 의약품(chemical medicine) 317, 323
코텍자임(Cortexyme) 298
콜린 마스터(Colin L. Master) 70
크레네주맙(crenezumab) 35, 46, 312
키네신(kinesin) 157
키트루다®(Keytruda®, 성분명: pembrolizumab) 87
킴 그린(Kim N. Green) 247
킴리아®(KYMRIAH®, 성분명: tisagenlecleucel) 173

ㅌ

타깃-매개 고갈(target-mediated depletion) 213
타우(tau) 32, 145, 149, 313, 318~321, 357
   타우 PET 62, 64, 127, 128
   타우 PET 추적자(tracer) 129, 130, 134
      1세대 타우 PET 추적자 130, 132
      2세대 타우 PET 추적자 132~134
   타우 단백질(protein) 21, 23, 60, 61, 78
      타우 동형 단백질(isoform) 148
   타우 병리 증상(tau pathology) 78
   타우 병증(tauopathy) 146, 168, 313
      1차 타우 병증 147
      2차 타우 병증 147
   타우 시딩(seeding) 181
   타우 신경엉킴(tau neurofibrillary tangle) 101
      플래토(plateau) 197
   타우 씨앗(seed) 168
      피브릴(fibril) 타우 165
   타우 항체(antibody) 196
타우알엑스(TauRx) 173~175, 314
타이로신(tyrosine) 149

탈리도마이드(thalidomide) 235, 339
탈인산화 효소(phosphatase) 159~161
톨 유사수용체(toll-like receptor, TLR) 152, 261, 280, 285
퇴행성 뇌질환(degenerative brain disease) 80, 103
　　퇴행성 뇌질환 유발 유전자(degenogene) 262, 278
투성 대식세포(infiltrating macrophage) 267
투자(investment) 145, 297, 298, 300
트라미프로세이트(tramiprosate) 32, 33, 36
트랜스페린(transferrin receptor) 209
　　트랜스페린 수용체(TfR) 138, 206, 209, 211, 212, 225, 229, 231, 318
트레오닌(threonine) 149, 159
트롬빈(thrombin) 74
특이도(specificity) 69, 76, 81
티데글루십(tideglusib) 160
티모시 그린아미르(J. Timothy Greenamyre) 111

ㅍ

파운데이션 메디슨(Foundation Medicine) 93
파지 디스플레이 라이브러리(phage display library) 41
파크리탁셀(paclitaxel) 214
파킨슨 병(parkinson's disease, PD) 109, 111, 112, 215, 314
　　산발성(sporadic) 파킨슨 병 315
　　특발성(idiopathic) 파킨슨 병 112
패스트트랙 지정(Fast Track Designation) 33, 320
패턴 인식 수용체(pattern recognition receptors, PRR) 279
펠리노(pellino) 152
포네주맙(ponenzumab) 46
표지 마커(surrogate) 226
프레셀리닌(presenilin) 353
프로그레뉼린(progranulin, PGRN) 263, 264, 266
프로탁(proteolysis targeting chimera, PROTAC) 189, 193, 322, 323
프로테나(Prothena) 312
프로테아좀(proteasome) 322
프롤린 농축 부위(proline rich region) 152, 153, 159
플라스미노겐(plasminogen) 74

피라말 이미징(Piramal Imaging) 124, 168
피로글루타메이트 아밀로이드(pyroglutamate, Aβ[p3-42]) 32, 311
피브리노젠(fibrinogen) 74
피브린(fibrin) 75
피브릴(fibril) 24, 310
   불용성(insoluble) 피브릴 42
   프로토피브릴(protofibrils) 24, 311
피오글리타존(pioglitazone) 348, 364, 366
피질 기저핵 변성(corticobasal degeneration, CBD) 128, 146, 153, 313
피터 브라이언 메더워(Peter Brian Medawar) 239
픽 병(Pick's disease) 128, 146, 153, 313

ㅎ

하그리브스(Hargreaves) 통증 모델 쥐 221
하승권 342
하이코 브라크(Heiko Braak) 100
항상성(homeostasis) 244, 355
항체(antibody) 41
   항체 라이브러리(library) 219
   항체 운반체(transport vehicle) / ATV 215
      ATV:BACE1 217, 218
      ATV:TREM2 288
   항체 의약품(drug) 230, 366
해마(hippocampus) 57
허셉틴®(Herceptin®, 성분명: trastuzumab) 202, 224
헌팅턴 병(huntington's disease) 321
헤비안 법칙(Hebbian rule) 347
헤이코 브라크(Heiko Braak) 343
혈관내피세포(endothelial cell) 203, 244, 335
   혈관내피세포 발현 수용체-매개 운반체(receptor-mediated transporters, RMT) 209, 213, 232, 318
      혈관내피세포성장인자(vascular endothelial growth factor, VEGF) 354
         혈관내피세포성장인자C 241
혈관주위세포(pericyte) 74, 75
혈뇌장벽(blood-brain barrier, BBB) 65, 74, 75, 202~204, 283, 317, 320, 350

혈뇌장벽 모델(transwell assay) 221
혈뇌장벽 투과 이중항체(bispecific antibody) 플랫폼 228
혈소판 유래 증식 인자 수용체(platelet-derived growth factor receptor beta, PDGFRβ) 75
혈액(blood) 66
   혈장(plasma) 62
      혈장 단백질(protein) 68
호밍(homing) 355
호중구(neutrocyte) 248, 367
   네토시스(netosis) 367
화시 쉬(Huaxi Xu) 25, 279, 284
화이자(Pfizer) 49, 297
활성 자리(active site) 318, 323
황교선 76
효소 운반체(enzyme transport vehicle, ETV) 215
후성유전학적 리프로그래밍(epigenetic reprogramming) 344
후천성 면역관용(acquired immunological tolerance) 239
휴미라®(Humira®, 성분명: adalimumab) 253
흡수 매개 내포작용(absorptive-mediated endocytosis) 209
희귀의약품 지정(Orphan Drug Designation, ODD) 320, 367
희귀질환(orphan disease) 368
히스톤탈 인산화 효소(histone deacetylase, HDAC) 252

부록

간이정신상태검사(mini-mental state examination, MMSE)
치매임상평가척도 박스 총점(clinical dementia rating scale sum of boxes scores, CDR-SB)

Mini-Mental State Examination-Korean (MMSE-K)

한국판 간이정신상태 검사 MMSE-K

병록번호	
성명	
주민등록번호	-
성별 남 여 교육 년	
검사일 년 월 일	
검사자	

문 항	점수	채점
1. 오늘은 년 월 일 요일 계절	5	
2. 당신의 주소는 　도 군 면 동 　시 구 동 여기는 어떤 곳 입니까?	4	
3. 여기는 무엇을 하는 곳입니까? (예: 거실, 주택, 가정집, 아파트, 노인정 등)	1	
4. 물건 이름 세 가지 (예: 나무, 자동차, 모자)	3	
5. 3-5분 뒤에 위의 물건 이름들을 회상	3	
6. 100-7= -7= -7= -7= 　"삼천리강산"을 거꾸로 말하기	5	
7. 물건 이름 맞추기 (연필, 시계)	2	
8. 오른손으로 종이를 집어서 반으로 접어 무릎 위에 놓기(3단계 명령)	3	
9. 5각형 2개를 겹쳐 그리기	1	
10. "간장 공장 공장장"을 따라 하기	1	
11. "옷은 왜 빨아(세탁)서 입습니까 ?" 라고 질문	1	
12. "길에서 남의 주민등록증을 주웠을 때, 어떻게 하면 쉽게 주인에게 되돌려 줄 수 있겠습니까 ?" 라고 질문	1	
총 점	/30 점	

■ 교정 방법
무학인 경우 시간에 대한 지남력(1문항)에 1점, 주의 집중 및 계산(6문항)에 2점, 언어 기능(7문항)에 1점을 가산하시오.
단 각 부문에서 만점의 범위를 넘지 않게 하시오. (예: 주의 집중 및 계산에서 3점 이하인 경우에는 2점, 4점인 경우는 1점을 가산하고 5점인 경우에는 가산점을 주지 않음)

Mini-Mental State Examination-Korean (MMSE-K)

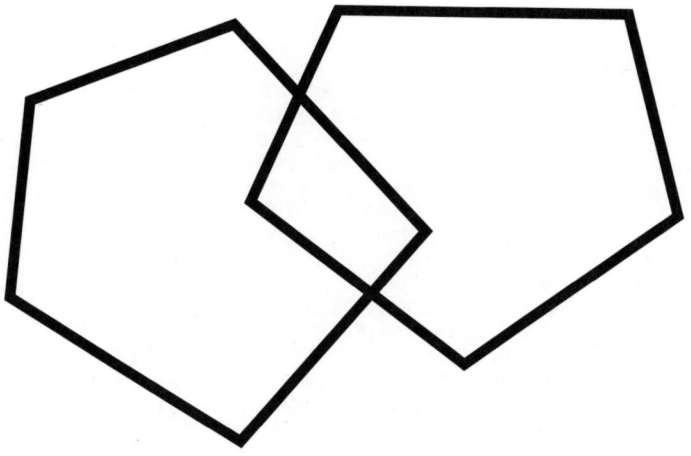

Mini-Mental State Examination-Korean (MMSE-K)

MMSE-K 채점 지침

■ 지남력 ■
1. 시간 (0-5점) : 오늘 날짜에 대해서 물으시오. 그리고 빠진 부분에 대해서 다시 물으시오. 맞은 대답에 대해시 점수를 가산하시오. 음력으로 대답해도 정답으로 간주하고, 년은 간지 (예: 갑자, 을축)로 대답해도 정답임.
2. 주소 (0-4점) : 주소를 물으시오. 맞은 대답에 대해서 점수를 가산하시오. 주소가 특별시 혹은 직할시인 피검자는 시, 구, 동 까지만 질문하고 "여기가 어떤 곳(예: 시장, 학교, 가정집, 병원 등)입니까?" 하고 질문함.
3. 장소(0-1점) : 이곳의 이름을 물으시오. 맞는 대답에 대해서 점수를 가산하시오.

■ 기억 등록 ■
4. (0-3점) 기억력을 검사한다고 피검자에게 이야기하고 나무, 자동차, 모자와 같이 서로 관계없는 세 개의 단어를 1초 간격으로 정확하고 천천히 불러주시오. 그리고 이것을 반복하게 하시오. 첫 번째 시행에서 반복하는 것에 대해서 점수를 가산하시오. 피검자가 주의를 집중하지 않아서 세가지 모두를 반복하지 못한다고 판단될 때는 전혀 다른 세가지 물건 이름을 똑같이 반복하게 하시오 (예: 물, 이불, 젓가락). 6번까지만 반복하시오. 3개의 단어를 결국 따라 못한다면, 기억 회상은 검사하지 마시오.

■ 기억 회상 ■
5. (0-3점) 3분 내지 5분 후에 앞에서 이야기한 3개의 단어를 기억해 보라고 하시오.

■ 주의 집중 및 계산 ■
6. (0-5점) 100에서 7을 빼라고 하시오. 그 수에서 다시 7을 빼라고 해서 5회까지 뺀 후, 중단하시오. 만약 피검자가 하지 못하거나 하지 않으려고 할 때는 "삼천리강산"을 거꾸로 발음하게 하시오. 올바른 배열에 있는 글자의 수를 점수로 가산하시오 (예: "산강첨리산"은 3점, 93-80-73-72-63-56은 3점).

■ 언어 기능 ■
7. 이름 (0-2점) : 연필과 시계를 보여 주고 무엇이냐고 물으시오.
8. 3단계 명령(0-3점) : 종이 한 장을 피검자에게 주고 정확한 발음으로 한번만 명령을 하시오. 점수는 정확하게 수행한 각 부분(오른손, 반, 무릎)에 1점씩 가산하시오.
9. 복사 (0-1점) : 깨끗한 종이 위에 각 변이 1인치 정도 되는 5각형 두개를 겹치도록 그린 후, 피검자에게 그림을 보면서 똑같이 따라 그리라고 하시오. 10개의 각이 분명하고 2개의 5각형이 겹쳐졌을 때 1점을 주시오. 떨렸거나 돌아간 그림은 무관함.
10. 반복(0-1점): "간장 공장 공장장"을 읽어준 후 반복하게 하시오. 단지 한 번만 하게 하시오.

■ 이해 및 판단 ■
11. 이해 (0-1점) : "옷은 왜 빨아서 입습니까?"라고 물으시오. "깨끗하라고", "더러워서" 등의 위생에 대한 대답을 할 경우 1점을 주시오.
12. 판단 (0-1점) : "길에서 남의 주민등록증을 주웠을 때 어떻게 하면 쉽게 주인에게 돌려줄 수 있겠습니까 ?"라고 물으시오. 우체국에 관계되는 대답에만 1점을 주시오(예: "우체국", "우편소", "우체부", "우편함", "배달부" 등은 정답이고 "동사무소", "지서", "면장" 등은 오답).

치매임상평가척도 박스 총점(clinical dementia rating scale sum of boxes scores, CDR-SB)

임상 치매 등급 질문지 1

이는 정해진 최소한의 질문들을 중심으로 면담을 진행하지만, 검사자의 판단에 따라 자유롭게 질문하는 반 구조화된 면담입니다(Semi-Structured Interview). 숙련된 검사자가 환자 및 보호자와의 자세한 면담을 시행하여 여섯 가지 영역의 기능을 파악한 뒤, 각 영역의 점수를 결정합니다. 아래의 모든 질문을 물어보십시오. 대상자의 임상 치매 등급(CDR)을 결정하는데 필요한 추가적인 질문들도 물어보십시오. 추가적인 질문에서 얻은 정보들은 기록해 주십시오.

정보 제공자(환자를 돌보는 사람)를 위한 기억력 질문:

1. 대상자가 기억력이나 사고력에 문제가 있습니까? □ 예 □ 아니오

1a. 만약 예라고 답했다면, 이는 빈번한 문제 (가끔과는 대조적)입니까?
□ 예 □ 아니오

2. 대상자가 최근의 일들을 회상할 수 있습니까?
□ 대체로 □ 가끔 □ 드물게

3. 대상자가 짧은 물품(쇼핑) 목록을 기억할 수 있습니까?
□ 대체로 □ 가끔 □ 드물게

4. 지난해 동안 약간의 기억력 감퇴가 있었습니까? □ 예 □ 아니오

5. 대상자가 몇 년 전 일상적으로 했던 생활 활동(혹은 은퇴 전 활동)에 지장을 줄정도로 대상자의 기억력이 손상되었습니까?(가족과 친구들의 견해)
□ 예 □ 아니오

6. 대상자가 일이 일어난 지 몇 주안에 중요한 일(예: 여행, 모임, 가족 결혼식)
을 완전히 잊어버립니까? □ 대체로 □ 가끔 □ 드물게 기억

7. 대상자가 중요한 일의 적절한 세부사항을 잊어버립니까?
□ 대체로 □ 가끔 □ 드물게 기억

8. 대상자가 오래된 과거의 중요한 정보를 완전히 잊어버립니까?
(예: 생년월일, 결혼 날짜, 직장) □ 대체로 □ 가끔 □ 드물게 기억

9. 대상자의 생활에서 대상자가 기억해야만 하는 최근에 벌어진 일에 대해 몇 가지 말해 주십시오. (이후의 검사를 위해 일이 벌어진 장소, 시각, 참석자, 시간이 얼마나 걸렸는지, 언제 끝났는지, 대상자나 다른 참석자들이 어떻게 거기에 왔는지 세부사항을 물어보십시오.)
1주 이내:

1달 이내:

10. 대상자는 언제 태어났습니까?

11. 대상자는 어디에서 태어났습니까?

12. 대상자가 마지막으로 다닌 학교는 무엇이었습니까?
이름
장소
학년

13. 대상자의 주직업은(혹은 대상자가 일을 하지 않았다면 배우자의 직업) 무엇이었습니까?

14. 대상자의 마지막 주직업은(혹은 대상자가 일을 하지 않았다면 배우자의 직업) 무엇이었습니까?

15. 대상자(혹은 배우자)는 언제, 왜 은퇴했습니까?

임상 치매 등급 질문지 2

정보 제공자(환자를 돌보는 사람)를 위한 지남력 질문:

대상자는 얼마나 자주 정확히 압니까?

1. 날짜?
   ☐ 대체로   ☐ 가끔   ☐ 드물게   ☐ 알 수 없음

2. 월?
   ☐ 대체로   ☐ 가끔   ☐ 드물게   ☐ 알 수 없음

3. 년?
   ☐ 대체로   ☐ 가끔   ☐ 드물게   ☐ 알 수 없음

4. 요일?
   ☐ 대체로   ☐ 가끔   ☐ 드물게   ☐ 알 수 없음

5. 대상자가 시간과 관련해서 어려움을 겪습니까?
   (어떤 일들이 서로 연관되어서 벌어졌을 때)
   ☐ 대체로   ☐ 가끔   ☐ 드물게   ☐ 알 수 없음

6. 대상자가 익숙한 거리에서 길을 찾을 수 있습니까?
   ☐ 대체로   ☐ 가끔   ☐ 드물게   ☐ 알 수 없음

7. 대상자가 동네 밖에서 한 장소에서 다른 장소로 가는 길을 얼마나 자주 압니까?
   ☐ 대체로   ☐ 가끔   ☐ 드물게   ☐ 알 수 없음

8. 대상자가 익숙한 건물 안에서는 길을 얼마나 자주 찾을 수 있습니까?
   ☐ 대체로   ☐ 가끔   ☐ 드물게   ☐ 알 수 없음

임상 치매 등급 질문지 3

정보 제공자(환자를 돌보는 사람)를 위한 판단력과 문제 해결 질문:

1. 전반적으로 대상자의 문제 해결 능력을 지금 평가해야만 한다면, 그 능력들을 어떻게 고려하겠습니까?
   - ☐ 예전만큼 좋음
   - ☐ 좋지만, 예전만큼은 좋지 못함
   - ☐ 중간 정도
   - ☐ 부족함
   - ☐ 전혀 능력이 없음

2. 적은 액수의 돈(예: 잔돈 바꾸기, 팁 남기기)을 처리하는 대상자의 능력을 평가하시오.
   - ☐ 능력 손실 없음
   - ☐ 약간의 능력 손실
   - ☐ 심한 능력 손실

3. 가계부를 정확히 관리하는 대상자의 능력을 평가하시오.(예: 수표책 결산, 청구서 지불)
   - ☐ 능력 손실 없음
   - ☐ 약간의 능력 손실
   - ☐ 심한 능력 손실

4. 대상자가 집안의 비상사태 (예: 배관 누수, 작은 화재)를 다룰 수 있습니까?
   - ☐ 예전만큼 잘 함
   - ☐ 생각하는데 문제가 있어서 예전보다 나빠짐
   - ☐ 예전보다 나빠짐, 다른 이유 (왜)

5. 대상자가 상황이나 설명을 이해할 수 있습니까?

　　☐ 대체로　　☐ 가끔　　☐ 드물게　　☐ 알 수 없음

6. 대상자가 사회생활에서나 다른 사람들과 교류할 때 적절하게[즉, 대상자의 일상적인(발병 이전의) 태도로] 행동합니까*?

　　☐ 대체로　　☐ 가끔　　☐ 드물게　　☐ 알 수 없음

---

* 이 항목은 외모가 아닌 행동을 평가하는 것이다.

임상 치매 등급 질문지 4

정보 제공자(환자를 돌보는 사람)를 위한 외부 활동 참여(집 밖에서의 활동)에 관한 질문:

직업

1. 대상자가 아직 일을 합니까? ☐ 예 ☐ 아니오 ☐ 해당되지 않음
   해당되지 않는다면, 4번으로 가시오.
   예라면, 3번으로 가시오.
   아니오 라면, 2번으로 가시오.

2. 기억력이나 사고력 문제가 대상자의 은퇴 결정에 원인이 되었습니까?
   (다음 질문은 4번)
   ☐ 예 ☐ 아니오 ☐ 알 수 없음

3. 대상자가 기억력이나 사고력 문제 때문에 자신의 직업에 중대한 어려움이 있습니까?
   ☐ 드물게 혹은 전혀 없음 ☐ 가끔 ☐ 대체로 ☐ 알수 없음

사회생활

4. 대상자가 차를 운전했던 때가 있었습니까? ☐ 예 ☐ 아니오
   대상자가 현재 차를 운전합니까? ☐ 예 ☐ 아니오
   만약 아니라면, 기억력이나 사고력 문제 때문입니까?
   ☐ 예 ☐ 아니오

5. 만약 대상자가 여전히 운전을 한다면, 부족한 사고력 때문에 어떤 문제나 위험이 있습니까? ☐ 예 ☐ 아니오

*6. 대상자가 독립적으로 필요로 하는 것을 사러 갈 수 있습니까?

□ 드물게 혹은 전혀 없음(어떤 쇼핑을 가든 동행이 필요함)

□ 가끔(제한된 숫자의 품목 쇼핑 똑같은 제품을 사거나 필요한 품목을 잊어버림)

□ 대체로

□ 알 수 없음

7. 대상자가 집 밖에서의 활동을 독립적으로 수행할 수 있습니까?

□ 드물게 혹은 전혀 없음(일반적으로 도움 없이는 활동 등을 수행할 수 없음)

□ 가끔(제한적 그리고/혹은 일상적인 것. 예: 종교 활동이나 모임에 형식적으로 참석, 미용실 가기)

□ 대체로(활동에 의미 있는 참여. 예: 투표)

□ 알 수 없음

8. 대상자를 집 밖에서의 사교모임에 데려갑니까?   □ 예 □ 아니오
만약 아니라면, 이유는?

9. 대상자의 행동을 우연히 보게된 사람이 대상자가 병이 있었다고 생각하겠습니까?

□ 예 □ 아니오

10. 만약 요양원에 있다면, 대상자가 사교 모임에 잘 참가합니까(의식적으로)?

□ 예 □ 아니오

중요:
외부 활동 참여(집 밖에서의 활동)에 있어서 대상자의 장애 수준을 평가하기 위한 정보가 충분합니까? 만약 그렇지 않다면, 추가로 조사하십시오.

외부 활동 참여(집 밖에서의 활동): 예를 들어 종교 활동 가기, 친구나 가족 방문, 정치적 활동, 법률가 협회와 같은 전문가 기관, 다른 직업적 모임, 사회 클럽, 서비스 기관, 교육 프로그램.

* 만약 이 분야에서 대상자의 참여 수준을 분명히 할 필요가 있다면, 추가 기록을 하십시오.

임상 치매 등급 질문지 5

정보 제공자(환자를 돌보는 사람)를 위한 가사과 취미에 관한 질문:

1a. 가사 일을 하는 대상자의 능력에 어떤 변화가 생겼습니까?

1b. 대상자가 여전히 잘 할 수 있는 것은 무엇입니까?

2a. 취미를 하는 대상자의 능력에 어떤 변화가 생겼습니까?

2b. 대상자가 여전히 잘 할 수 있는 것은 무엇입니까?

3. 만약 요양원에 있다면, 대상자가 더 이상 잘 하지 못하는 것은 무엇입니까(가사와 취미)?

일상 활동 (Blessed Dementia Scale):

	능력 손실 없음		심한 능력 손실
4. 가사 일을 수행하는 능력 기술해 주십시오:	0	0.5	1

5. 대상자가 가사 일을 수행할 수 있는 수준은 무엇입니까?
   (한 가지를 고르십시오. 정보제공자에게 직접 물을 필요는 없습니다.)
   - ☐ 의미 있는 기능이 없음 (이불 깔기 등 단순한 활동 수행, 감독을 많이 받을 때에만)
   - ☐ 제한된 활동에서만 기능 (약간의 감독과 함께 설거지를 그런대로 깨끗하게 하기, 밥상을 차림)
   - ☐ 약간의 활동에 있어서 독립적으로 기능 (진공청소기 같은 전기기구를 작동하기, 간단한 식사 준비)
   - ☐ 평소 활동에서의 기능, 하지만 평소 수준은 아님
   - ☐ 평소 활동에서의 정상적인 기능

중요 : 가사 및 취미에 있어서 대상자의 장애 수준을 평가하기 위한 정보가 충분합니까? 만약 그렇지 않다면, 추가로 조사하십시오.

가사 업무: 예를 들어 요리, 세탁, 청소, 식료품 쇼핑, 쓰레기 버리기, 정원일, 간단한 유지, 기본적인 집수리.

취미: 바느질, 그림, 수공예, 독서, 놀이, 사진, 정원 가꾸기, 극장이나 음악회 가기, 목공, 스포츠.

임상 치매 등급 질문지 6

정보 제공자(환자를 돌보는 사람)를 위한 개인 간병에 관한 질문:

*아래 분야에 있어서 대상자의 정신적 능력에 대한 귀하의 평가는 무엇입니까?

A. 옷입기 (Blessed Dementia Scale)	도움 없이	가끔 단추를 잘못 채운다 등	옷 입는 순서가 잘못됨. 대개 입을 옷을 잊어버림	옷을 입지 못한다.
	0	1	2	3

B. 씻기, 몸단장	도움 없이	일러주어야 할 필요가 있음	때때로 도움이 필요함	항상 혹은 거의 언제나 도움이 필요함
	0	1	2	3

C. 식습관	깨끗함; 적당한 도구 사용	지저분함; 숟가락 사용	간단한 고형식	전적으로 먹여주어야 함
	0	1	2	3

D. 괄약근 조절 (Blessed Dementia Scale)	정상적으로 완전하게 조절	가끔 이불을 적심	자주 이불을 적심	대소변 실금
	0	1	2	3

* 비록 일러주지 않았다 하더라도 만약 대상자의 개인 간병이 이전 수준에 비해 장애가 생겼다면, 점수 1을 매길 수 있다.

임상 치매 등급 질문지 7

대상자를 위한 기억력 질문:
1. 기억하거나 사고하는 데 있어 문제가 있습니까?   □ 예 □ 아니오

2. 조금 전에 귀하의 배우자 등이 귀하가 겪은 최근의 몇 가지 경험들을 얘기했습니다. 그것들에 대해 뭔가 얘기해 주시겠습니까? (만약 필요하다면, 일이 벌어진 장소, 시각, 참석자, 얼마나 오랫동안이었는지, 끝난 때, 대상자 혹은 다른 참석자들이 어떻게 거기에 이르렀는지 등 세부사항을 일러 주십시오.)

　　　　　　　　　　　　1주 이내
1.0 - 대체로 맞음
0.5
0.0 - 대체로 틀림

　　　　　　　　　　　　1달 이내
1.0 - 대체로 맞음
0.5
0.0 - 대체로 틀림

3. 몇 분 동안 귀하가 기억해야 할 이름과 주소를 주겠습니다. 저를 따라 이 이름과 주소를 말하십시오.(이 구절을 옳게 말할 때까지 반복하거나 최대 3번까지 시도하십시오.)

부분	1	2	3	4	5
	박	철수	42	충무로	대전
	박	철수	42	충무로	대전
	박	철수	42	충무로	대전

(매 시도마다 맞게 반복한 부분을 밑줄 그으십시오.)

4. 언제 태어났습니까?

5. 어디에서 태어났습니까?

6. 귀하가 다닌 마지막 학교는 무엇입니까?
   이름
   장소
   학년

7. 귀하의 주 직업은 (만약 일을 하지 않았다면 배우자의 직업) 무엇이었습니까?

8. 귀하의 마지막 주 직업은(만약 일을 하지 않았다면 배우자의 직업) 무엇이었습니까?

9. 귀하(혹은 배우자)는 언제, 왜 은퇴했습니까?

10. 기억하라고 요청했던 이름과 주소를 반복하십시오.

부분	1	2	3	4	5
	박	철수	42	충무로	대전

(맞게 반복한 부분에 밑줄을 그으십시오.)

임상 치매 등급 질문지 8

대상자를 위한 지남력 질문: 각 질문에 대한 대상자의 답변을 말 그대로 기록하십시오.

1. 오늘은 몇 일입니까? ☐ 맞음 ☐ 틀림

2. 무슨 요일입니까? ☐ 맞음 ☐ 틀림

3. 몇 월입니까? ☐ 맞음 ☐ 틀림

4. 몇 년도입니까? ☐ 맞음 ☐ 틀림

5. 이곳의 이름은 무엇입니까? ☐ 맞음 ☐ 틀림

6. 우리가 있는 도시 혹은 동네 이름은 무엇입니까? ☐ 맞음 ☐ 틀림

7. 몇 시입니까? ☐ 맞음 ☐ 틀림

8. 누가 정보제공자(환자를 돌보는 사람)인지 대상자가 압니까?
   (귀하의 판단에) ☐ 맞음 ☐ 틀림

임상 치매 등급 질문지 9

대상자를 위한 판단력과 문제 해결 질문:

　설명: 만약 대상자가 첫 응답에서 0 점을 얻지 못한다면, 대상자가 그 문제를 어느 정도까지 이해했는지 알아내기 위해 질문을 더 하시기 바랍니다. 가장 가까운 응답에 동그라미를 하십시오.

비슷한 점:

　예: "연필과 펜은 어떻게 비슷합니까? (필기도구)
　다음의 것들은 어떻게 비슷합니까?"　　대상자의 답변
　1. 무우·········양파
　　(0 = 야채)
　　(1 = 먹을 수 있다, 살아 있는 것이다, 요리할 수 있다 등)
　　(2 = 적절하지 않은 답변; 차이점; 돈을 주고 산다)
　2. 책상···책꽂이
　　(0 = 가구, 사무용 가구; 둘 다 책을 놓는다)
　　(1 = 나무, 다리)
　　(2 = 적절하지 않은 답변, 차이점)

차이점:

　예: "설탕과 식초의 차이점은? (달고 시다) 다음의 것들은 무엇이 다릅니까?"
　3. 거짓말······실수
　　(0 = 하나는 의도적으로, 하나는 무심결에)
　　(1 = 하나는 나쁘고 하나는 좋다 - 혹은 한 가지만 설명한 경우)
　　(2 = 기타, 비슷한 점)
　4. 강·········수로(호수···댐)
　　(0 = 자연적- 인공적)
　　(2 = 기타)

계산:

　5. 100원짜리 동전 몇 개면 1000원입니까?　　☐ 맞음 ☐ 틀림
　6. 50원짜리 동전 몇 개면 1,350원입니까?　　☐ 맞음 ☐ 틀림
　7. 20에서 3을 빼고 그 숫자에서 3씩 계속 빼세요.　☐ 맞음 ☐ 틀림

판단:

8. 낯선 도시에 도착해서, 만나고자 하는 친구의 집을 어떻게 찾겠습니까?
   (0 = 전화번호부 찾기, 둘 다 아는 친구에게 전화한다.)
   (1 = 경찰에 전화함, 전화교환원에게 연락(보통은 주소를 주지 않을 것이다).)
   (2 = 불분명한 응답.)

9. 자신의 장애 및 사회적 신분과 왜 자신이 검사를 받는지에 대한 이해에 관한 대상자의 평가 (이미 평가했다 하더라도, 개인 견해를 기록해 주십시오.)
   ☐ 충분한 통찰력   ☐ 부분적 통찰력   ☐ 통찰력이 거의 없음

임상 치매 등급 (CDR)

임상 치매 등급 (CDR):	0	0.5	1	2	3

	장애				
	전혀 없음 0	의문스러움 0.5	경함 1	중등도 2	심함 3
기억력	기억 상실이 없거나 혹은 때때로 경미한 건망증	빈번한 경미한 건망증; 일을 부분적으로 기억함; "양성" 건망증	중등도 기억 상실; 최근의 일들이 훨씬 현저함; 매일의 활동에 지장을 주는 결함	심한 기억 상실; 아주 열심히 배운 것만 기억함; 새로 배운 것은 빠르게 상실	심한 기억 상실; 단편적 기억만 남음
지남력	완전한 지남력	시간과 관련해서 약간의 어려움을 제외하고는 완전한 지남력	시간과 관련하여 중등도의 어려움; 장소에 대해서 검사실에서는 정상이나 다른 장소에서는 지리적 지남력에 대한 장애가 있기도 함	시간과 관련해서 심한 어려움; 주로 시간 지남력 장애, 종종 장소 지남력 장애	자신에 대해서만 지남력이 있음
판단력 & 문제 해결	일상의 문제를 해결하고, 사업적 재정적 일들을 잘 취급함; 과거에 했던 일들과 관련해 판단을 잘함	문제해결, 비슷한 점 및 차이점을 찾는데 경미한 장애	문제점을 다루고 비슷한 점 및 차이점을 찾는데 중등도의 어려움; 사회적 판단력이 대체적으로 유지됨	문제점을 다루고, 비슷한 점 및 차이점을 찾는데 심한 장애; 사회적 판단력이 대체적으로 손상됨	판단하거나 문제해결을 할 수 없음
외부 활동 참여(집 밖에서의 활동)	일, 쇼핑, 자원봉사, 사교 모임 시 평소 수준의 독립적인 기능	이러한 활동에 경미한 장애	여전히 어떤 것은 할 수도 있다 하더라도 이러한 활동을 독립적으로 기능하지 못함; 언뜻 보면 정상으로 보임	집 밖에서 독립적인 기능을 할 수 있는 가능성이 없음 집 밖의 모임에 데리고 가기에 충분해 보임	집 밖의 모임에 데리고 가기에는 너무 아파 보임
가사와 취미	가정 생활, 취미, 지적 관심들을 잘 유지	가정 생활, 취미, 지적 관심에 약간의 손상	가정생활 기능에 약간이긴 하지만 분명한 장애; 더 어려운 가사는 포기; 더 복잡한 취미와 관심은 포기	간단한 집안일만 함; 아주 제한된 관심만 빈약하게 유지됨	집에서 어떤 일을 할 수 있는 눈에 띄는 능력이 없음.
개인 간병	스스로 돌보기를 완전히 할 수 있음		일러줄 필요가 있음	옷입기, 위생, 개인 소지품을 챙기는 데에 도움이 필요	간병에 많은 도움 필요; 잦은 대소변 실금

다른 요소에 의한 장애가 아니라 인지 상실로 인해서 이전의 평소 수준에 비해 감소가 있을 때에만 점수를 매기시오.